500kV长距离陆地电缆建设

中国南方电网有限责任公司广东广州供电局　组编

张耿斌　主编

内 容 提 要

广东广州供电局以500kV广南—楚庭电缆线路工程项目为实践依据，进行500kV电缆线路建设与验收关键技术研究，编写500kV长距离陆地电缆线路建设相关内容，包括前期准备、电缆敷设、附件安装、耐压试验、竣工验收等关键环节，规范各环节标准流程。

本书可为电力电缆相关技能人员与管理人员提供参考。

图书在版编目（CIP）数据

500kV长距离陆地电缆建设/中国南方电网有限责任公司广东广州供电局组编；张耿斌主编．—北京：中国电力出版社，2024.3

ISBN 978-7-5198-8296-9

Ⅰ．①5…　Ⅱ．①中…　②张…　Ⅲ．①长线路－电缆敷设－教材　Ⅳ．①TM757

中国国家版本馆CIP数据核字（2023）第215798号

出版发行：中国电力出版社
地　　址：北京市东城区北京站西街19号（邮政编码100005）
网　　址：http://www.cepp.sgcc.com.cn
责任编辑：罗　艳（010-63412315）
责任校对：黄　蓓　于　维
装帧设计：张俊霞
责任印制：石　雷

印　　刷：三河市航远印刷有限公司
版　　次：2024年3月第一版
印　　次：2024年3月北京第一次印刷
开　　本：710毫米×1000毫米　16开本
印　　张：17
字　　数：265千字
印　　数：0001—1500册
定　　价：104.00元

版 权 专 有　侵 权 必 究

本书如有印装质量问题，我社营销中心负责退换

本书编委会

主　　任　吴　倩　刘智勇

副主任　李瀚儒　刘奕军　毕超豪　陆浩臻

成　　员　赵健康　李华春　郑建康　颜天佑　来立永

宋长青　余志纬　卞佳音　蔡　蒂　张　珏

单鲁平　韩　啸　王贺东　凌　颖　徐　研

陈文教　邱晓明

本书编写人员

主　　编　张耿斌

副主编　张　尧　李　茂　李　濛　潘建庭

编写人员　何志斌　韩卓展　惠宝军　汪　创　徐　涛

卢艾新　黄嘉盛　张　滔　唐兴佳　王　祥

张仲奇　赵玉凯　具章平　王炼兵　刘凤莲

窦金利　郭　卫　徐尤嘉　彭利强　龙海泳

张　浩　李瀚明　苏俊亮　贺庶奇　郑志豪

臧德峰　全万霖

Preface
前　言

500kV 广南—楚庭输变电工程是广州市电网“十三五”规划重点建设项目，是南方电网首个 500kV 超高压城市电网（电缆）项目，也是粤港澳大湾区重点配套建设项目。楚庭（穗西）站位于粤中珠三角负荷中心，是广州中部安全供电的重要电源支撑点，该项目可大幅提高广州电网中心城区供电能力，为广州全面建设成为国家重要中心城市、枢纽型网络城市的战略目标提供安全、可靠的电力保障。

中国南方电网有限责任公司广东广州供电局坚持以重大工程建设过程为实践，以培养锻炼高技能人才为原则，提出了创新性联合培养方案，即依托重大工程实践促进技能人才快速成长，加快 500kV 电缆工程人员能力水平建设，在从业人员职责、技术操作与相关规程规范等方面，提供典型的指导与示范，为相关人员培训提供标准化、科学化学习资料，以利于相关岗位人员技能提升。

本书聚焦电力行业新型电力系统的发展，对当前长距离陆地电缆线路建设与验收做全面性、前瞻性的研究。本书主要体现人员组织与职责、工程施工全流程等，主要涵盖前期工作、安全防护、敷设设备安装、通信设备与人员安排、电缆准备、电缆敷设、电缆附件安装施工、电缆系统验收与试验等内容。

为总结提炼施工过程中的相关经验和成果，加快 500kV 电缆工程人员能力水平建设，来自北京、上海、广州 500kV 电缆项目工程、运维专家和两网培评体系专家共同组建编写团队，依据广东广州供电局对电缆工程人员能力现状和培训需求，共同编写本书。

随着人才培养机制不断优化和完善以及培训资源建设的发展，本书内容将跟随时代发展不断更新修订，欢迎广大相关电力专家持续关注并提出宝贵意见，从而共同为电力系统安全稳定运行做出应有贡献。

编　者

2023年10月

Contents
目 录

第1章 概　　述

1.1 500kV电缆工程建设意义

随着我国经济总量的高速增长，城市电力负荷需求越来越大。据相关部门发布的统计数据知，截至2022年底，全社会用电量约86 372亿kWh，同比增长3.6%。与此同时，房价日益高昂，城市用地日益紧张，发电量的迅猛增加与土地日益紧缺的矛盾性，给城市电力电缆的快速发展带来了机遇。电力电缆具有全封闭、全紧凑型的结构，有一定的可挠性，可穿越水中、地下埋设，大大降低了对空间尺寸和环境条件的要求，具有美化城市等功能。这些独特的优势使城市电网的输电系统由架空线路逐步向地下电缆转变，近年来城市电网中电力电缆以每年10%～20%的速度高速增长。

电力电缆规模增长的同时，电压等级也在不断提高。在世界范围内，500kV电缆系统是已投入运行的最高电压等级的电缆系统，高压电缆的绝缘形式主要有充油纸绝缘和交联聚乙烯（cross linked polyethylene，XLPE）绝缘两种。充油电缆有着制造经验丰富、运行历史长、可靠性较高的优点；但也有明显缺点，其需安装压力箱和油管等设施，敷设施工难度大，运维复杂，且充油电缆用的绝缘油是可燃液体，有火灾风险。XLPE绝缘电缆与充油纸绝缘电缆相比，具有电气机械性能优秀、耐热性能好、安装维护方便且不需要供油供气设备、火灾风险小等突出优点，自20世纪60年代开始推广应用起，迅速受到了世界各国电缆生产商和电力供应部门的广泛关注，并逐渐替代充油纸绝缘电缆。

500kV XLPE绝缘电缆的研制、生产和商业化应用始于日本，随后欧洲发达国家400kV电缆也相继进入实际应用。1988年日本研制的500kV XLPE绝缘电缆问世，首次实现了电缆的“无油化”，并于1993年正式在抽水蓄能电站中开始应用，开启了世界 500kV XLPE 绝缘电缆生产和应用的序幕。2000 年，日本东京电力公司新建的新京叶丰洲线 500kV 交流 XLPE 电缆工程投入运行，为世界上第一条长距离（39.8km）、大容量（1200MW）500kV 交流 XLPE 电缆长距离输电线路。在欧洲、北美等其他地区，因为所使用的电压等级的差异，XLPE 绝缘电缆实际工程最高电压等级主要在 400kV 及以下，丹麦哥本哈根、德国柏林、英国伦敦、西班牙马德里等地在 2000 年左右先后建设了 400kV XLPE 电力电缆线路作为城区电网地下输电的骨干线路。

我国高压电力电缆研究起步较晚，略落后于欧美日等国家，但进程很快。1984 年，广州首次引进并敷设了 110kV XLPE 电缆线路，之后国内很多地方相继引进了高压 XLPE 电缆。1998 年，天荒坪抽水蓄能电站从日立公司引进 500kV XLPE 绝缘电缆，作为超高压引出线在我国首次投入运行，之后桐柏、宝泉、宜兴、白莲河等抽水蓄能电站，以及大朝山、瀑布沟、小湾、漫湾二期、三板溪、龙滩水电站也分别被采用，500kV XLPE 绝缘电缆在水电工程中已得到广泛应用和认可。2008 年，第一条国产 500kV XLPE 绝缘电缆在龙滩水电站投入运行。

2007 年，武汉主办了全国 500kV 交联电缆应用技术研讨会，与会专家交流了我国 500kV 电缆技术发展，探讨了城市电网使用 500kV XLPE 绝缘电缆系统的可行性。2010 年，国网上海市电力公司首次在世界博览会输变电工程中建设并投运了两回长达 15.6km 的 500kV XLPE 电缆输电线路，在电缆选型、规划设计、敷设安装、运行维护、状态监测方面开展了大量的探索研究，积累了 500kV XLPE 电缆运行经验，开创了 500kV XLPE 电缆在我国城市电网长距离输电应用的先例，也标志着我国继日本之后，第二个将 500kV XLPE 电力电缆应用于城市电网。随着国产 500kV 电缆及附件技术的进步，2012 年国产 500kV XLPE 电缆系统首次通过了整体的预鉴定试验；2014 年北京海淀工程中投运了两回长达 6.7km 的 500kV 电缆线路，其中一回电缆线路的电缆本体、接头和终端全部采用国产化设备，首次实现了国产 500kV XLPE 电缆长距离应用；随后上海虹杨站 500kV 电缆输变电进线工程的投运，大大加速了我国 500kV XLPE 长距离电缆城网输变电工程应用的进程。2023 年，广州投运长度约 20.1km 的双回 500kV 楚庭（穗西）站至广南站电缆线路，是全国距离最长、输送容量最大的

陆上 XLPE 电缆工程。

500kV 电缆线路工程的建设意义，不单在于解决城市电网大容量电力输送、节约建设用地、提升供电能力等，更多的是其潜在社会和经济意义。500kV 电缆线路工程的建设，将极大带动国内电缆及附件制造技术的升级转型，也势必带动基础材料国产化，以及电缆设计、施工安装、监测运维等全链条技术的发展和标准的制定，一方面提升供电可靠性，降低工程建设费用；另一方面也促进国内电缆及附件制造企业从国内走向国际，增强国际竞争力。

1.2 国内外 500kV 电缆工程简介

随着电缆绝缘材料以及工艺技术的发展，超高压 XLPE 电缆已得到广泛应用和认可，世界上已投运的长距离（超过 10km）、大截面超高压 XLPE 电缆主要工程汇总情况见表 1-1。

表 1-1 世界上已投运长距离（超过 10km）超高压 XLPE 陆地电缆工程

线路名称	电压等级（kV）	回路数（个）	线路长度（km）	导体截面积（mm^2）	投运时间
日本新京叶丰洲线	500	3	39.8	2500	2000
上海世博	500	3	15.8	2500	2010、2019
北京海淀	500	2	6.7	2500	2014
上海杨行—虹杨	500	2	14.36	2500	2017
广州楚庭	500	2	20.1	2500	在建
丹麦哥本哈根	400	—	21	1600	1997
丹麦奥尔胡斯—奥尔堡	400	—	14	1200	2004
荷兰	380	—	12.8	1600	2009
哥伦比亚	500	—	—	800	2010
韩国首尔青罗	345	—	10.6	2500	2010
阿联酋阿布扎比	400	—	13	2500	2010
西班牙马德里	400	—	13	2500	2003

1.2.1 日本新京叶丰洲电缆线路

1. 工程概况

日本新京叶丰洲电缆线路于 1996 年开始建设，是世界上第一个采用模塑成型直通接头的 500kV 长距离 XLPE 电缆线路工程，也是世界上最长的 500kV XLPE 陆地电缆线路，在 2000 年建成投运。回路全长 39.8km，初期两回（规划 3 回），由 4 家电缆制造商提供电缆，截面积为 1×2500mm^2，每回电缆线路含 40 个模塑成型中间接头和 2 个气浸式密封终端，单段电缆最长超过 1800m，初期每回输送容量 900MW（规划 1200MV）。

该工程电缆敷设方式包括隧道、电缆沟以及桥梁上的管道。电缆均为品字形布置，在隧道中，电缆按垂直蛇形敷设，三相电缆与冷却管绑扎在一起并配置防火槽盒。其通过冷却管中流动的冷冻机制造的冷水来吸收电缆发出的热量，达到冷却电缆、提高电缆线路输送容量的目的。

2. 电缆及附件选型

该工程电缆线路位于山区，传统绝缘厚度 32mm 的电缆在运输通道的宽度和高度上受到严重限制，因此在电缆设计上，采用绝缘减薄设计策略。考虑电缆线路的工频耐受电压和雷电冲击电压水平以及模塑成型接头绝缘屏蔽恢复表面场强的原因，该工程电缆绝缘厚度最终设计选取为 27mm，远低于传统绝缘厚度 32mm。电缆典型结构设计图如图 1-1 所示，包括导体、导体屏蔽、绝缘、绝缘屏蔽、缓冲层、屏蔽层、铝护套及防腐护套等，电缆设计参数及技术要求见表 1-2。

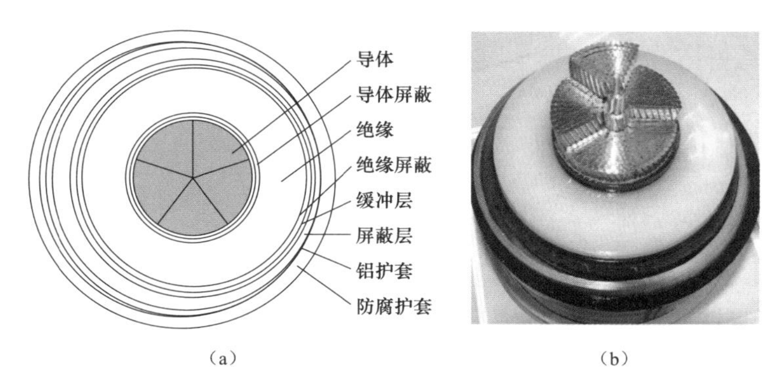

图 1-1 电缆设计典型结构

（a）结构示意图；（b）实物图

表 1-2 新京叶丰洲电缆设计参数及技术要求

<table>
<tr><th colspan="2">工程信息</th><th>单位</th><th>新京叶丰洲电缆</th></tr>
<tr><td colspan="2">额定电压</td><td>kV</td><td>500</td></tr>
<tr><td colspan="2">线芯数量</td><td>—</td><td>1</td></tr>
<tr><td rowspan="3">导体</td><td>标称横截面积</td><td>mm²</td><td>2500</td></tr>
<tr><td>配置</td><td>—</td><td>5 分割导体</td></tr>
<tr><td>外径</td><td>mm</td><td>61.2</td></tr>
<tr><td colspan="2">导体屏蔽近似厚度</td><td>mm</td><td>2.5</td></tr>
<tr><td colspan="2">最小绝缘厚度</td><td>mm</td><td>27.0</td></tr>
<tr><td colspan="2">绝缘层标称外径</td><td>mm</td><td>126.2</td></tr>
<tr><td colspan="2">绝缘屏蔽近似厚度</td><td>mm</td><td>1.0</td></tr>
<tr><td colspan="2">缓冲层和屏蔽层近似厚度</td><td>mm</td><td>3.5</td></tr>
<tr><td colspan="2">铝护套厚度</td><td>mm</td><td>3.3</td></tr>
<tr><td colspan="2">防腐（PVC）护套厚度</td><td>mm</td><td>6.0</td></tr>
<tr><td colspan="2">电缆标称外径</td><td>mm</td><td>170</td></tr>
<tr><td colspan="2">单位标称质量</td><td>kg/m</td><td>43.5</td></tr>
<tr><td colspan="2">20℃时导体最大直流电阻</td><td>MΩ/km</td><td>0.007 46</td></tr>
<tr><td colspan="2">20℃时绝缘体积电阻率</td><td>MΩ·km</td><td>3000</td></tr>
<tr><td colspan="2">静电电容</td><td>μF/km</td><td>0.23</td></tr>
<tr><td colspan="2">工频耐受电压</td><td>—</td><td>RT：970kV，1h
90℃：805kV，1h</td></tr>
<tr><td colspan="2">雷电冲击电压</td><td>—</td><td>RT：±1960kV，3 次
90℃：±1560kV，3 次</td></tr>
<tr><td colspan="2">局部放电水平</td><td>—</td><td>465kV 下无可检测放电（灵敏度小于 5pC）</td></tr>
<tr><td colspan="2">缺陷要求</td><td>—</td><td>气隙：＜20μm
金属颗粒：＜50μm
纤维性异物：＜1000μm
突起：＜50μm</td></tr>
<tr><td colspan="2">PVC 护套体积电阻率</td><td>MΩ·km</td><td>普通 PVC：＞10
阻燃 PVC：＞1</td></tr>
<tr><td colspan="2">PVC 护套耐受电压水平</td><td>—</td><td>交流耐压：−25kV，1min
冲击电压：90kV，3 次</td></tr>
</table>

为减少接头的数量，以缩短建造输电线路所需的时间并提高产品质量，新丰洲线最大电缆段长度超过了 1800m，因此电缆生产制造过程中对杂质缺陷的严格控制是保证电缆产品质量非常关键的一个环节。根据试验研究结果，确定对绝缘可能产生危害的缺陷尺寸为：金属异物为 50μm、纤维性异物为 1000μm、空气间隙为 20μm。为确保电缆缺陷控制在上述要求内，通过各种措施来实现。针对气隙缺陷，主要通过在制造过程中对压力和温度进行管理消除；针对半导电突起，通过适当的异物清除以及采用三层共挤技术消除；针对异物，主要采取适当的过滤网对树脂进行检查，以及在清洁的环境中进行材料的运输或制造。同时为确保没有超出规定值的污染物进入熔融树脂中，还安装了全批次树脂实时监测系统，以便在树脂通过筛网后对其进行光学检测，确保异物控制水平满足要求。

电缆附件方面，该工程电缆绝缘接头采用模塑成型结构，通过考虑工频耐受电压和雷电冲击电压水平，最终选取电缆接头的最薄绝缘厚度为 27mm，其典型设计结构如图 1-2 所示。

工程采用的电缆终端为气浸式密封终端结构，根据安装方向有立式和卧式两种结构，其典型设计结构如图 1-3 和图 1-4 所示。

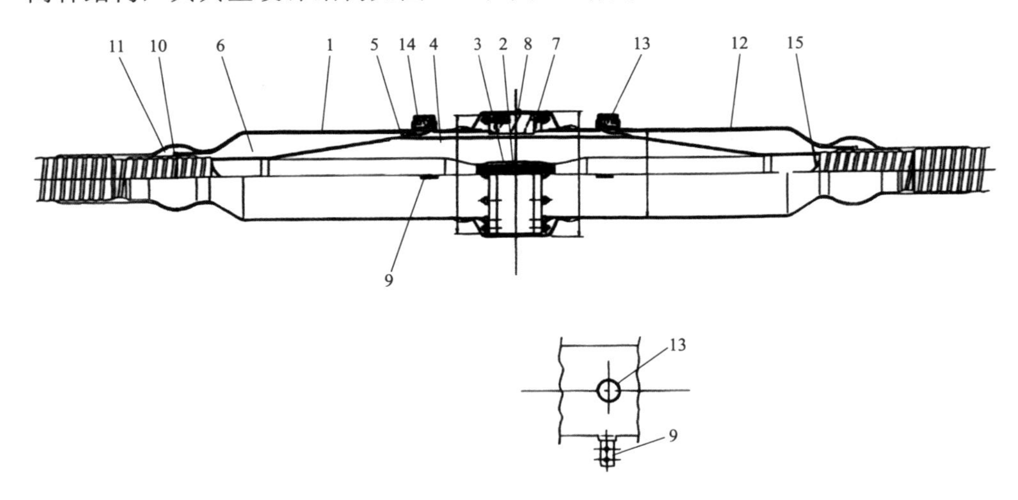

图 1-2　模塑成型电缆绝缘接头典型设计结构

1—外保护壳（铜）；2—铜管；3—导体屏蔽；4—绝缘；5—绝缘外屏蔽层；6—防水混合物；7，14—O 形圈；8—绝缘套筒；9—接地端子；10—垫片；11—环氧树脂+玻璃带；12—防腐层；13—集气口；15—聚四氟乙烯管

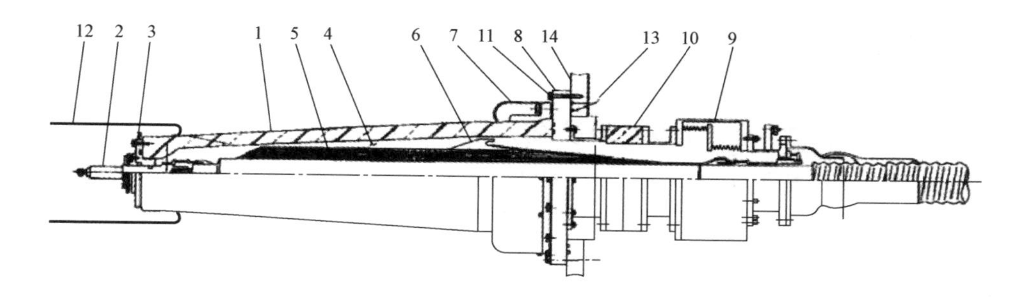

图 1-3 立式电缆终端典型设计结构

1—环氧树脂绝缘子；2—导体杆；3—上端金属配件；4—绝缘油；5—应力锥；6—喇叭口；
7—下端防护罩；8—底座金属；9—油箱；10—绝缘体；11—底座螺栓；
12—上端金属屏蔽；13—垫片；14—基板

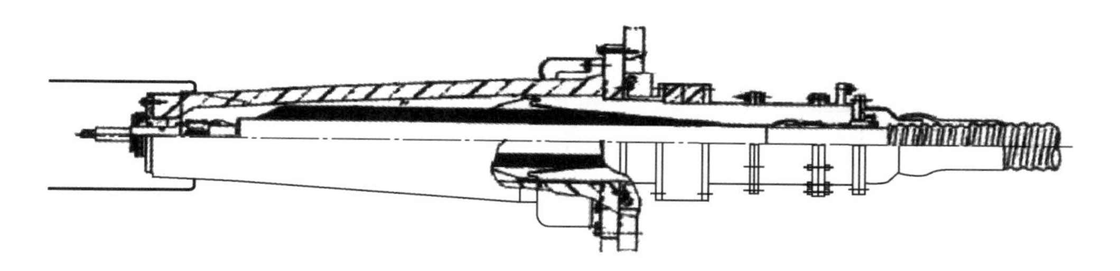

图 1-4 卧式电缆终端典型设计结构

1—环氧树脂绝缘子；2—导体杆；3—上端金属配件；4—绝缘油；5—应力锥；6—喇叭口；
7—下端防护罩；8—底座金属；9—环氧垫片；10—绝缘体；11—底座螺栓；
12—上端金属罩；13—垫片；14—基板

3. 电缆接地方式

该工程金属护套的接地采用交叉互联接地方式。

4. 电缆敷设

新丰洲线使用的电缆长度超过1800m，电缆盘的外径为4.25m，外宽为8.55m，包括电缆在内的总质量达到92.5t，电缆运输已明显超出内陆运输要求。因此，最长电缆盘通过专用码头被运往海上，通过海上运输至项目建设地点。为顺利敷设入隧道，专门为该项目建造了电缆敷设基地转移到隧道内，然后进行敷设。

通过开发一种低摩擦管道敷设方法和长距离电缆的隧道内运输方法，实现了长电缆的敷设。低摩擦导管的施工方法是通过使用低摩擦系数的硅油浸渍导管来加快电缆的铺设速度；隧道内运输方法是通过驱动装置（双滑轮、磁铁）推动一列轨道车，允许在轨道车上装载整个电缆长度。这些新的施工方法相比传统的施工方法的铺设速度提高了 4 倍以上，达到 25m/min，大大缩短了铺设电缆的时间。

5. 电缆附件安装

决定电缆连接部分性能的重要因素，除了控制电缆质量外，电缆附件的缺陷控制同样不容忽视。电缆附件容许缺陷存在的水平：金属颗粒不大于 100μm、纤维性异物不大于 2mm、空隙不大于 25μm。针对电缆附件缺陷的控制可以采取以下措施：对 EMJ 组装时的温度/压力进行管理，设置清洁间以防止水分和杂质的附着；对器材/服装进行管理；对熔融树脂进行检查及安装后进行 X 光检查，如图 1-5 和图 1-6 所示；另外，可通过加大电缆分段段长，减少电缆接头数量并提高质量，以缩短工期。

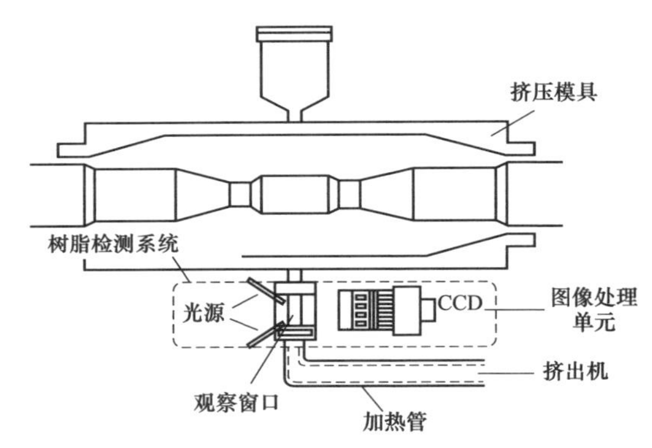

图 1-5 使用挤出树脂全过程检查系统进行检查

图 1-6 使用微焦 X 射线检测系统进行检查

6. 电缆竣工试验

该工程用专用的试验变压器结合要投运的电力变压器将电压升至 350kV，在该电压下耐压 1h，之后降至 318kV 并继续带电 168h，在此电压下采用铂电极的方法逐个进行每个电缆中间头的局部放电检测。

1.2.2 上海 500kV 静安（世博）电缆线路

1. 工程概况

为保证上海世界博览会的电力供应，国网上海市电力公司在 2009～2010

年期间在上海中心城区建造了 500kV 静安（世博）变电站，进线采用三回 500kV 电缆，输送容量为 1000MW，初期建设二回 500kV 电缆线路，于 2010 年 4 月 16 日正式投入运行。该线路为中国首条长距离敷设的 500kV 交联电缆线路，也是世界上首条安装整体预制式接头的 500kV 交流 XLPE 电缆线路。扩建线路工程新增一回静安至三林站 500kV 电缆，电缆于 2022 年 12 月送电。

初期工程电缆全线敷设于静安—三林电缆专用隧道内，隧道全长约 15.45km，共设 15 个工作井，最深的工作井高度为 27m，电缆长度为 93.706km，安装气体绝缘开关设备（GIS）终端 12 相，绝缘接头 147 相。

扩建工程电缆线路全长 15.8km，共经 14 座工作井、27 段 81 盘电缆，单盘电缆重达 40t；配套 GIS 终端头 6 个，电缆中间接头（采用整体预制式或装配式绝缘接头）共 78 个。其采用国产 500kV XLPE 绝缘电缆。

2. 电缆及附件选型

初期工程 500kV 电缆 Ⅰ 线采用进口电缆，铜导体截面积为 $1\times2500mm^2$，金属护套为平滑铝护套，外护套为 HFFR 外护套，电缆参数见表 1-3。

500kV 电缆 Ⅱ 线也采用进口电缆，铜导体截面积为 $1\times2500mm^2$，金属护套为皱纹铝护套，外护套为阻燃 PVC 外护套，电缆参数见表 1-3。

500kV 电缆Ⅲ线采用国产电缆，铜导体截面积为 $1\times2500mm^2$，金属护套为皱纹铝护套，外护套为阻燃 PVC 外护套（阻燃等级为 B 级），电缆参数见表 1-3。

表 1-3　　上海 500kV 静安（世博）输变电工程电缆设计参数

内容	电缆 Ⅰ 线	电缆 Ⅱ 线	电缆 Ⅲ 线
电缆导体	铜	铜	铜
标称横截面积（mm^2）	2500	2500	2500
导体结构	6 分裂（中间铜导体填充）	5 分裂（中间铜导体填充）	—
单线根数×单线直径（mm）	$61\times6\times\phi3$（$19\times\phi3$）	$91\times5\times\phi2.7$	—
外径（mm）	63.5	60.5～61.5	60～62
导体屏蔽层厚度/外径（mm）	1.9～2.3/67.5	1.6～1.9/65	2.2～2.4/66.9
绝缘厚度（mm）	30～30.5	29～29.6	31.0

续表

内容	电缆Ⅰ线	电缆Ⅱ线	电缆Ⅲ线
外径（mm）	129.7～130	123.5	131.9
金属护套/厚度（mm）	平滑铝/2.3～2.8	波纹铝/3.5	波纹铝/3.3
外径（mm）	140.5	155/139.8	161
外护套/厚度（mm）	HFFR PE（无卤阻燃聚乙烯）/6.7（含导电层）	PVC（阻燃聚氯乙烯）黑色/6～6.5	PVC（阻燃聚氯乙烯）
外护套导电层	挤出 HFFR PE（无卤阻燃聚乙烯）	石墨	挤出
电缆外径（mm）	153	167/161	172.5/179.5

电缆附件方面，电缆Ⅰ线、Ⅱ线绝缘接头分别采用整体预制式和组合式结构。整体预制式接头主要部件有铜接管、金属屏蔽罩以及乙丙橡胶预制件；组合式接头主要部件有铜接管、乙丙橡胶应力锥、环氧绝缘件、环氧绝缘饼、环氧绝缘管以及金属压缩装置等。

3. 电缆接地方式

该工程金属护套的接地采用交叉护联接地方式（如图 1-7 所示），Ⅰ线全线共设 9 个全换位段，电缆分盘长度为 640m；Ⅱ线全线共设 8 个全换位段，电缆分盘长度为 720m。同轴电缆截面积为 $1\times500mm^2$，接地线截面积为 $1\times500mm^2$。隧道内设有电缆专用接地铜排，截面积为 $6\times80mm^2$。

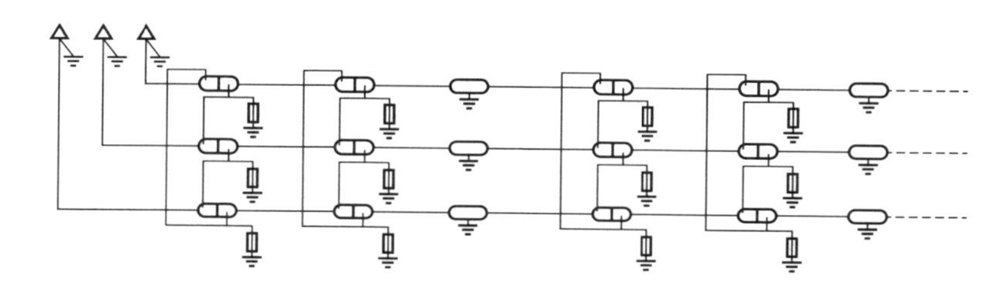

图 1-7　金属护套的接地图

4. 电缆敷设

该工程全线采用电动导轮和输送机联动方式，通过输送机进入隧道，隧道内全线放置电动导轮，每两个电动导轮间距为 3m，所有电动导轮与输送机均通过控制系统实现联动。电缆敷设速度平均为 6m/min，电缆敷设系统示意图及敷设实物图如图 1-8 和图 1-9 所示。

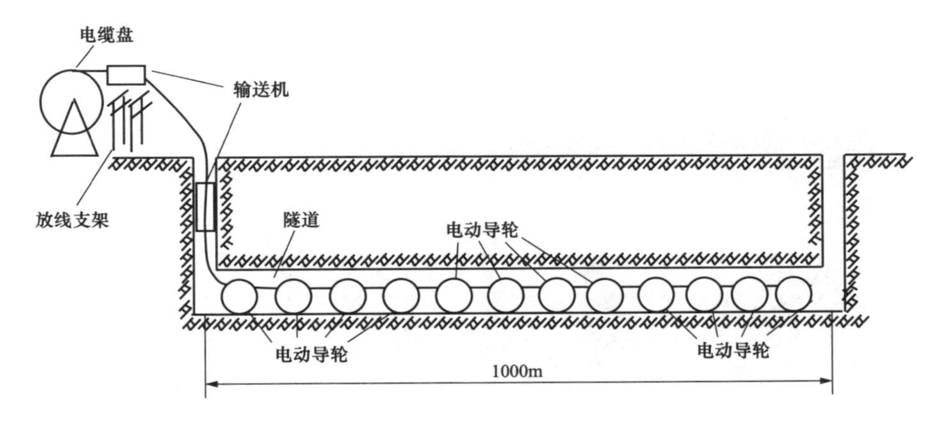

图 1-8　电力电缆敷设系统示意图

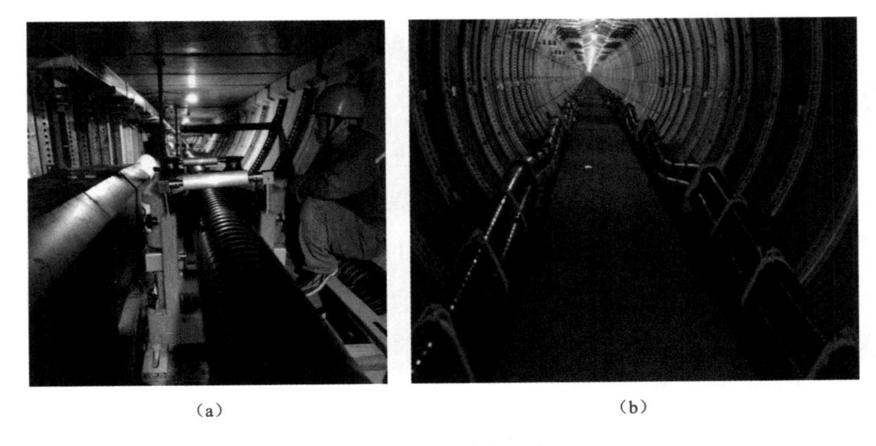

（a）　　（b）

图 1-9　电力电缆敷设图

（a）敷设中；（b）敷设完成

5. 电缆附件安装

电力隧道内的环境特点是温度变化小，但相对湿度较大（一般均处于 80%～100%），且粉尘严重。为避免水分和小杂质附着在电缆绝缘表面，影响电缆运行，该工程搭建了接头棚使整个接头区域形成一个密闭的空间，使用环境控制设备对接头区域内部环境进行调控，实现了接头区域的环境控制。

接头棚采用保压式充气膜结构，搭建接头棚的时候将充好气的充气膜一片紧挨一片连接起来，直至覆盖整个接头区域，在两端各加上一个充气隔断形成密闭空间，如图 1-10 所示。接头棚虽然隔断了棚内外的空气流通，但接头棚内外的温度、湿度及洁净度还是相差不大，因此又需采用接头环境控制设备，实现接头安装区域环境温度的稳定。

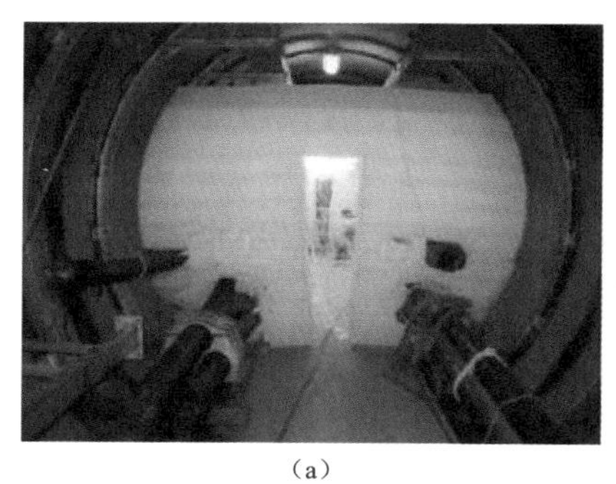

（a）

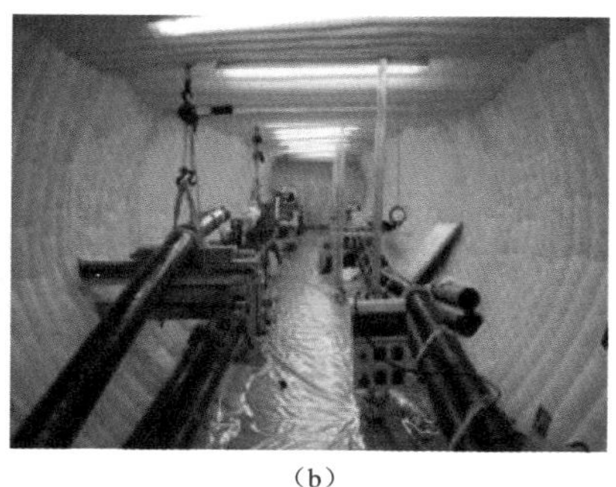

（b）

图 1-10　电缆附件安装棚图

（a）端部充气膜；（b）两侧充气膜

6. 电缆竣工试验

该工程电缆Ⅰ线、Ⅱ线竣工试验采用施加 $1.0U_0$ 电压空载充电 24h，并在电缆带电 72h 之后，对所有的中间接头进行局部放电检测。整体预制式接头内部均安装了内置式局部放电传感器（如图 1-11 所示），局部放电检测人员可将局部放电检测设备引线与局部放电检测仪器直接连接从而完成检测工作。组合式电缆接头采用便携式局部放电检测设备进行局部放电检测。充电试验通过，且全线未发现局部放电信号，电缆设备安全投运。

（a）

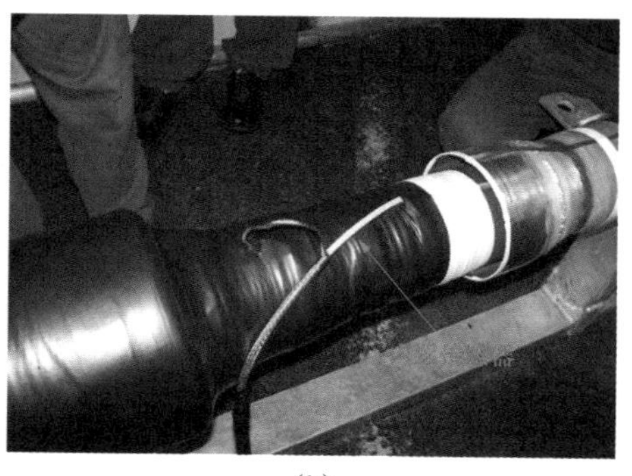

（b）

图 1-11　内置局部放电传感器的整体预制式接头图

（a）局部放电检测仪器；（b）内置式局部放电传感器

电缆三线采用 20～300Hz 的交流耐压试验，试验电压为 1.7U_0，试验时间为 60min，耐压同步进行分布式局部放电监测等工作。该工程Ⅲ线竣工试验现场如图 1-12 所示。

图 1-12 上海 500kV 静安（世博）输变电工程电缆Ⅲ线竣工试验现场

1.2.3 北京海淀 500kV 电缆线路

1. 工程概况

为配合北京市空间发展战略，满足北京电力负荷的增长并降低 220kV 母线短路容量，建设海淀 500kV 送电工程。该工程于 2014 年 6 月投运，是北京第一个 500kV 电缆输电工程，是国内首个使用国产电缆、附件的 500kV 电缆输电项目，也是国内首个完成 500kV 电压等级现场 1.7U_0 工频交流耐压试验的电缆工程。

海淀 500kV 站进线两回（分别来自门头沟 500kV 站和昌平 500kV 站）为架空与电缆混合线路，向 500kV 海淀变电站送电。线路部分自门头沟 500kV 站、昌平 500kV 站架设 500kV 架空线至新建电缆终端站（模式口电力培训中心附近）。电缆部分全线采用隧道敷设，主要敷设在 ϕ5.4m 盾构隧道中，电缆段全长 6.7km，海淀 500kV 站内为 GIS 终端、每路隧道内安装 11 组中间接头，在电缆小间内由电缆户外终端转为架空线路。电缆全线采用竖直平行排列、蛇形敷设，蛇形波节为 6m、蛇形波幅为 120mm。

2. 电缆及附件选型

北京地区电力隧道内雨季可能有积水的问题及不同电压等级的多回路电缆同路径隧道内敷设，电缆本体应具有耐腐蚀性、防火性，电缆要求为 C 级阻燃等级电缆。门海线电缆本体采用法国某公司产品，金属护套采用平滑铝结构，外护套为无卤阻燃材料（HFFR），电缆额定载流量为 2640A。为打破超高压电缆技术壁垒，加快高压电缆线路国产化进程，在海淀 500kV 送电工程中，昌海线电缆应用我国自主研发的电缆成套设备，电缆本体由青岛某公司提供，电缆铜导体采用五分隔圆形结构，金属护套采用波纹铝护套结构，外护套为聚氯乙烯（PVC），电缆额定载流量为 2404A。

电缆附件选型方面，出于对可靠性、安全性与可施工性要求的考虑，选用预制型电缆附件，包括预制式瓷套户外终端、干式 GIS 终端、整体预制型中间接头。门海线电缆附件由法国某公司提供，昌海线电缆附件由江苏某公司提供。

3. 电缆接地方式

为减少电缆金属护套中的环流、降低电缆线路损耗及系统不平衡性，北京海淀 500kV 电缆接地采用线芯换位、金属护套交叉互联且两端直接接地的垂直排列方式，具体接线示意图如图 1-13 所示。

相比传统仅金属护套交叉互联接地方式，线芯换位、金属护套交叉互联接地方式在电缆非品字型排列敷设方式下，金属护套中的环流损耗和系统的不平衡可以得到更好的改善。但该种接地方式需增加一定的工程量，并需要同时具备线芯换位的条件。

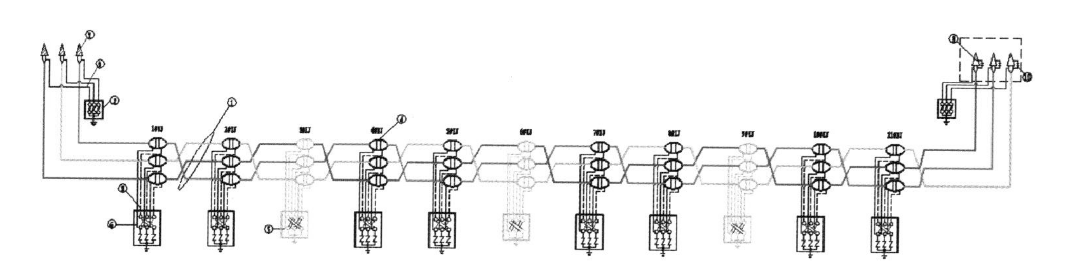

图 1-13 北京海淀 500kV 电缆工程电缆接地示意图

4. 电缆敷设

北京海淀 500kV 电缆工程 500kV 大截面电缆自重大（38.5kg/m），最大盘长 564m，电缆盘直径和质量大于 220kV 电缆盘，每盘电缆质量达 25.1t，现有电缆盘支撑方式存在支架承重大、支架与电缆盘尺寸不匹配和支架不易在复杂地形保持稳固等问题，可能造成支架损坏、电缆损伤，甚至电缆盘倾倒。

针对上述问题，该工程采用了自主研制的 500kV 电缆盘专用支撑装置，如图 1-14 所示。该支撑装置骨架采用 5mm 厚槽钢，可承受 50t 质量，电缆盘底边最小离地高度为 350～400mm，支撑装置四角采用液压顶升装置并加装水平定位仪，保证支撑装置在复杂地形下保持水平。该装置有效攻克了大尺寸 500kV 电缆盘在复杂地形难以稳固支撑的技术难点，满足各种复杂放缆点稳定支撑大尺寸和大自重成盘电缆的要求。

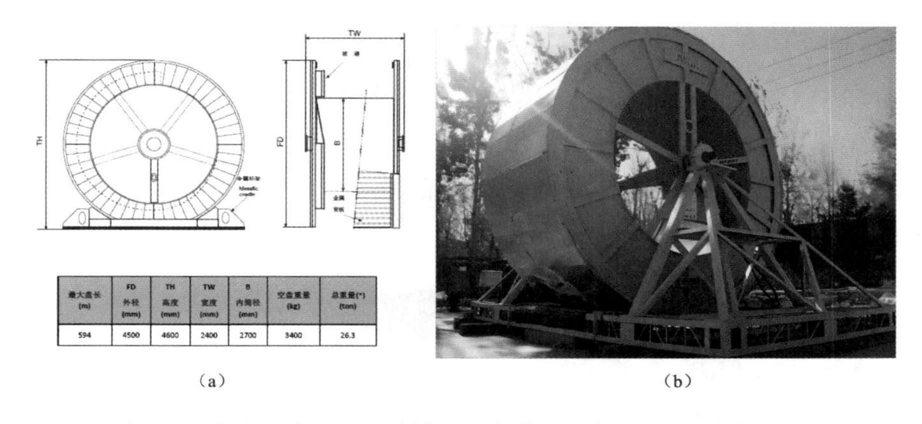

最大盘长 (m)	FD 外径 (mm)	TH 高度 (mm)	TW 宽度 (mm)	B 内筒径 (mm)	空盘重量 (kg)	总重量(*) (ton)
594	4500	4600	2400	2700	3400	26.3

（a） （b）

图 1-14 北京海淀 500kV 电缆工程电缆支撑装置设计及实物图

（a）设计图；（b）实物图

500kV 电缆敷设过程中若受力不均易造成电缆护层的损伤，尤其是电缆盘至井口处的电缆护层。为解决该问题，该工程将电缆盘至井口现有单一滑轮支撑方式改为多点支撑方式，满足电缆敷设最小弯曲半径要求的同时，也能更好地适应大截面电缆的敷设，如图 1-15 所示。

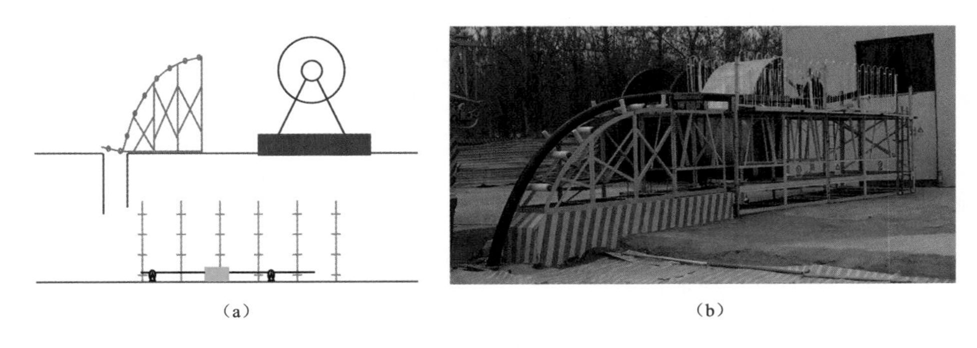

（a） （b）

图 1-15 北京海淀 500kV 电缆工程可拆卸式电缆敷设支撑装置设计及实物图

（a）设计图；（b）实物图

5. 电缆附件安装

500kV 电缆附件安装过程中，对环境的洁净度要求较高，现有的电缆附件安装区域尘土较大，杂质较多，无法满足 500kV 电缆附件安装条件，所以必须对隧道内的安装环境进行控制与改进。

由于接头区域隧道形状不规则，其中接头区域的环境控制较为困难，现场采用了以下两种方法，如图 1-16 所示。一是采用高强度 PVC 纤维织物料充气膜在接头区域制作一个操作室，通过充气膜上的气嘴进行充气，将整个接头区域均覆盖起来，形成一个相对密闭的空间。二是在接头区域地面贴地板革，防止由于人员走动引起扬尘；在墙面及顶面贴壁纸，防止灰尘坠落；在接头区域两端装设防火板和临时门进行隔断。

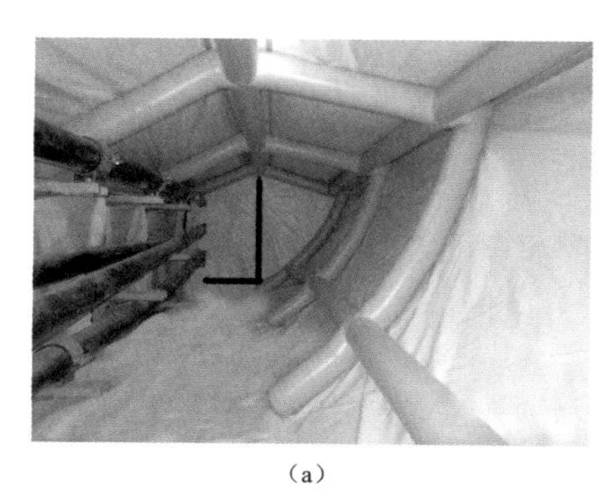
（a）

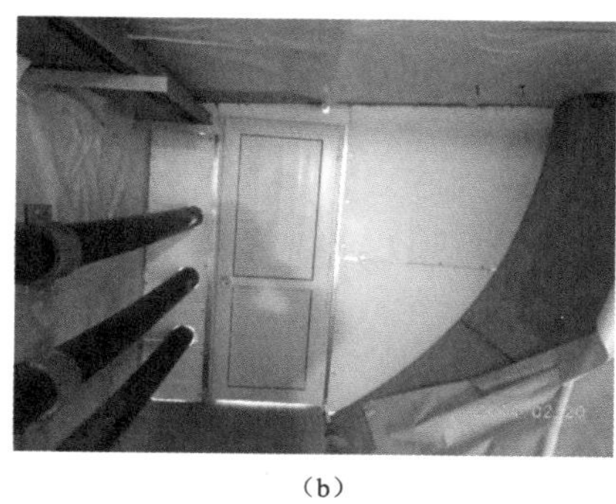
（b）

图 1-16 电缆中间接头环境控制装置

（a）采用充气膜方式；（b）采用壁纸、地板革、防火板等方式

户外终端的环境控制，由钢制龙骨架配合阳光板搭架而成，如图 1-17 所示。其能够适应高 12m×长 20m×宽 5m 的终端区域内部空间需要，龙骨架通过与脚手架的焊接保证了与主体结构的可靠连接；阳光板材具有防火、防雨、防尘等优点。

通过隧道内中间接头环境控制装置以及户外空气终端环境控制装置，使得 500kV 高电压等级电缆附件安装环境达到要求，保证了施工质量。

图 1-17 电缆户外终端环境控制装置

6. 电缆竣工试验

首次提出并采用 $1.7U_0$ 60min 条件下电缆变频谐振耐压同步检测局部放电的竣工试验方案，试验现场如图 1-18 所示。

图 1-18 北京海淀 500kV 电缆工程竣工耐压试验现场

1.2.4 上海虹杨 500kV 电缆线路

1. 工程概况

虹杨 500kV 输变电进线（进线部分）工程量为新建两路 500kV 进线电缆，均从 500kV 杨行变电站至 500kV 虹杨变电站，共计 87.87km，安装 GIS 终端 12 相，绝缘接头 147 相。工程于 2016 年 4 月 1 日开工，至 2017 年 5 月 31 日完成。

该工程电力隧道全长 14.36km，其中 3.5m 顶管长度为 6.4km，3.5m 盾构长度为 2.8km，5.5m 盾构长度为 5.1km，全线设置工作井 15 座。电缆线路长度杨行—虹杨Ⅰ线长为 14.609km（按 B 相计算），杨行—虹杨Ⅱ线长为 14.681km（按 B 相计算）。

2. 电缆及附件选型

两回 500kV 电缆分别由法国某公司和青岛某公司提供，电缆采用 1×2500mm^2 交联聚乙烯绝缘结构。电缆Ⅰ线金属护套采用平滑铝结构，外护套为无卤阻燃材料（HFFR），电缆导体外径为 62.5mm，绝缘外径为 93.5mm，电缆外径为 155mm±1.5mm，单位质量为 39.1kg/m，长度为 14.609km×3；电缆Ⅱ线采用波纹铝护套结构，外护套为聚乙烯（PVC），电缆导体外径为 61.5mm，绝缘外径为 92.5mm，电缆外径为 175.4mm±3mm，单位质量为 44.3kg/m，长度为 14.681km×3。

电缆附件由法国某公司和青岛某公司提供，电缆绝缘接头分别采用全预制和组装预制形式；杨行站侧户外电缆终端分别为预制绝缘瓷套式和油纸绝缘瓷套式；虹杨站侧 GIS 终端均采用预制式 SF_6 密封油浸电缆终端。该工程配套 290/500-1×2500mm^2 户外电缆终端 6 套，290/500-1×2500mm^2 绝缘接头 129 套，290/500-1×2500mm^2 GIS 电缆终端 6 套。

为保证油纸绝缘及 GIS 电缆终端油压，需要设置油箱，油纸绝缘终端侧每相 2 只，共 6 只；GIS 终端侧每相 1 只，共 3 只。

3. 电缆接地方式

该工程金属护套的接地采用交叉护联接地方式，考虑护套感应电压及电缆厂家生产盘长能力、国内运输条件及施工时牵引力允许要求，杨行—虹杨Ⅰ线电缆最长分盘长为 810m，分 7 大换位段、21 个小段；杨行—虹杨Ⅱ线电缆最长分盘长为 700m，分 8 大换位段、24 个小段。同轴电缆和接地线截面积为 $1\times500\text{mm}^2$。

4. 电缆敷设

上海虹杨 500kV 输变电工程在总结静安（世博）500kV 电缆工程建设的基础上，采用机械方式电缆上架和蛇形处理、全机械全输送同步敷设、对敷设现场的运行环境不间断实时监控等先进的施工方法。

该工程在电缆敷设时开发了电缆敷设变频联动控制系统，通过研究把日本进口的电动导轮和国产输送机进行有效联动，同时增加变频调速功能，将影响电缆敷设效率的进口导轮控制箱进行简化和改造。另外，针对隧道电缆敷设的特殊环境，在该套系统上集成隧道通信功能，将原有隧道电缆敷设和通信两套互不相干的系统合二为一，不但减少了施工人员的工作量，而且提高了劳动生产率和施工可靠性，如图 1-19 所示。

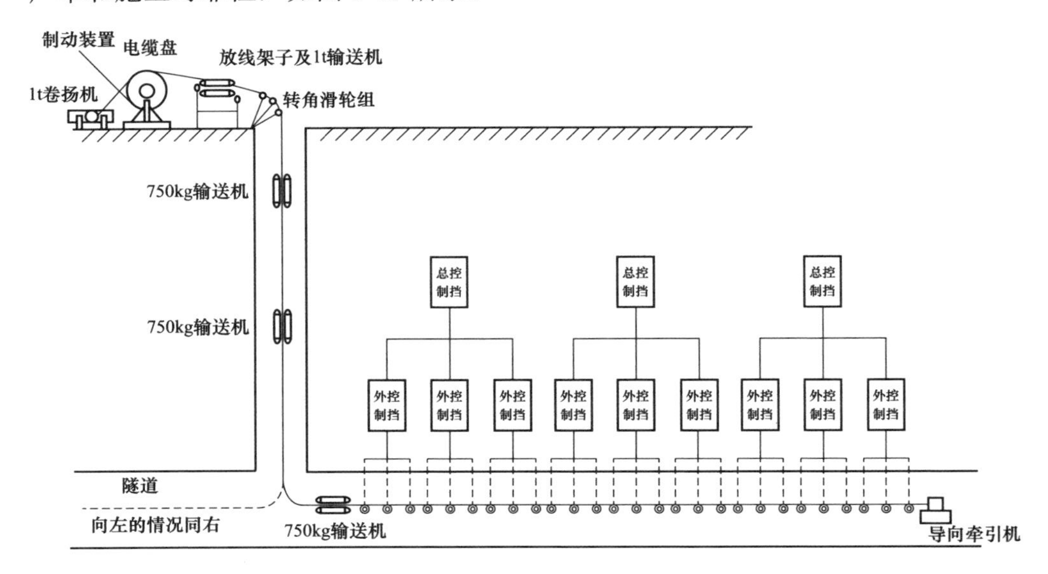

图 1-19 上海虹杨 500kV 输变电工程电缆敷设变频联动控制系统组成图

隧道内 500kV 电缆用品字型垂直蛇形敷设，固定于不锈钢支架横担上。隧道工作井内以及隧道中斜坡部位的电缆不作垂直蛇形敷设，如图 1-20 所示。

图 1-20 上海虹杨 500kV 输变电工程电缆敷设安装图

5. 电缆附件安装

该工程同样搭建了电缆附件安装棚使整个接头或终端区域形成一个密闭的空间，使用环境控制设备对电缆附件区域内部环境进行调控，实现了电缆附件安装区域的环境控制。

6. 电缆竣工试验

同样采用 $1.7U_0$ 60min 条件下电缆变频谐振耐压同步检测局部放电的竣工试验方案，试验现场如图 1-21 所示。

图 1-21 上海 500kV 静安（世博）输变电工程电缆Ⅲ线竣工试验现场

第2章　隧道土建工程建设

本章主要内容为隧道土建工程建设，隧道土建工程建设是500kV陆地电缆建设的基础，为后续的电缆敷设、附件安装提供条件。隧道土建工程建设主要包括隧道施工工法、接地系统、电缆支架、风水电及消防系统等。本章介绍了各隧道施工工法的优缺点和适用条件、电缆隧道的接地系统、电缆支架系统和电缆支架材料对比、风水电及消防系统的设计原则和施工工艺流程等。

2.1　隧道施工工法

电力隧道常用施工工法主要涉及明挖隧道工法、矿山法隧道工法、盾构法隧道工法、顶管法隧道工法以及暗挖隧道工法，本节将对各工法施工优缺点进行简单介绍。

2.1.1　明挖工法

明挖隧道工法（简称明挖工法）是电力隧道与基坑施工的首选方法，在地面交通和环境允许的地方通常采用明挖工法施工。它具有施工作业面多、速度快、工期短、工程质量易保证等优点，因此在地面交通和环境条件允许的地方，应尽可能采用。但是明挖工法对城市交通及居民生活干扰较大，一般需要对道路进行较长时间的封闭。明挖工法一般包括明挖顺作法和逆作法，其中，逆作法又包括盖挖顺作法和盖挖逆作法。明挖工法隧道断面形式一般为矩形，如图2-1所示。

图2-1　明挖法隧道断面

1. 明挖顺作法

明挖顺作法是先施工围护结构，从地面向下开挖基坑至设计标高，然后在基坑内的预定位置自下而上地建造主体结构及防水措施，最后回填土并恢复路面，其工序如图 2-2 所示。明挖顺作法施工中的基坑可以分为敞口放坡基坑和有围护结构的基坑两类，在这两类基坑施工中，又根据采用不同的围护结构形式分为放坡开挖、土钉墙支护、排桩支护、连续墙支护等，见表 2-1。

表 2-1　　明挖结构围护结构形式分类

	基坑类型	基坑围护形式	具体类型
明挖顺作法基坑类型	敞口放坡基坑	边坡不加支护的基坑	直接放坡式
		喷射混凝土面和锚杆护坡基坑	基坑面喷射混凝土，打插锚料
	有围护结构的基坑	板桩式围护结构	钢板桩
			钢筋混凝土板桩
			主桩横挡板
		柱列式围护结构	人工控孔桩支护
			钻孔灌注桩支护
		地下连续墙围护结构	地下连续墙支护
		自立式水泥土挡墙	深层搅拌桩挡墙
			高压旋喷桩挡墙
		组合式围护结构	各种形式的组合

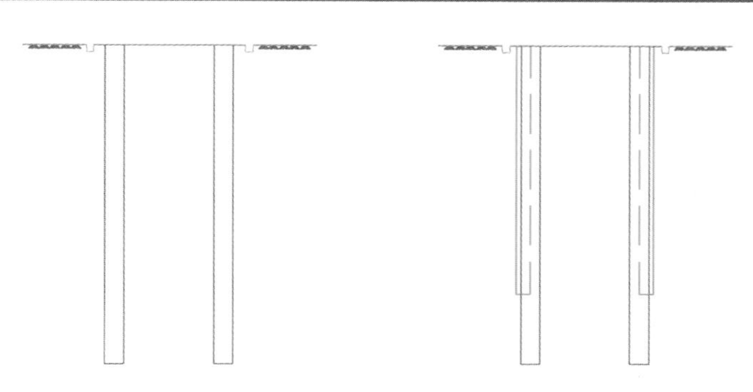

第一步：平整场地后施工灌注桩　　第二步：在灌注柱间施工旋喷桩

图 2-2　明挖顺作法施工工序示意图（一）

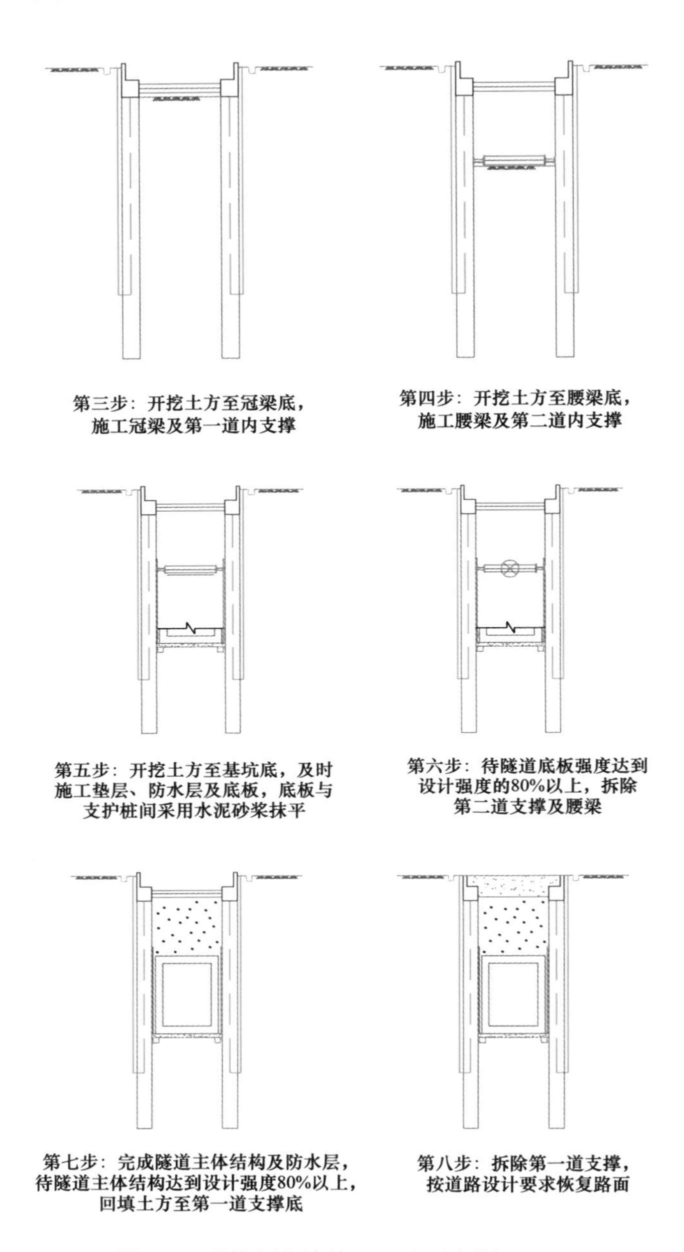

图 2-2　明挖顺作法施工工序示意图（二）

2. 盖挖隧道工法

盖挖隧道工法（简称盖挖工法）是由地面向下开挖至一定深度后，将顶盖封闭，恢复原地貌，其余的下部工程在封闭的顶盖下进行施工，下部结构可采

用顺作法或者逆作法进行施工。在工程施工期间，当道路交通只允许在一段时间内封闭部分车道时，可选用盖挖工法。盖挖工法可以减少施工对城市道路交通的干扰，但工程效率低、造价高、结构接缝防水差。

2.1.2　矿山工法

矿山法隧道工法（简称矿山工法）与明挖工法相比，矿山工法的最大优点是避免了大量房屋拆迁、管线迁改，减少了对地表环境的影响，降低了对城市交通造成的干扰；其缺点是地下作业风险较大。采用矿山工法施工时，依据工程地质、水文情况、工程规模、覆土埋深及工期等因素，常用施工方法有全断面法、台阶法、中隔墙法（CD 法）、交叉中隔墙法（CRD 法）、大断面暗挖法等。

（1）全断面法。全断面法（如图 2-3 所示）主要适用于围岩较好的地层，其施工操作比较简单，为了减少对地层的扰动次数，在采取局部注浆等辅助施工措施加固地层后，可采用全断面法施工。采取全断面法有较大的作业空间，有利于采用大型配套机械化作业，提高施工速度，且工序少，便于施工组织和管理。但由于开挖面较大，围岩稳定性降低，每个循环工作量较大，每次深孔爆破引起的震动较大，因此要求进行精心的钻爆设计，并严格控制爆破作业。

（2）台阶法。台阶法（如图 2-4 所示）是最基本、运用最广泛的施工方法，而且是实现其他施工方法的重要手段。当开挖断面较高时，可进行多台阶施工，每层台阶的高度常用 3.5～4.5m，或以人站立方便操作选择台阶高度；当拱部围岩条件发生较大变化时，可适当延长或缩短台阶长度，确保开挖、支护质量及施工安全，如图 2-5 所示。

图 2-3　全断面法施工

图 2-4　台阶法施工

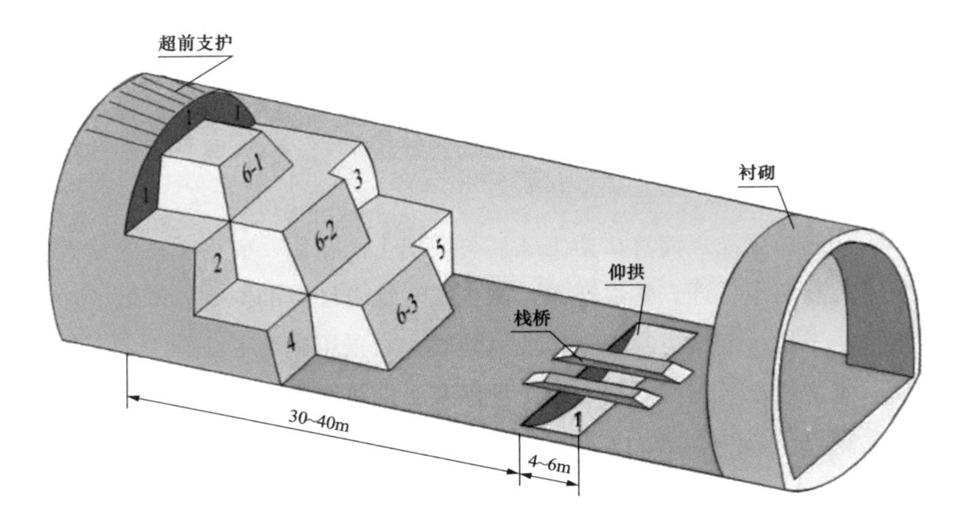

图 2-5　三台阶七步开挖法

弧形导坑预留核心土法（如图 2-6 所示）适用于地层较稳定，但掌子面可能坍塌而引起前方围岩失稳，实际为台阶法的一种。拱部采用环形导坑开挖，利用核心土施压掌子面，下部开挖也是先开挖两侧，保持中部岩柱不动。该方法广泛应用于双线黄土隧道和公路隧道的施工，其特点是工序简单、施工进度快，但对大跨隧道和新黄土隧道有一定的安全风险。

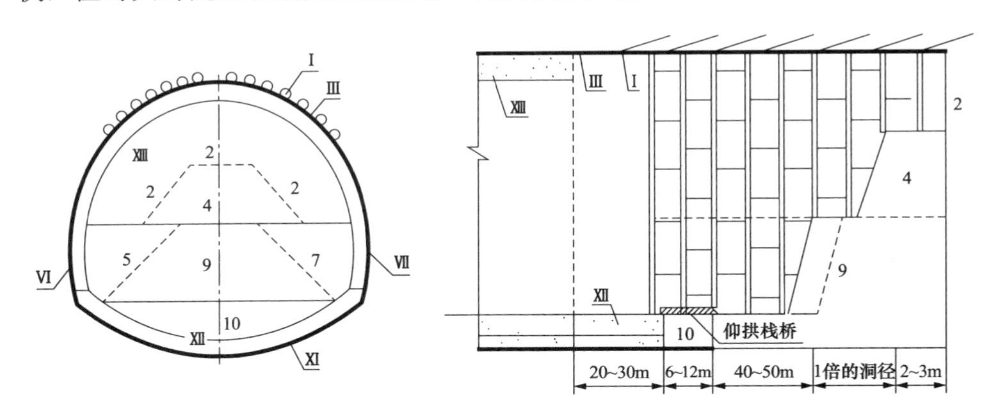

图 2-6　弧形导坑预留核心土法

Ⅰ—超前支护；2—上部弧形导坑开挖；Ⅲ—上部初期支护；4—上部核心土；5，7—两侧开挖；Ⅵ，Ⅶ—两侧初期支护；9—下部核心土开挖；10—仰拱开挖（捡底）；XⅠ—仰拱初期支护；XⅡ—仰拱及填充混凝土；XⅢ—拱墙二次衬砌

（3）CD 法和 CRD 法。中隔墙法也称 CD 法（如图 2-7 所示），主要适用于地层较差和不稳定岩体，且地表沉降要求严格的地下工程施工。当 CD 法仍不能满足要求时，可在 CD 法的基础上加设临时仰拱，即所谓的交叉中隔墙法（也称 CRD 法）。CRD 法（如图 2-8 所示）的最大特点是将大断面施工化为小断面施工，各个局部封闭成环的时间短，控制早期沉降好，每个步序受力体系完整。因此，结构受力均匀、形变小。另外，由于支护刚度大，施工时隧道整体下沉微弱，地层沉降量不大，而且容易控制。

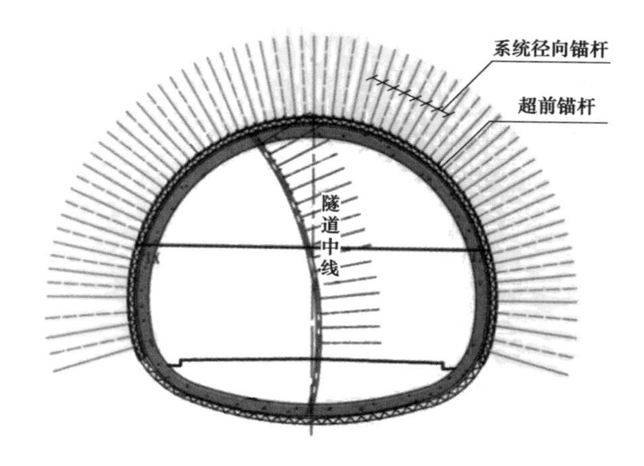

图 2-7　CD 法施工示意图

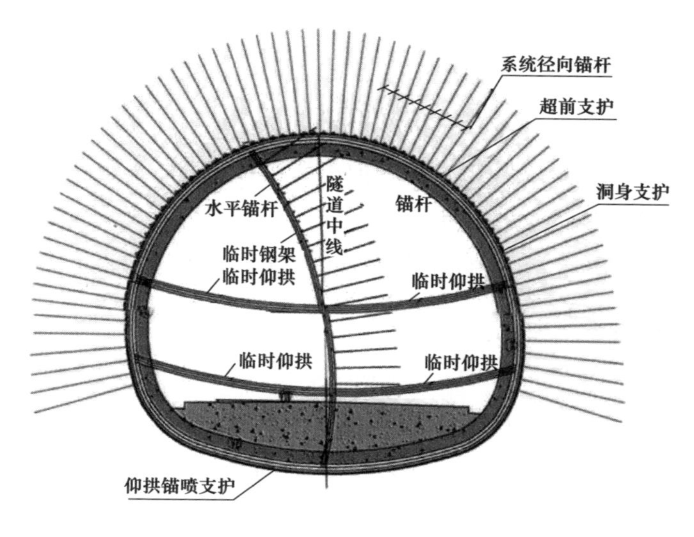

图 2-8　CRD 法施工示意图

大量施工实例资料的统计结果表明，CRD 法优于 CD 法（前者比后者减少地表沉降近 50%）。但 CRD 法施工工序复杂、隔墙拆除困难、成本较高、进度较慢，一般在地表沉降要求严格时才使用。

（4）大断面暗挖法。大断面暗挖主要用于电力隧道接出变电站段，该段隧道一般电缆出线回路较多，需要采用较大管容的隧道断面。该工法受地表沉陷影响较大，通常将大跨变为小跨可减小地表沉陷：开挖分块越多，扰动地层次数增多，地表沉陷就越大；一次支护及时、开挖支护封闭时间越快，地表沉陷就越小。当采用正确施工方法和相对应的辅助施工措施后，可以达到安全、经济、快速施工的目的。

大断面暗挖法主要用于电力隧道接出变电站段，该段隧道一般电缆出线回路较多，需要采用较大管容的隧道断面，主要工法为双侧壁导坑法、洞桩法、中洞法、侧洞法等。在大断面施工中以下几点值得注意：

1）大断面划小断面，不是越小越好，要根据地层做调整，小断面开挖固然安全，但经过多次力的转换，易造成累积沉降过大。

2）较好的方法为洞桩法，但洞桩法法类导洞多，洞内施工时作业条件差。

3）中洞法较为安全，控制沉降好，但该法在完成中洞后，开挖侧洞时，由于侧向抵抗侧压的减弱，会造成中洞过大变形，有的造成中拱二衬开裂，二衬不宜过早受力。

4）多层导洞开挖，一般先从上部洞室开挖，然后落底，但是整体下沉、总累积沉降较大，为减少累积沉降，可采取反复注浆措施，也可以考虑先挖下部导洞，逐层上挖但每层开挖增加超前小导管。

由于电力隧道断面一般较小，台阶法开挖隧道较为常用，同时存在小曲线段隧道在较自稳的地层中，矿山法隧道工法也是较好的选择。

2.1.3 顶管工法

顶管法隧道工法（简称顶管工法）是一种类似于盾构工法的地下工程非开挖管道铺设方法，它是采用液压油缸将管段顶入由切削刀盘或掘进机形成的钻孔中构成衬砌的施工方法（如图 2-9 所示）。因此，顶管技术也被称为液压顶进技术，实质是所用顶管在主顶工作站的作用下，由始发井开始，顶进至目标工作井。

图 2-9 顶管法隧道施工示意图

施工时，先制作顶管工作井及接收井，作为一段顶管的起点和终点；工作井中有一面或两面井壁设有预留孔，作为顶管出口，其对面井壁是承压壁，承压壁前侧安装有顶管的千斤顶和承压垫板（即钢后靠），千斤顶将工具管顶出工作井预留孔，而后以工具管为先导，逐节将预制管段按设计轴线顶入土层中，直至工具管后第一节管段进入接收井预留孔，施工完成一段管道。为进行较长距离的顶管施工，可在管道中间设置一至几个中继间作为接力顶进，并在管道外周压注润滑泥浆。顶管施工可用于直线管道，也可用于曲线管道。

一般情况下，顶管机的操作和控制可以直接通过在地下的工作现场的操作人员来完成；特殊情况下，也可以通过位于地表的控制台进行遥控。岩石的破碎方法可以在工作面上通过手工、机械或者水力的方法进行分步破碎来实现，也可以通过机械全断面破碎来实现。破碎下来的岩粉或泥土可以通过压力墙上的进土口进入顶管机，并通过已铺设好的管道运至地表。顶管施工对管段的截面形状没有特殊要求，但通常以圆形截面居多，也可以是矩形。掘进机的外形尺寸通常要和顶进的管道外径较好地吻合，以便缩小或消除管道和孔壁间的环状间隙。

2.1.4 盾构工法

盾构法隧道工法（简称盾构工法）是指使用盾构机一边控制开挖面及围岩不发生坍塌失稳，一边进行隧道掘进，并在机内拼装管片形成衬砌、实施壁后注浆，从而不扰动围岩而修筑隧道的方法。盾构工法隧道覆土层可以很浅，在不稳定地层和含地下水地层可做到不引起较大沉陷。它可应用于很松散的土层或单轴抗压强度很高的岩层中（如在软塑性或流塑性的地层、中风化或微风化地层）。因此，盾构工法有着很广阔的应用范围和前景。盾构工法隧道施工示意图如图 2-10 所示。

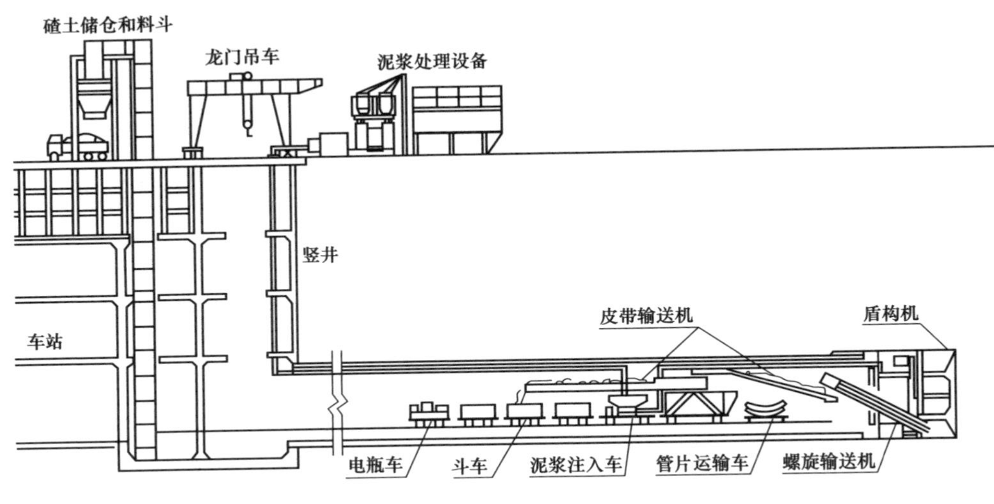

图 2-10　盾构工法隧道施工示意图

盾构技术已有 180 多年的历史，期间形成了各种各样的盾构机型和盾构工法。根据盾构土仓压力平衡的手段，盾构机可以大致划分为土压平衡盾构、泥水加压盾构和复合式盾构三类，如图 2-11 所示。其中土压平衡盾构和泥水加压盾构在我国城市隧道建设中的应用较多；复合式盾构则由于其技术复杂、造价昂贵应用较少。

土压平衡盾构依靠推进油缸的推力向土仓内的开挖土渣加压，使土压作用于开挖面使其稳定。在黏性土层中掘进时，由刀盘切削下来的土体进入土仓后由螺旋输送器输出，在螺旋机内形成压力梯降，保持土仓压力稳定，从而使开挖面土层处于稳定状态。盾构机向前推进时，控制螺旋输送器排土量与开挖量相当，即可保持开挖面地层的稳定性。

泥水加压盾构利用循环悬浮液的体积对泥浆压力进行调节和控制。其采用膨润土悬浮液为支护材料，将泥浆送入泥水平衡仓内，在开挖面上用泥浆形成不透水的泥膜，通过泥膜保持水压力，以平衡作用于开挖面的土压力和水压力，

从而稳定开挖面。开挖的砂土以泥浆形式输送到地面，通过泥水处理设备进行分离，分离后的泥水进行质量调整，再输送到开挖面。

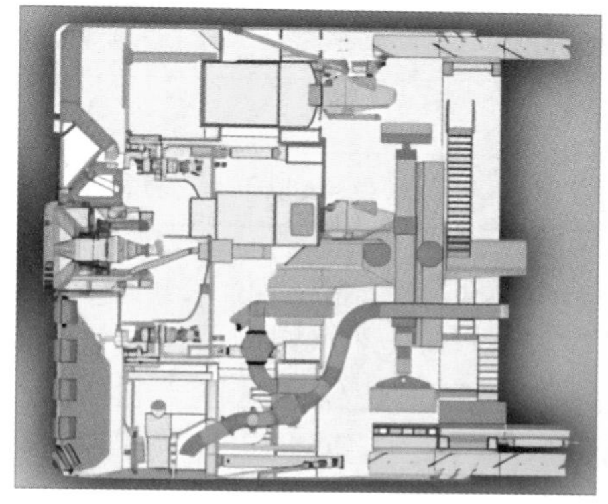
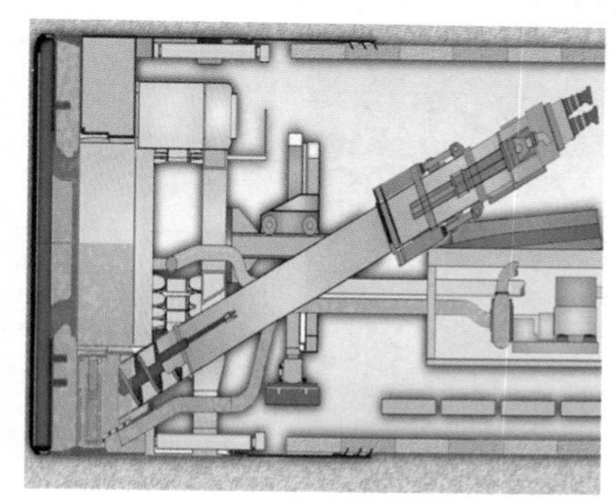

图 2-11　泥水加压盾构与土压平衡盾构

2.1.5　主要工法对比情况

城市电力隧道主要埋设于10～30m地下空间，明挖工法、顶管工法和盾构工法是常见的电力隧道施工方法，各个城市应根据自身的经济实力及发展状况做出适当的调整，做到因地制宜、合理开发。工法选择方面应通过工期、造价、环境保护等诸多因素综合比较，选择最为合理、经济、有效的施工方法。

电力隧道的建造工法有明挖工法、顶管工法、盾构工法、矿山工法，以及一些组合工法（如顶管+盾构，采用推盾机）。从造价、工期、适用条件、施工风险、制约条件、优缺点等方面对上述工法进行比较，差别见表2-2。

表 2-2　　工 法 对 比 表

差别内容		明挖工法	矿山工法	顶管工法	盾构工法
造价	隧道（万元/m）	3.07	5.01	2.58	4.00
	工作井（万元）	218	240	350	490
	其他费用比例	55%	40%	30%	20%
适用条件	埋深	浅	较深	较深	较深
	地层	土层为主	岩	土层为主	岩/土层
	断面	任间断面	圆/异形	圆形为主	则/异形
	挖掘长度	任意	短	短	长
	断面尺寸	任意	任意	直径 4m 以下	直径 3～15m
工期		工期受施工前期征地拆迁、工作面多少等因素制约	速度较慢，完成初支平均 3m/天	软弱地层平均 200m/月	软弱地层平均 350～450m/月
安全性		较低	较低	高	高
建设占地		大	小	小	小
优点		施工工作面多、速度快、工期短、工程质量易保证	（1）在城区应用较少，但线路选型较为灵活；	（1）地面作业少，振动、噪声引起的环境影响较小；	（1）工法及造价较为稳定，工作井的规模和间距直接影响工程总体投资；（2）避免大量房屋拆迁、管线迁改，减小了对地面环境的影响，降低了对城市交通造成的干扰；（3）安全性高、施工速度快、劳动强度低、对周边环境影响小、可控性强；

续表

差别内容	明挖工法	矿山工法	顶管工法	盾构工法
优点	施工工作面多、速度快、工期短、工程质量易保证	（2）避免大量房屋拆迁、管线迁改，减少了对地面环境的影响，降低了对城市交通造成的干扰	（2）工法及造价较为稳定，工作井的规模和间距直接影响工程总体投资	（4）更加灵活的线路布置方式，能够绕过各种地下构筑物，使得电缆能够连接电源和布置在建筑群中的变电站
缺点	（1）建设场地征用及清理费较高，对工程造价影响较大，对工期影响较大；（2）对城市生活干扰大，应用受到各种因素的制约	（1）施工过程中常出现沉降过大，在围岩不稳定地层基至塌方；（2）施工作业中产生的粉尘对环境污染严重，采用爆破开挖工法，对周边不良影响较大；（3）混凝土品质不均匀，质量难保证	（1）需要注意接缝防水处理、地表沉降控制等问题；（2）顶推能力有限无法实现超长距离隧道施工；（3）无法实现小曲线半径施工	（1）设备造价高，区间施工经济性差；（2）施工工艺较复杂

由表2-2，以及从城市地下空间开发、隧道施工方法等角度分析，可得出以下结论：

（1）明挖工法适用于新建城区等周边建（构）筑物稀少的区域，埋深不可太深，否则造价会很高。

（2）顶管工法适用于顶进距离适中的隧道，其断面的尺寸（直径）不应大于4m，否则造价较高。

（3）盾构工法适用于掘进距离大于500m以上的隧道，其圆形断面尺寸（直径）不宜小于3m，盾构掘进曲线灵活，可适应各种复杂地质情况。盾构法电力隧道安全性高、施工速度快、劳动强度低，对周边环境影响小、可控性强，必将是今后电力隧道建设的一大重点。

（4）虽然盾构工法施作电力隧道有一定的优势，但其工作井的规模和间距直接影响工程总体投资，应为隧道优化设计的重要考虑方向。每隔500～800m设置一个工作井，不仅没有发挥盾构长距离掘进的优势，反而极大地增加了征地拆迁难度，最终可能导致工程造价和工期失控现象。

2.2 接地系统

对于采用电缆隧道敷设的电力电缆工程，接地系统主要分为两部分，一是隧道综合接地系统，二是高压电缆接地系统。对于电力系统而言，高压电缆的短路电流及接地环流随电压等级而提升，因此接地系统至关重要。

2.2.1 隧道综合接地系统

电缆隧道应设置综合接地网，其接地电阻不大于 1Ω。每个工作井设置接地装置（接地网），接地装置的水平接地体采用 50mm×5mm 铜排，综合接地装置由外缘封闭水平接地体及接地引出圆钢组成。综合接地装置的水平接地体位于底板下 800mm，要求接地体采用放热焊接。隧道内设明敷通长接地干线，采用截面尺寸不小于 50mm×5mm 热镀锌扁钢（具体尺寸根据热稳定计算结果选择）。

接地设计原则：

（1）综合接地系统的设计应首要保证人身安全、设备安全及运营可靠。同时应满足所有机电设备、给排水管线及其他金属管线的接地需求。

（2）工作井接地网采用水平接地体及垂直接地极组成的复合地网，水平接地体位于工作井结构底板以下 0.8m 处的垫层中，若底板标高有变化时，则应保持水平接地体与结构底板间 0.8m 的相对高差不变，水平接地体在局部下沉或抬升时应做半径不小于均压带间距一半的圆弧处理。

（3）工作井复合接地网的网格应不小于 5m×5m。

（4）隧道接入发电厂、变电站站时，其综合接地网应与发电厂、变电站接地网两点及以上相连接。

（5）工作接地、防雷接地与保护接地共用接地装置，总接地电阻不大于 1Ω，并应进行跨步电动势和接触电动势的实测校验。

（6）每处工作井接地网设置 1 组接地引上线与隧道区间的两条明敷接地带连接，接地引上线引出结构底板以上的高度不小于 0.5m。

（7）综合接地系统的设计及施工应充分考虑接地引上线穿越结构底板时的防水措施，做到不漏水、不渗水。

（8）每个设有电气设备用房的工作井均设置强电环形接地母排。

（9）若接地装置之间需要用接地电缆连接的，选用截面积不小于 100mm^2 的铜缆。

（10）沿隧道长度方向两侧各明敷两根均压带（选用镀锌扁钢），分别与隧道左右两侧的所有电缆支架焊接，均压带与接地网焊接导通，且焊接长度必须为扁钢宽度的 2 倍或圆钢直径的 6 倍，并要求双面焊接。

（11）隧道内每间隔约 30m 处，需要通过明敷等电位接地带与两侧接地带连接。

（12）隧道内兼有接地功能（含连接）的结构钢筋和专用接地钢筋的截面选择，以及焊接均应满足相应的规范要求。

2.2.2　高压电缆接地系统

隧道内高压电缆系统应设置专用的接地汇流排（50mm×5mm 扁铜带），且应在不同的两点及以上就近与综合接地网相连接。隧道内的高压电缆接头、接地箱的接地与专用接地汇流排可靠连接。

2.3　电缆支架

电力隧道工程中，角钢焊接电缆支架、压型钢板电缆支架应用较多。角钢电缆支架和压型钢板支架统为传统材质的电缆支架，具体工程应用过程中存在一定的缺陷。尤其是针对长距离电力隧道中敷设大截面、大容量电缆时，往往存在如下问题：

（1）使用传统金属支架时，当电缆传输电流时在周围产生交变磁场，传统金属支架是铁磁材料，在交流磁场作用下产生感应电动势，进而产生感应电流、涡流损耗，引起电缆支架发热。涡流损耗随电缆增大而增大，在大电流情况下会产生较大的涡流损耗。

（2）传统金属材质电缆支架在南方潮湿地下空间中容易腐蚀，降低电缆支架的使用寿命。常见的处理形式是对电缆支架进行静电粉末喷涂或热浸锌等技术处理，在比较恶劣的电力管沟或电缆隧道中，防锈腐蚀问题还是经常发生，从而影响整个线路的安全和无故障使用期。

2.3.1　支架材料对比

钢支架和不锈钢支架均具有强度高、刚度好、力学性能稳定、防火性能优异、安装工艺成熟、安装质量可靠等特点。两者不同在于耐腐蚀性能、耐久性能及造价差异，见表 2-3。

表 2-3　　普通钢支架与不锈钢支架对比表

比较项目	普通钢支架	不锈钢支架
材料	刚度好、导热、导电	刚度好、导热、导电
防火性能	A 级不燃材料，防火性能优异	A 级不燃材料，防火性能优异
耐腐蚀性	较差，需另作防腐处理	好
耐久性能	30 年	50 年
制作安装	管片内预埋螺栓，安装质量有保证	管片内预埋螺栓，安装质量有保证
维护	需定期防腐维护	基本免维护
2016 年材料造价	约 11 000 元/t	约 22 000 元/t
2020 年材料造价	约 13 000 元/t	约 26 000 元/t

基于上述差异，国内主要的 500kV 城市电力隧道均应用了不锈钢材质的电缆支架，其应用情况见表 2-4。

表 2-4　　国内主要的 500kV 城市电力隧道电缆支架材质应用情况

比较项目	长度（km）	材质	备注
北京海淀 500kV 电力隧道	6.7	采用内径 5.4m 盾构，上下分舱，下舱（敷设 500kV 电缆）立柱支架及水平托架均采用不锈钢材质，上舱（敷设 220kV 电缆）立柱电缆支架及水平电缆托架均采用普通钢材质	—
上海世博 500kV 电力隧道	15.3	采用内径 5.4m 盾构，上下分舱，敷设 500kV 电缆用的水平托架采用不锈钢材质，弧形支架及敷设 220kV 电缆的水平托架采用普通钢材质	—
深圳 500kV 电力隧道	11	支架及水平托架均采用不锈钢材质	沿海

广州 500kV 楚庭电力隧道主要采用 304 不锈钢电缆支架，于隧道侧壁上预留螺栓套管，将环形电缆支架用螺栓固定于隧道侧壁上，并将水平电缆托架用螺栓安装在环形支架上，如图 2-12 所示。环形电缆支架与水平电缆支架截面均

为槽钢。

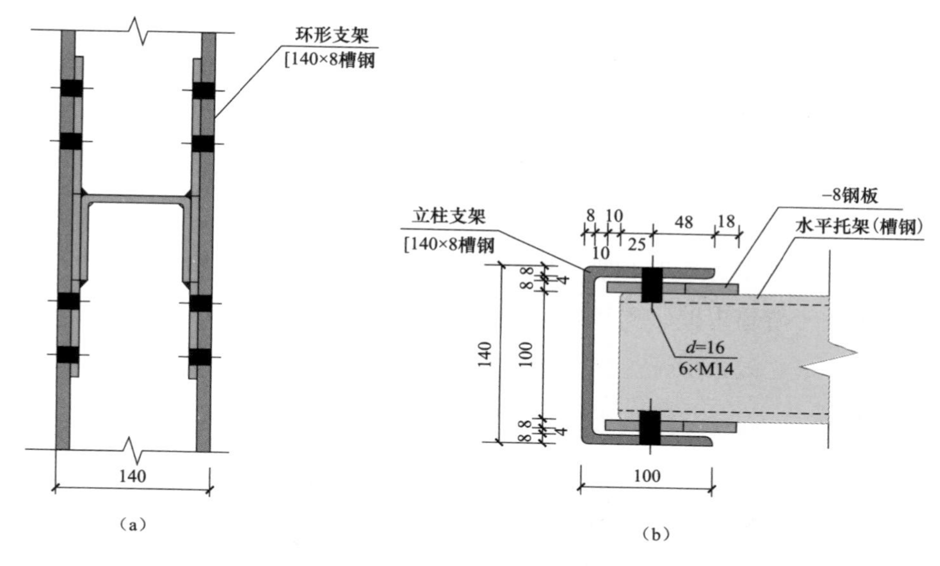

图 2-12 广州 500kV 楚庭 4m 直径电力隧道支架（单位：mm）

（a）侧视图；（b）俯视图

2.3.2 自平衡可调式电缆支架系统

电缆支架是电力管廊极为重要的构件，其担负着电缆、附件、设备等安装运维的重要使命。广州地区电力隧道内电缆支架亦有自己专有特色。在顶管、盾构法电力隧道中，普遍采用第Ⅲ代圆形电力隧道用自平衡电缆支架系统。

（1）“圆形电力隧道用自平衡电缆支架系统”构成部件为：“长-短”交替支架、拱形铰接钢环梁、预埋螺栓套筒、卡扣螺栓套件、静电粉末喷涂表层。

（2）将隧道中、上部的支架横担设置成“长-短”支架交替布置型：沿纵向，在电缆接头区采用长支架，非接头区采用短支架，且左右侧的长短支架错开排列（纵向长、短支架交替，左右侧长支架不出现在同一断面）。“长-短”支架交替布置充分利用了圆形隧道中部空间，且不影响运维检修。

（3）“长-短”交替布置支架层的内侧敷设电缆，长支架的外侧作为电缆接头位：长支架的临近支架层电缆就近绕行至该处外侧安装电缆接头。这可利用圆形隧道空间，在中部支架上同时敷设电缆及接头，隧道增容 1～2 回电缆，提高隧道管容；且这种接头布置方式避免了所有电缆都绕行穿插至底层支架安装接头的问题，提高了电缆运维的便利及安全性。

（4）采用“拱形铰接钢环梁”结构：将电缆支架梁分成左右两片，顶部用螺栓连接，底部用混凝土浇筑固定连接，电缆支架系统形成闭合圆形自平衡系统。电缆荷载大部分在圆形钢环梁中自平衡抵消，少部分荷载通过“卡扣螺栓”传递至隧道壁。隧道结构受力合理，不易开裂。

（5）隧道管节预制时预埋“螺栓套筒”，电缆支架钢环梁通过“卡扣螺栓套件”卡扣于隧道内壁。支架系统配件均为工厂化预制，全螺栓连接装配，提高了支架安装工效，保证了施工质量，实现了无烟化施工。自平衡支架系统如图 2-13 所示。

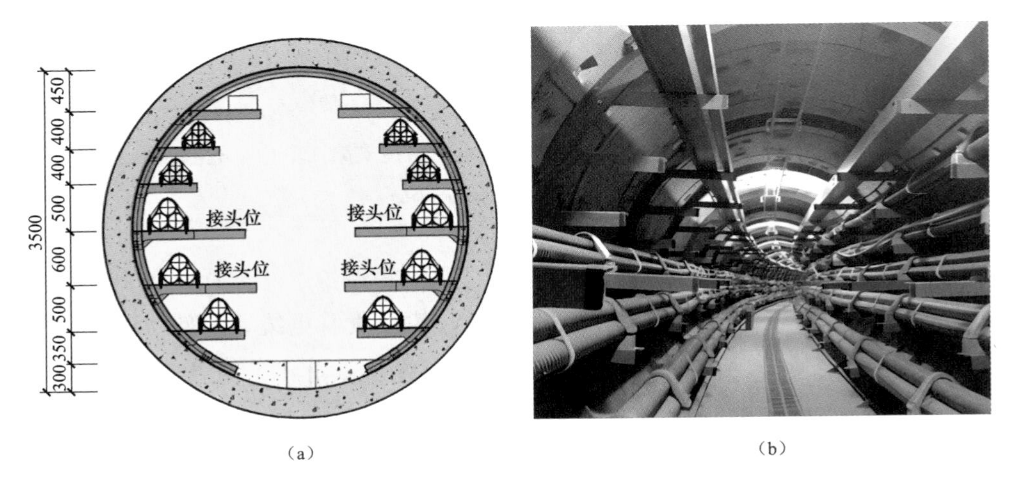

图 2-13　自平衡支架系统（单位：mm）

（a）自平衡支架系统示意图；（b）自平衡支架系统实物图

2.4　风水电及消防系统

2.4.1　通风系统

隧道通风系统运行以通道内环境温度为控制点，环境温度通过感温光纤测得。通过对通道内发热量分析，同时结合电缆及室外气象条件，设定风机启停的温度参数，并按照以下四种工况要求控制。

（1）排热工况：排除通道内的发热量，同时满足电缆载流量而进行必要的

通风。

（2）巡视工况：为了方便运营维护人员到通道内巡视及维修，需使通道内空气质量满足劳动卫生要求而进行的通风。

（3）换气工况：为维持通道内的基本空气品质，排除通道内的异味而进行的通风。

（4）灾后通风：通道内发生火灾时，采取隔绝灭火的方式，人工确认火灾熄灭后，为排除通道内烟气进行的通风。

对通风设备进行状态监测和控制，设备控制方式采用就地手动、就地自动和远程控制三种。事故通风的手动控制装置应在室内外便于操作的地点分别设置。

1. 设计原则

通风系统的设计原则包括通风口、通风机房的设置和区段划分、系统方案、通风系统噪声的处理等设计原则。

（1）通风口。通风口首先满足平时运行时的风量及灾后排烟量的需要，其次要满足城市规划需要，以尽量减少对城市景观的影响以及满足环境对噪声的要求。

一般利用工作井作为通风机房之用，对外突出风口布置于绿化带内，新风口或排风口下边缘高出绿化带地面0.5～0.8m，可以减少风亭对城市景观的影响，又可避免暴雨和绿化洒水车激起的泥水进入风口，影响通道内卫生条件和空气环境。通风口还应考虑安全措施，防止闲杂人员通过通风口进入电缆隧道对电力电缆进行破坏，造成不必要的损失。

（2）通风机房的设置和区段划分。通风区段的划分除受到通道工作井布置划分影响以外，还与通风系统的设备容量、风机噪声以及电缆隧道周边环境等因素有关，应结合实际情况加以综合考虑。

按照电缆隧道等级的不同依据相关规范来划分防火分区。防火分区宜按电缆隧道通风机房来划分，通过通风系统的整合设计，多个防火分区共享一个通风区间。

通风分区一般按照通道中风机房的设置来划分。如果作为通风机房的工作井相邻太近或太远都会直接造成通风区段过长或过短，分区过长，风机选型很大，设备投资和噪声偏大；分区过短，土建风道及出地面风亭和出入口增多，土建投资偏大，影响城市景观。

（3）系统方案。电缆隧道通风可采用自然通风和机械通风两种通风方式，但自然通风只有在电缆发热量较小、自然条件比较有利、通道较短等情况下才能实现。大多数情况下，城市电缆隧道长度较长，穿越城市中心区域，途经城市干道，规划要求较高。因此，大多数情况下采用机械通风作为通风方案的首选。

机械通风有三种方式：①机械进风、自然排风；②机械排风、自然进风；③机械进风、机械排风。在通风区域较短时采用①或②方式；在通风区域较长时采用③方式。

（4）通风系统噪声的处理。电缆隧道的通风系统的风亭通常设计在道路的两侧，根据 GB 3096—2008《声环境质量标准》的要求，噪声一般按 4a 类标准执行，即昼间 70dB（A），夜间 55dB（A）。

对于普通通风系统，风机的噪声达到 70dB（A），因此，在夜间较难达到 55dB（A）的控制标准。对于靠近居民住宅的通风风亭，建议在风机的对外端设置管道消声器或片式消声器，并在地面风亭的进、排风口采用微孔折板式消声百叶，以尽量减小风机噪声对周边环境的不良影响。

2. 施工工艺流程

（1）施工流程，如图 2-14 所示。

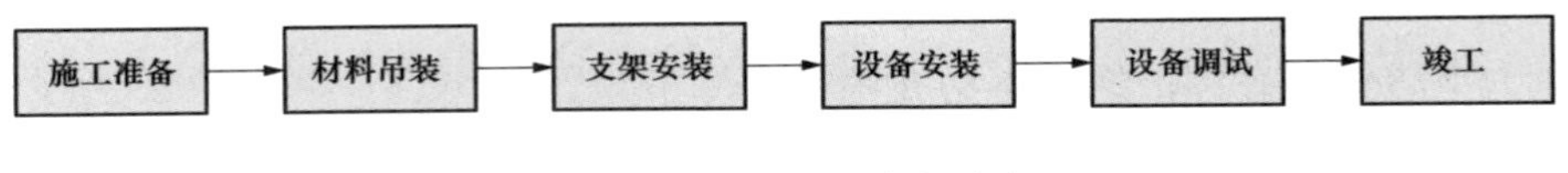

图 2-14　通风设备安装流程

（2）材料吊装，有垂直运输和水平运输两种方式。

1）垂直运输。本项目的设备垂直运输方式拟采用电动葫芦及吊车安装。

a. 小型风阀可制作运输吊架，通过电动葫芦进行设备垂直运输，运输时确保指挥得当和安全，如图 2-15 所示。

b. 将风机运输至隧道吊装孔附近，使用吊车将风机吊运至地下舱内，吊运时将吊装范围区内拉上警戒线，禁止行人、车辆在吊装范围内通过，如图 2-16 所示。

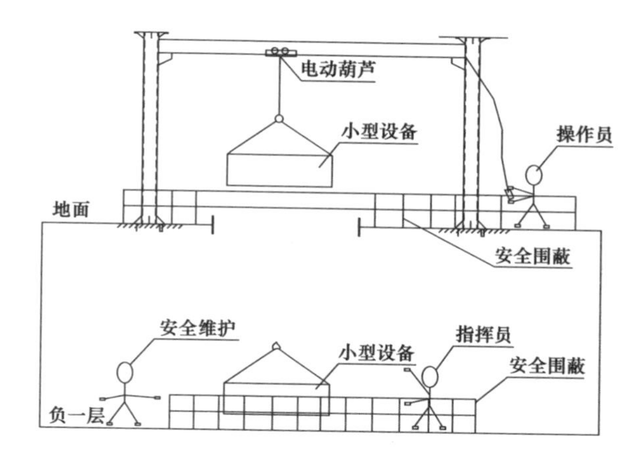

图 2-15　电动葫芦垂直吊装

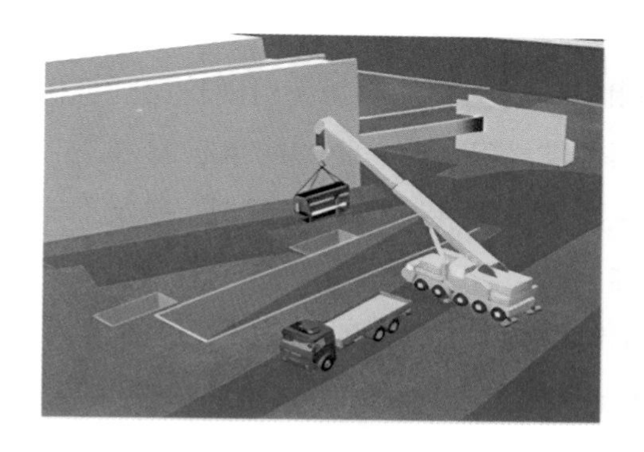

图 2-16　吊车吊装

c．地面上风机卸货及运输时，采用叉车，卸货方便、运输稳定，如图 2-17 所示。

图 2-17　地面上用叉车

2）水平运输。地下风机运输时采用电动卷扬机及地坦克水平运输至安装位置，然后采用移动式龙门架进行吊装。风机运输时，确保现场无障碍物；现场需要垫平时，需进行垫平，保证运输安全。

（3）支架安装。

1）安装方法。

a．标高确定后，按照风机、风阀所在的位置，确定风管支、吊架形式。风管支吊架的制作严格按照国家建筑标准设计图集 19K112《金属、非金属风管支吊架（含抗震支吊架）》用料规格和做法制作。

b．在制作支吊架前，首先要对型钢进行矫正。小型钢一般采用冷矫正；较大的型钢须加热到 900℃左右后进行热矫正。矫正的顺序为，先矫正扭曲，后矫正弯曲。

c．型钢的切断和打孔。型钢的切断使用砂轮切割机切割，打孔使用台钻钻孔。支架的焊缝必须饱满，保证具有足够的承载能力。

d．通丝吊杆根据风机的安装标高适当截取。螺丝不能过长，以螺纹末端不超出托架最低点为准。

2）支架膨胀螺栓要求。

a．所有固定支架和螺栓必须配有密封垫片和螺母。

b．锚栓应符合 GB 50367—2013《混凝土结构加固设计规范》中对锚栓的相关规定。

c．锚栓采用具有适应开裂混凝土性能的金属锚栓或具有适应开裂混凝土性能的定型化学锚栓，应具有抗冲击性能和耐火性能，并提供相应的测试报告。

d．锚栓钢材材质为热浸镀锌 8.8 级钢，锚栓必须有抗腐蚀性能，热镀锌镀层厚度不小于 45μm。

e．M12 锚栓 120min 耐火极限下的承载力不低于 3kN，每个支架及锚栓系统应能在列车震动状态下提供至少 30kN 的剪力和 20kN 的拉力。

f．锚栓采用 M16，有效锚固深度 100～120mm。

g．扩孔型锚栓具有抗冲击性能和耐火性能，并提供相应的检测报告。

h．锚栓应通过权威机构的抗冲击测试，通过振动台测试验证其抗震性能，通过权威机构的循环拉力荷载测试。

i. 锚栓应具有耐火性能，应通过防火性能的官方认证，提供不小于120min耐火承载力检测报告。

j. 锚栓必须有抗腐蚀性能，热镀锌镀层厚度不小于45μm。

3）产品供应商应能针对实际锚固节点提供完备的计算书。

（4）设备安装。

1）百叶安装。

a. 百叶到货后，对照图纸核对其规格尺寸，按系统分开堆放，做好标识，以免安装时弄错。

b. 百叶安装连接应严密、牢固；边框与建筑装饰面贴实，外表面应平整不变形，调节应灵活。百叶安装其垂直度的偏差不应大于2/1000。成排百叶安装时要用水平尺、卷尺等保证其水平度及位置。百叶风口安装时，必须设置防虫网，以防止飞虫通过风管进入室内，同时防止飞鸟通过风管进入风机，从而造成风机叶片的损伤。百叶窗应选用防雨、防沙、防火、防盗的材质，内部建议增设防虫防鼠网和网格防盗网，防盗网应有足够强度并从内侧进行固定安装。

2）风阀安装。阀门安装应单独设吊架，阀门安装在吊顶或墙体内侧时，要在易于检查阀门开启状态和进行手动复位的位置开设检查口，并定期检查。在安装防火阀前，拆除易熔片。待阀体安装后，检查其弹簧及传动机构是否完好并安装易熔片。边长大于等于630mm，应设独立支吊架。风阀安装示意图如图2-18所示。

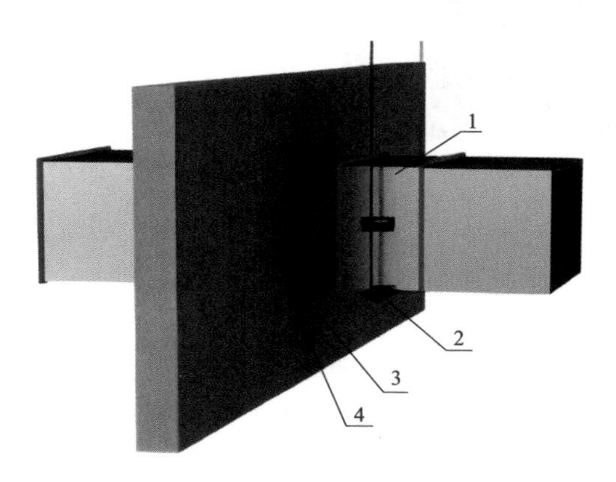

图2-18　全自动防火阀安装示意图

1—防火阀；2—角钢支架；3—防火封堵；4—穿墙套管

全自动防火阀安装，如图 2-19 和图 2-20 所示。防火阀安装要注意方向，易熔件迎向气流方向，安装后进行动作试验，阀板开关要灵活、动作可靠。防火阀直径或边长大于等于 630mm 时，两侧设置独立支、吊架。防火分区隔墙两侧的防火阀，距离墙表面不大于 200mm，不小于 50mm。排烟阀及手动控制装置的位置符合设计要求。安装后进行动作试验，手动、电动操作要灵敏可靠，阀板关闭严密。其安装方向、位置应正确。

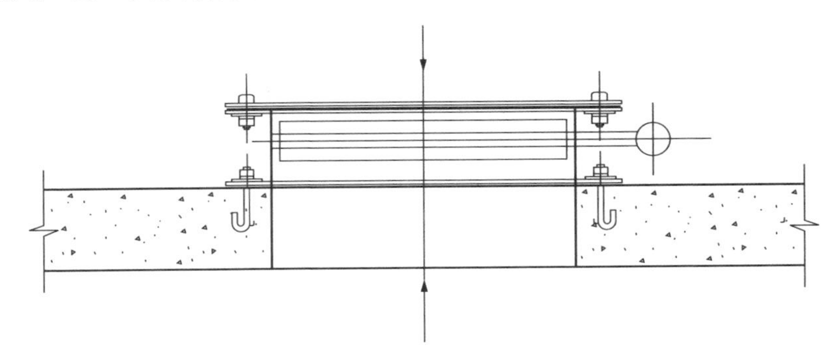

图 2-19　全自动防火阀安装图

图 2-20　全自动防火阀安装效果图

3）风机安装。风机吊装可根据设备质量采用ϕ10mm 或ϕ8mm 的通丝螺杆，按实际情况调整标高和水平度。风机安装前应检查每台电机壳体有无损伤、锈蚀等缺陷，逐台进行通电试验检查，机械部分不得摩擦，电气部分不得漏电。吊装支架安装牢固，位置正确，吊杆不应自由摆动，吊杆与风机相连应用双螺母紧固找平找正。消防排烟风机安装注意事项见表 2-5，效果图如图 2-21 所示。

表 2-5　风机安装

序号	消防排烟风机安装注意事项要求及说明
1	风阀与风机连接时，不得强行对口，机壳不应承受其他机件的质量
2	风机的隔振钢支、吊架，其结构形式和外形尺寸应符合规定，焊接应牢固

续表

序号	消防排烟风机安装注意事项要求及说明
3	吊装风机距顶棚距离超过 1000mm（或直径大于 900mm）时，应先安装钢架，再进行风机吊装。吊装风机风量大于 20 000m³/h（或风机进出口风管内风速超过 8m/s）时，应采取水平方向固定架。风机安装应保证水平度及垂直度。风机安装时叶轮不应与风机壳相撞，调整好风机气流方向。设备不得承担所接风管的质量，所有进出口风管应设支承和固定。基础承受荷载范围应满足规范要求，地脚螺栓稳固，并有防松动措施

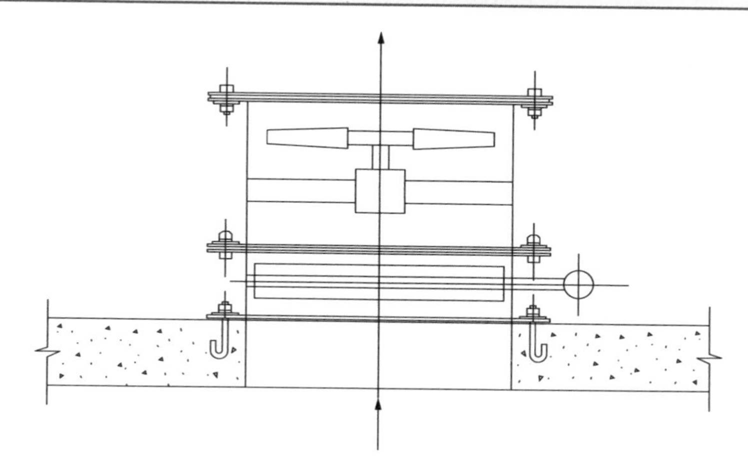

图 2-21　消防排烟风机安装效果图

（5）系统调试，分为调试准备和设备单机调试两部分。

1）调试准备。确保参加风机调试的人员是具有相关证书合格的电工，所有参加施工的工作人员应对图纸及风机、风阀接线熟悉。电机制造厂家出厂随机技术文件和出厂试验报告：有关试验记录表格已经齐全。

2）设备单机调试。风机的单机试运转见表 2-6。

表 2-6　　风机的单机试运转

序号	单机调试内容和要求
1	检查风机、电动机型号规格及皮带轮直径是否与设计相符，检查风机、电动机的皮带轮的中心是否在一个平面上，检查地脚螺栓是否已拧紧
2	检查风机出口处柔性短管是否严密，以及传动皮带松紧程度是否松紧适中，检查轴承处是否有足够润滑油
3	用手盘动皮带时，叶轮是否有卡阻现象；检查风机调节阀门的灵活性，定位装置的可靠性

续表

序号	单机调试内容和要求
4	检查风管路上和阀门和风口启闭状态正确；检查电动机、风机、风管接地线连接的可靠性
5	风机经一次启动立即停止运转，检查叶轮运转方向是否正确，运转是否平稳，叶轮与机壳有无摩擦和不正常声响。检查风机是否反转，否则调整相序
6	运行 30min 后检测轴承温度，其值需达到设备说明书的要求启动后，应用钳形电流表测量电机的启动电流，待风机运转正常后再测量电动机运转电流，检查其运行功率是否符合设备技术文件的规定

2.4.2 排水系统

1. 设计原则

（1）给排水及灭火系统的设计应符合适用、经济、安全、卫生等基本要求，并应尽量利用市政现有设施。

（2）隧道给水系统水源采用城市自来水，给水系统满足生产用水对水量、水压和水质的要求，同时应坚持节约用水及防污染的原则。

（3）排水系统应做到顺直通畅、便于清疏、维修工作量小。

（4）任何可能产生渗漏水积聚的部位必须与建筑设计密切配合，考虑有组织排水。

（5）排水应遵循“高水高排，低水低排”的排水原则，可自流排除的污、废水直接排至城市排水系统，不能自流排除的污、废水设置提升泵接至城市排水系统。

（6）设计中凡与城市给排水系统衔接问题均应主动与城市管理部门协商，并取得书面协议。

（7）系统的设备应选用技术先进、可靠性高、结构简单、规格统一、便于安装调试和运营维护的产品，在满足系统功能的条件下立足于设备国产化。

（8）隧道排水仅考虑隧道内检修洗涤水、结构渗漏水或少量人井井盖不严密的漏水，而不考虑施工降水，更不考虑由于市政管理上的原因而造成的水淹隧道的排水。

（9）通道内设有排水边沟，边沟深 150mm，横向坡度 2%，通道纵向坡度至少采用 5‰，沟的纵向坡度同通道坡度坡向最低点集水井，渗漏水通过潜水

泵排到室外污水检查井。

（10）隧道每座工作井内最低点均设置集水井，每座集水井设置潜污泵 2 台。潜污泵的扬水管沿侧壁排至室外的压力检查井，然后就近排入室外市政雨水管道。

（11）潜污泵采用手动控制和自动控制，按液位分级启动，采用固定自动耦合装置安装，如图 2-22 所示。

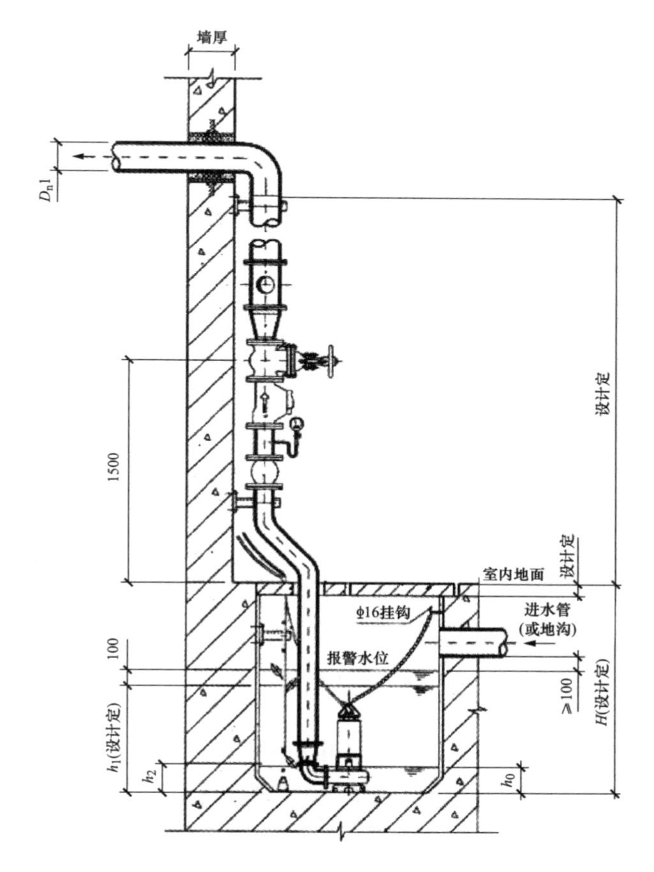

图 2-22　隧道集水井潜污泵安装示意图

2. 施工工艺流程（图 2-23）

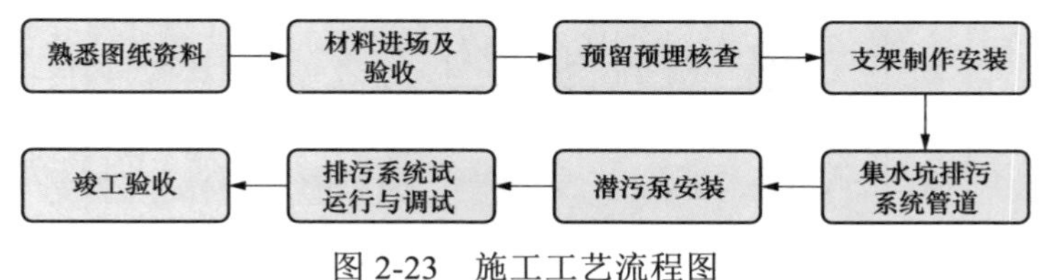

图 2-23　施工工艺流程图

（1）支吊架安装。

1）支、吊架制作安装工艺流程，如图 2-24 所示。

图 2-24　支、吊架制作安装工艺流程图

供应所有安装用的吊架、支架等各类支架的强度及其设计应允许在应力范围之内扩展和收缩。

所有管道支架均应为钢制，可调节高度，并且涂上防锈底漆和罩面漆。钢类管件应采用钢类支架。阀门附近及其他大管径管道上需支撑的配件均应提供附加支架，以防过度的应力作用于管道上。对水泵类连接应提供附加支架，以防过度的应力作用于设备上。

2）支架的安装间距及相关要求。钢管支吊架间距见表 2-7。

表 2-7　　管道支吊架的最大间距

公称直径（mm）			15	20	25	32	40	50	70	80	100	150
支架的最大间距（m）	立管		2.5	3	3	3	3.5	3.5	4.5	4.5	5	5
	横管	保温	2	2.5	2.5	2.5	3	3	4	4	4.5	7
		不保温	2.5	3	3.5	4	4.5	5	6	6	6.5	8

3）支架选型。型钢的选用必须符合国家规范，不得以小代大，要保证管道及介质的绝对安全。支、吊架主要选型见表 2-8。

表 2-8　　主要支、吊架选型表

序号	支架类型	支架安装实例	技术要求
1	单根管道水平支架（靠墙）	L_1　L_2　管卡　4　2-ϕ　DN　支撑槽钢　固位角钢　预埋件	（1）供应所有安装用的吊架、支架、导向支架和固定支撑等。各类支架的强度及其设计应允许在应力范围之内扩展和收缩。 （2）所有管道支架均应根据现场实际形式下料制作，并进行二次热镀锌防腐。 （3）阀门附近及其他大管径管道上需支撑的配件均应提供附加支架，以防过度的应力作用于毗连管道上。

续表

序号	支架类型	支架安装实例	技术要求
2	单根立管支架		（4）对水泵类连接等亦应提供附加支架，以防过度的应力作用于设备上。 （5）所有固定支架和螺栓必须配有密封垫片和螺母。 （6）所有管道固定管卡均采用热镀锌钢件，管卡与管道之间设置橡胶垫圈，橡胶条在托架处包管道一周粘牢。 （7）固定件间距：横管不大于 2m；立管不大于 3m。楼层高度小于或等于 4m，立管可安装 1 个固定件。 （8）固定在建筑结构上的管道支、吊架不得影响结构的安全。 （9）管道支吊架安装不允许出现半明半暗现象

4）支架膨胀螺栓要求同前所述，此处不再赘述。

（2）阀门安装。

1）舱内压力排水主管道设有阀门，便于控制。阀门均采用法兰连接，压力等级为 1.0MPa。

2）阀门强度及试压。

a．阀门选型，见表 2-9。

表 2-9　主要阀门列表

序号	名称	示意图	使用部位	安装要求
1	止回阀		压力排水系统	（1）检查其种类、规格、型号及质量，阀杆不得弯曲，按规定对阀门进行强度（为公称压力的 1.5 倍）和严密性试验（出厂规定的压力）。 （2）水平管道上的阀门安装位置尽量保证手轮朝上、倾斜 45°或者水平安装，不得朝下安装。 （3）阀门法兰盘与钢管法兰盘相互平行，一般误差应小于 2mm，法兰要垂直于管道中心线，选择适合介质参数的垫片置于两法兰盘的中心密合面上。

序号	名称	示意图	使用部位	安装要求
2	软密封闸阀		压力排水系统	（4）连接法兰的螺栓、螺杆突出螺母长度不宜大于螺杆直径的1/2。螺栓同法兰配套，安装方向一致；法兰平面同管轴线垂直，偏差不得超标，不得用扭螺栓的方法调整。 （5）安装阀门时注意介质的流向，止回阀、减压阀及截止阀等阀门不允许反装。阀体上标示的箭头，应与介质流动方向一致。 （6）截止阀和止回阀安装时，必须注意阀体所标介质流动方向

b．阀门强度和严密性试验，见表2-10。

表2-10　　阀门强度和严密性试验

<table>
<tr><th rowspan="4">流程图</th><th rowspan="4">阀门的强度和严密性试验</th><th colspan="4">阀门试验时间</th></tr>
<tr><td rowspan="3">公称直径 D_n（mm）</td><td colspan="3">最短试验持续时间（s）</td></tr>
<tr><td colspan="2">严密性试验</td><td rowspan="2">强度试验</td></tr>
<tr><td>金属密封</td><td>非金属密封</td></tr>
<tr><td rowspan="3">核对型号规格
↓
检查质量外观
↓
强度试验
↓
严密性试验</td><td rowspan="3">阀门安装前必须进行强度和严密性试验，试验应在每批（同牌号、同型号、同规格）数量中抽查10%，且不少于一个。对于安装在主干管上起切断作用的闭路阀门应逐个做强度及严密性试验。
阀门的强度试验应符合设计及技术规范的要求，如无具体要求时，阀门的强度试验压力应为公称压力的1.5倍，严密性试验压力为公称压力的1.1倍；试验压力在试验持续时间内应保持不变，且壳体填料及阀瓣密封面无渗漏</td><td>小于等于50</td><td>15</td><td>15</td><td>15</td></tr>
<tr><td>65～200</td><td>30</td><td>15</td><td>60</td></tr>
<tr><td>250～450</td><td>60</td><td>30</td><td>180</td></tr>
</table>

（3）潜污泵安装、调试、维护。该工程的污水泵主要集中在舱内集水坑内，潜污泵安装、调试、维护见表2-11。

表2-11　　潜污泵安装、调试、维护

水泵运输	舱内潜污泵通过吊车吊装运入，舱内水平采用液压叉车运输。运输过程中注意成品保护。地下潜污泵通过吊装运入，地面水平采用叉车运输或人力搬运，地下水平采用小推车运，且运输过程中应保护设备

续表

<table>
<tr><td>安装示意图</td><td>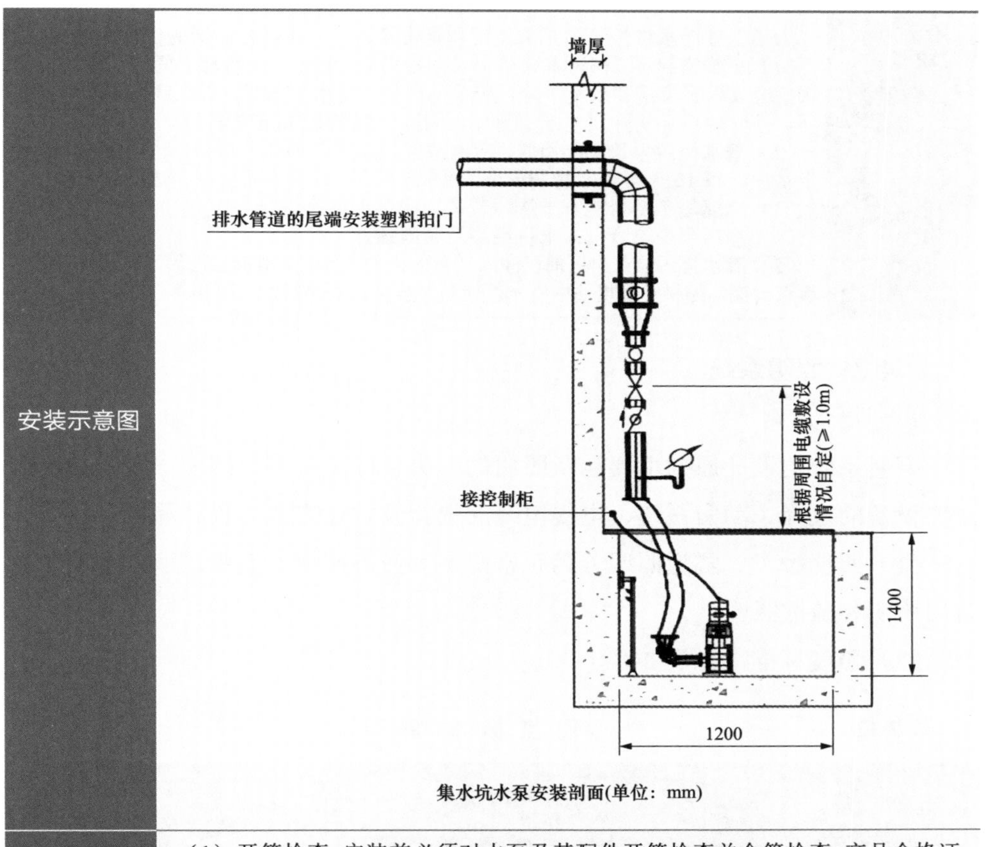

集水坑水泵安装剖面(单位：mm)</td></tr>
<tr><td>安装方法</td><td>（1）开箱检查：安装前必须对水泵及其配件开箱检查并全算检查，产品合格证、出厂检验报告等随机资料文件必须全部齐全，且报告上的水泵编号必须与本体上的编号相符。土建专业涉及潜污泵安装的有关的相应尺寸数据（集水井的长、宽、深度尺寸及基础、出水口套管、检修孔等）需在安装之前一一复核。安装前必须将集水坑内垃圾清理干净，防止水泵试运行时垃圾进入水泵壳体内阻塞叶轮造成电机烧坏等严重后果。
（2）导入水泵：使用手动葫芦，通过水泵上的钢丝绳，将水泵吊起下放至集水井内，严禁将水泵电缆线作为承重使用，以免发生断裂危险及造成电缆线破坏。
（3）安装排水管：根据安装图纸要求，依次连接好排水管、弯管、穿墙管、止回阀、闸阀、橡胶软接头等配件，并用混凝土将穿墙管与墙体之间填实。
（4）液位探测器安装：液位探测器固定在距集水井池底 20cm 处，将多余的线缆绑扎，固定在池壁上。在液位探测器外制作保护罩，防止杂物及水流扰动干扰探测结果</td></tr>
<tr><td>水泵调试</td><td>两用泵调试：集水坑内配两台潜污泵（两用），单泵启动液位–0.5m，双泵启动液位–0.3m，停泵液位–1.2m，高液位（–0.1m）时报警。一用一备调试：每个集水坑内配备两台潜污泵，正常情况排水，一用一备，启泵液位–0.3m，停泵液位–1.2m，当积水严重时，两台泵同时启动，启动液位–0.2m，并在高液位（–0.1m）时报警</td></tr>
</table>

续表

维护	为了保证潜水排污泵的正常使用和正常寿命，应该进行定期的检查和保养： （1）更换密封环：在污水介质中长期使用后，叶轮与密封环之间的间隙可能增大，造成水泵流量和效率下降，应关掉电闸，将水泵吊起，拆下底盖，取下密封环，按叶轮口环实际尺寸配密封环，间隙一般在 0.5mm 左右。 （2）潜水排污泵长期不用时，应清洗并吊起置于通风干燥处，注意防冻。若置于水中，每 15 天至少运转 30min（不能干磨），以检查其功能和适应性。 （3）电缆每年至少检查一次，若破损应给予更换。 （4）每年至少检查一次电机绝缘及紧固螺钉。 （5）潜水排污泵在出厂前已注入适量的机油，用以润滑机械密封，该机油应每年检查一次。如果发现机油中有水，应将其放掉，更换机油，更换密封垫，旋紧螺塞

2.4.3 照明系统

1. 设计原则

照明系统的设计原则主要包括照明的种类、照度标准、照明配电及控制、主要设备的选择、动力系统、电线电缆的选择及敷设方式等设计原则。

（1）照明种类。隧道照明分为正常照明和应急照明。其中，应急照明包括备用照明和疏散照明。

（2）照度标准，见表 2-12。

表 2-12　照度标准值

序号	场所	平均照度（lx）	功率密度（W/m^2）	应急照明（lx）	参考平面
1	综合房	200	≤8	100	工作面
2	机房	150	≤5	15	工作面
3	隧道	30	≤3	5	工作面

（3）照明配电及控制。

1）照明配电箱内三相照明回路负荷应基本平衡，最大相负荷电流不宜超过三相负荷平均值的 115%，最小相负荷电流不宜小于三相负荷平均值的 85%。

2）在隧道及设备房通道，设置安装的疏散指示标志灯。安装间距不大于 20m，安装高度宜为 0.5m。

3）在设备房的出口和通向隧道外的应急出口处均设置出口标志灯，安装高度以 2.2～2.5m 为宜。

4）隧道照明设就地开关控制和配电箱控制，应急照明正常时可关闭，火灾时可强行开启。

5）隧道的应急照明灯具自带蓄电池，按保证应急照明和疏散指示标志照明负荷工作 90min 的用电需求考虑。

（4）主要设备选择。

1）设备选型应满足隧道环境要求，选用符合现行国家标准、技术先进、生产工艺成熟可靠、结构紧凑、便于安装和维护的节能型产品。在满足技术和功能要求的前提下，优先选用国产设备。

2）分散安装于隧道的配电箱等设备宜采用防潮、防霉和适合湿热环境使用的电气产品，外壳防护等级不低于 IP65。

3）插座选用防水、防尘的单相二三极插座和三相插座。

4）照明设备选用节能高效防飞溅型产品，设备房选用直光型敞开式防潮灯具，光源以三基色荧光灯为主，带电子镇流器。

（5）电线电缆。所有低压电缆电线均选用低烟、无卤、阻燃型，阻燃性能不低于 B 类，消防时仍需运行的设备、应急照明等电缆电线选用低烟、无卤、阻燃、耐火型。电线电缆截面应满足持续允许电流、短路热稳定、允许压降等要求，较长距离的大电流回路还按经济电流密度进行校验。所有电线穿保护管或线槽敷设，消防设备的配电线路应采取防火保护措施。线缆穿越防火分区、楼板、墙体的洞口处要做必要的防火封堵。

工作井内电缆桥架选用铝合金制品，隧道内电缆槽盒选用防火槽盒，托架选用钢制品，保护管选用镀锌钢管。

（6）动力配电系统。动力配电采用树干式和放射式相结合的配电方式。

配电箱有五种：照明配电箱、风机配电箱、水泵配电箱、动力插座配电箱、疏散指示配电箱。

1）照明配电箱。在每个电房内设置该供电分区的总照明配电箱。在每个工作井内和每个防火分区区间设置一个分照明配电箱，分配电箱由供电分区的总配电箱供电。隧道内每一照明分区的灯具采用两端设置防水、防潮双控开关控制，机房和变配电房的灯具采用普通开关控制。分照明配电箱可提供本照明分区内灯具电源，照明配电箱具有短路及过载保护。

2）风机配电箱。风机配电箱为通风空调设备提供电源。每段隧道的进风机和排风机需要同时起停。风机在火灾时的控制原理：由火灾自动报警系统模块控制停机；风机在火灾后的控制原理：发生火灾后，现场确认火情完全排除，由值班人员手动打开全部风机进行排烟。风机配电箱带有短路和过载保护。

3）水泵配电箱。水泵配电箱为水泵提供电源。当集水井内水位到高水位时，自动启动水泵排水，并输出信号给火灾自动报警系统，可通过火灾自动报警系统手动启动水泵；当集水井内水位达到低水位时，会自动关停水泵。水泵配电箱带有短路和过载保护。

4）动力插座配电箱。在每个电房内设置该供电分区的总插座配电箱。在每个工作井内和每个防火分区区间设置一个分插座配电箱，分配插座电箱由供电分区的总插座配电箱供电。

5）疏散指示配电箱。在每个电房内设置该供电分区的总疏散照明配电箱。在每个工作井内和每个防火分区区间设置一个分疏散照明配电箱，分疏散照明配电箱由供电分区的总疏散照明配电箱供电。疏散照明配电箱具有短路瞬时保护和过负荷保护功能。疏散指示配电箱为隧道内疏散指示装置提供电源。疏散指示装置带有自备蓄电池，当失去电源后，尚可提供不少于 90min 的持续照明。在紧急情况下，为巡视人员提供事故照明，并沿疏散指示的方向，迅速找到逃生口。疏散指示配电箱带短路及过载保护。

（7）电线电缆的选择及敷设方式。

1）电线电缆的选择。引入隧道的 10kV 电缆选用具有阻燃性能的交联电力电缆 ZR-YJV22-10kV；0.4kV 低压电缆选用具有阻燃性能的交联电力电缆 WDZA-YJV-1kV；0.4kV 低压电线选用具有阻燃性能的交联电线 WDZA-BYJ-500V；控制电缆选用具有阻燃性能的交联屏蔽控制电缆 WDZNA-KYJVP-1kV。

2）电线电缆的敷设方式。动力配电照明系统采用树干式和放射式相结合的配电方式，干线电缆沿桥架敷设，支线电线电缆穿金属线槽或者钢管敷设。

2. 施工工艺流程

灯具、开关、插座安装流程图如图 2-25 所示。

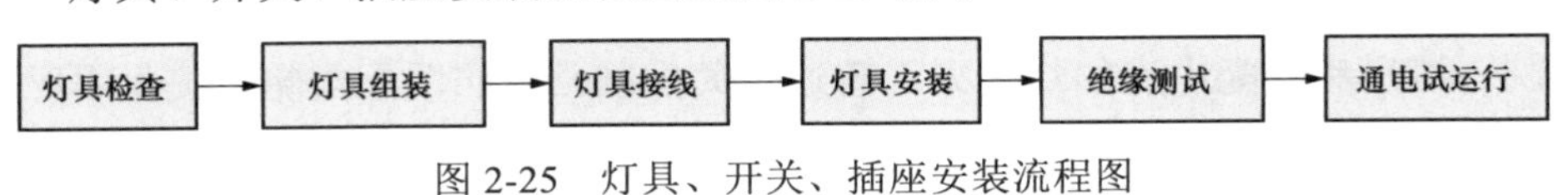

图 2-25　灯具、开关、插座安装流程图

（1）灯具安装，见表 2-13。

表 2-13　　　　　　　　　　　灯　具　安　装

项目	安装示意图	施工方法
1	吸顶灯具	隧道内应采用 LED 防尘防水灯具，采用膨胀螺栓直接在顶板上固定或采用焊接支架安装，预留时，在灯的位置安装接线盒，灯具的电源线从接线盒内引出，将灯具导线和灯头盒中甩出的电源线连接，并用粘塑料带、黑胶布分层包扎紧密
2	安全出口 EXIT 安全出口 EXIT 疏散指示灯	本隧道的应急照明和疏散导向灯具是壁挂式安装，安装方式参照吸顶灯具的安装，但应注意以下事项： （1）应急照明灯具、运行中温度大于 60℃的灯具，当靠近可燃物时，采取隔热、散热等防火措施。 （2）应急照明线路在每个防火分区有独立的应急照明回路，穿越不同防火分区的线路有防火隔堵措施。 （3）安装高度距地小于 2.4m 的灯具，其可接近裸露导体必须可靠接地或接零，并有专用接地螺栓，以及明显标识。 （4）疏散导向灯的设置，不影响正常通行，且不在其周围设置容易混同疏散标志灯的其他标志牌等

（2）照明配电箱安装。

1）配电箱（柜）安装的施工流程，如图 2-26 所示。

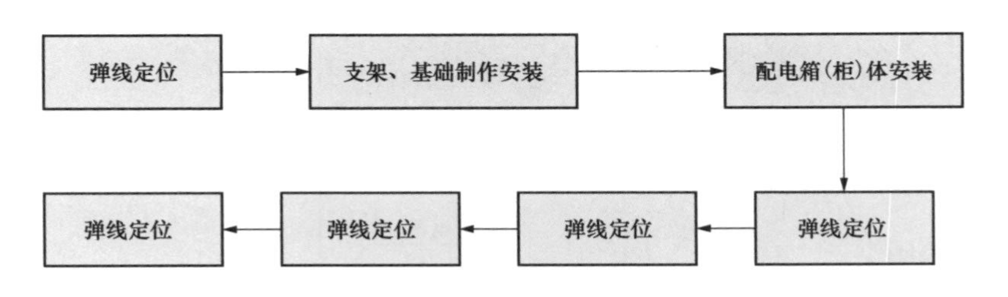

图 2-26　配电箱（柜）安装的施工流程图

2）配电箱（柜）安装技术要点，见表 2-14。

表 2-14　　配电箱（柜）安装技术要点

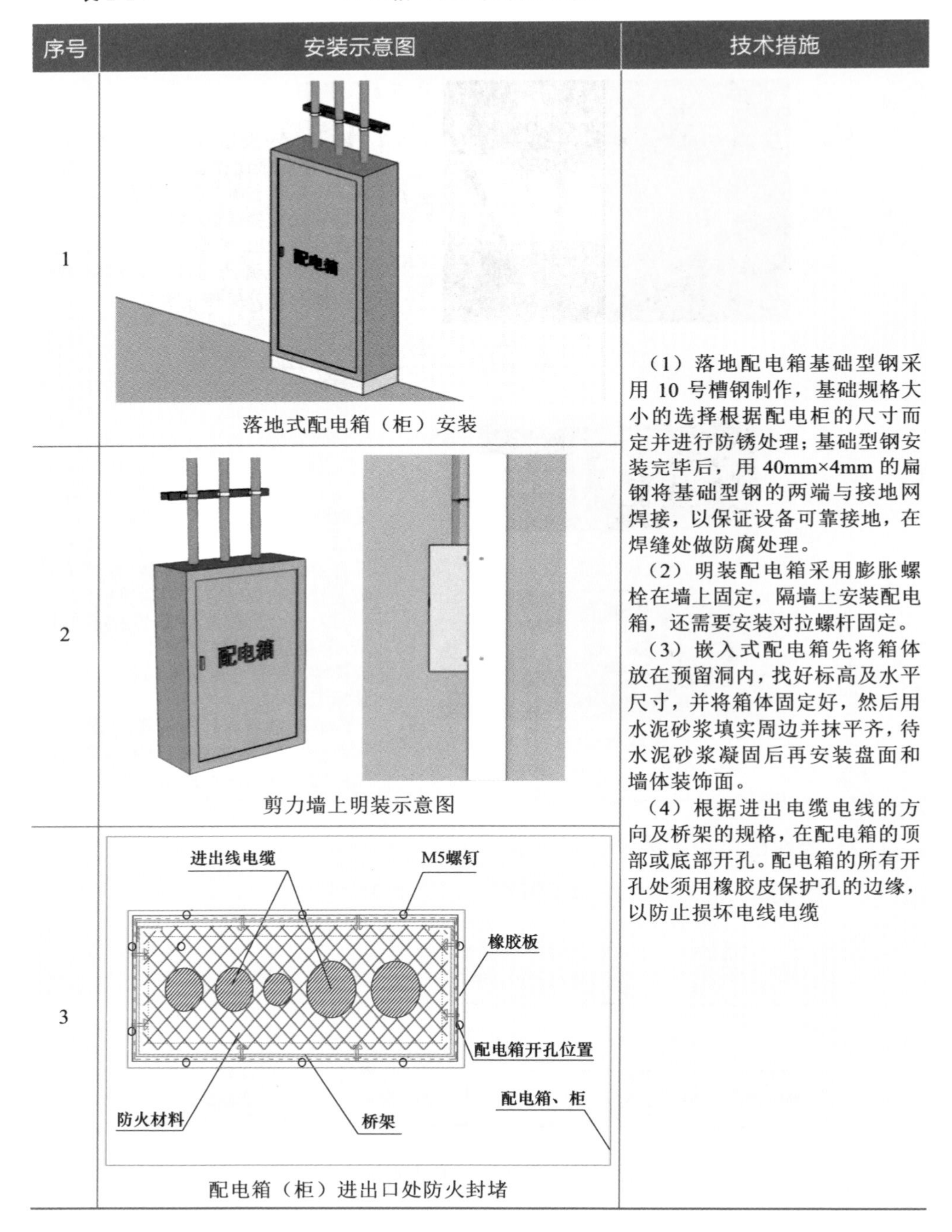

序号	安装示意图	技术措施
1	落地式配电箱（柜）安装	（1）落地配电箱基础型钢采用 10 号槽钢制作，基础规格大小的选择根据配电柜的尺寸而定并进行防锈处理；基础型钢安装完毕后，用 40mm×4mm 的扁钢将基础型钢的两端与接地网焊接，以保证设备可靠接地，在焊缝处做防腐处理。 （2）明装配电箱采用膨胀螺栓在墙上固定，隔墙上安装配电箱，还需要安装对拉螺杆固定。 （3）嵌入式配电箱先将箱体放在预留洞内，找好标高及水平尺寸，并将箱体固定好，然后用水泥砂浆填实周边并抹平齐，待水泥砂浆凝固后再安装盘面和墙体装饰面。 （4）根据进出电缆电线的方向及桥架的规格，在配电箱的顶部或底部开孔。配电箱的所有开孔处须用橡胶皮保护孔的边缘，以防止损坏电线电缆
2	剪力墙上明装示意图	
3	配电箱（柜）进出口处防火封堵	

3）配电箱（柜）的安装最大允许偏差，见表 2-15。

表 2-15　　配电箱（柜）安装最大允许偏差表

序号	项目		允许偏差（mm）
1	垂直度（每米）		1.5
2	水平偏差	相邻两盘顶部	2
3	水平偏差	成排盘顶部	5
4	盘面偏差	相邻盘边	1
5	盘面偏差	成排盘面	5
6	柜间接缝		2

（3）导线敷设及连接。

1）施工工艺流程，如图 2-27 所示。

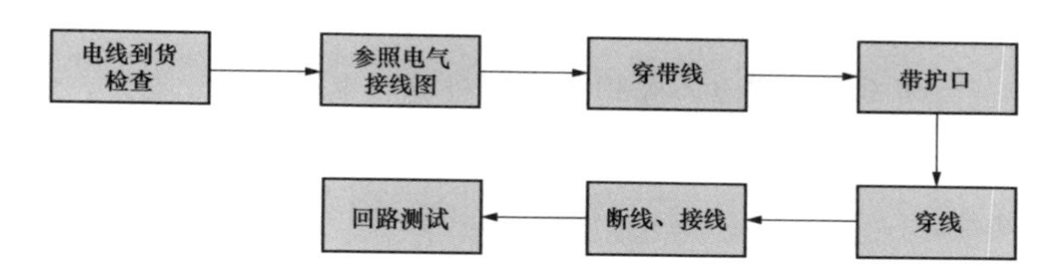

图 2-27　施工工艺流程图

2）施工要点及技术措施，见表 2-16。

表 2-16　　管内穿线施工方法

安装示意图	施工方法
清扫管路及盒子	（1）电线进场后，必须对电线进行严格检查验收，检查的项目有：电线品牌、规格型号、颜色、护套厚度、线芯直径及数量。 （2）穿线前，必须清除管内异物，以免穿线过程中异物划伤电线，影响使用。 （3）盒子清理后，如果盒体表面有损伤，需要进行刷漆防腐。

续表

安装示意图	施工方法
穿拉线	（4）较长的拉线，在管线预埋的同时预留；管线较短时，穿线之前进线拉线敷设。 （5）敷设好拉线，在电线穿管前，管口必须安装护口，在穿线过程中保护电线不被管口划伤。 （6）电线穿好后，采用 500V 绝缘电阻表进行绝缘测试，绝缘电阻不小于 0.5MΩ。若绝缘阻值达不到要求，应及时查明原因并整改，整改后再进行测试，直到达到要求为止

（4）金属箱体及线管（槽盒）接地。

1）在配电系统中设置防雷电感应过电压的保护装置（SPD），并在隧道内设置等电位联结系统。

2）隧道内所有用电设备不带电的金属外壳、电缆桥架、支架、金属管线、预埋管件等均应与接地干线可靠连接，连接方式采用焊接或螺栓连接，焊接处应做防腐处理。

3）金属线槽及其支架应可靠接地，且全长不应少于两点与接地干线相连。金属电缆桥架及其支架和引入或引出电缆的金属导管应可靠接地，全长不少于 2 处接地保护。

（5）照明系统调试。照明调试主要包括照明线路绝缘电阻测试、照明器具检查、照明送电、照明全负荷试验，其调试流程进行见表 2-17。

表 2-17　　照明系统调试要求

序号	调试内容	调　试　要　求
1	照明线路绝缘电阻测试	相线与地线之间、相线与中性线之间、中性线与地线之间的绝缘电阻值大于 0.5MΩ
2	照明器具检查	主要检查照明器具的接线（特别是 PE 线）是否正确、牢固，灯具内部线路的绝缘电阻值符是否合设计要求
3	照明送电	按照配电箱内回路的顺序对照明器具按回路进行送电，送电后，检查灯具开关是否灵活，开关与灯具控制顺序是否对应，插座的相位是否正确

续表

序号	调试内容	调 试 要 求
4	照明全负荷试验	全负荷通电试验时间为24h，所有照明灯具均须开启，每小时记录运行状态1次，连续试运行时间内无故障。同时测试室内照度是否与设计一致，检查各灯具发热、发光有无异常

2.4.4 消防系统

1. 设计原则

消防系统的设计原则主要包括需配备火灾自动报警系统、分布式光纤系统、消防设备、灭火系统、消防通风的联动及灾后通风、疏散指示、消防供电、布线与接地等。

（1）火灾自动报警系统。在电缆隧道内设置分布式光纤感温火灾探测报警系统，同时配合设置现场报警按钮和工作井内设置感烟探测器，构成电缆隧道内火灾探测报警系统。

当探测到火灾发生时，控制中心和电缆隧道内相应分区的警铃同时启动，也可通过按下手动火灾报警按钮启动警铃。火灾报警控制主机接收来自区域报警控制器和分布式光纤感温火灾探测报警系统的报警信息，在电缆隧道控制中心进行集中监视。当火警发生后，监控计算机控制该防火分区的防火阀和防火门关闭。

火灾自动报警系统由以下几部分组成。

1）火灾报警控制器：火灾报警控制器设置在隧道消防控制中心，控制器应根据将来发展的需要留有系统扩容余量，并可实现长距离传输联网，可实现所有系统联网对等显示报警、故障、状态等信息。

2）光纤在线监测预警主机：在隧道消防控制中心安放一台监测预警主机测温主机，与报警主机通信构成一个完整的系统网络；系统将对整个隧道内的火灾实时监测并在火灾报警时进行火灾紧急处理。系统采用数字传输方式实现探测点、监控点与主机之间的通信。一旦发生火灾及时输出报警、指示信号。

3）现场设备：

a．感烟探测器对通道内进行火灾探测。当发生火灾时，向主机发出火灾信号。

b．监视模块接收防火门、防火阀等设备状态信号，将探测器发出的火灾信号转化为带有地址编码信息的信号传送给报警主机。控制模块接收报警主机发出的联动信号，使有关设备执行正确的指令。

c．报警按钮：当值班人员巡视通道时，发现火灾可用报警按钮手动报警。

d．警铃：提供声音报警，提示巡视人员迅速撤离火灾区域。

e．感温光纤：通道内采用分布式光纤感温探测器，光缆悬吊安装在隧道顶部，距离顶部 75～150mm，以确保良好的通风与快速响应时间。沿隧道顶部每隔 1.5m 安装一个 Z 形支架，将探测光缆固定在支架上。利用光纤的敏感性来探测光纤所在位置的温度，进行温度信息的位置定位。分布式在线监测预警主机可以用图形显示即时温度状态，可读出火灾或不正常温度。当隧道内的不正常温度超过一定值，其向火灾报警控制器发出火灾信号。

（2）分布式光纤在线监测系统。探测主机通过 FC/APC 接口将敷设在隧道内探测光纤感应的温度信息及火灾信息经光学滤波、光电转换、放大、AD 转换等系列程序转变为数字信号，并进行大规模数字处理后，将规定的信息通过 RS-232 接口上传到图文工作站；火灾探测主机接受图文工作站下达的各种指令，按指令实施各种“业务”处理（如调试或更改时的参数设置、报警设置等），同时提供与火灾报警系统（FAS）连接的继电器无源干接点输出接口及报警信号。

图文工作站将从火灾探测主机获得的实时测试数据进行处理，实现将隧道温度、火灾、报警以图文方式显示在 LCD 上，对数据进行保存、查询、打印，实现历史文档管理，利用工控机发出报警声音；在调试、维护时对测温主机进行各类参数设置；可将实时测试数据通过 RJ-45 网络插口经通信公网上传至中央级图文工作站。

（3）消防设备。

1）火灾种类：按 A 类、E 类（设备房）考虑。

2）危险等级：按照中危险级计算，最大保护距离 20m。

3）灭火器类型：统一配置 MF/ABC4（3A/4kg）磷酸铵盐干粉灭火器；在隧道区间每间距小于 40m 设置一座灭火器箱（分层，内含 MF/ABC4 磷酸铵盐干粉灭火器 2 具，防毒面具 2 具），在隧道工作井设备房、出入口通道内均设置

灭火器箱。

4）防毒面具的防毒时间大于 15min，滤烟效率大于 95%。

5）在工作井配电房内设置 2 套正压式呼吸器。

6）所有消防器材都必须符合消防 3C 认证标准。

7）可根据需要，在隧道电缆接头区间每间距 2.5m 设置 1 套超细干粉自动灭火装置（4kg/具，非贮压式），在电力隧道通道顶层悬挂安装。

（4）灭火系统。超细干粉适用于扑灭电力电缆火灾，灭火效果较好，系统组成简单，初期投资低，工程经验成熟。超细干粉自动灭火系统组成（如图 2-28 所示）包括：

1）控制主机。

2）区域控制单元。

3）超细干粉自动灭火装置（总线型）。

4）外控电源。

5）工作指示灯。

6）紧急启停按钮。

7）其他满足功能需求的配套设施。

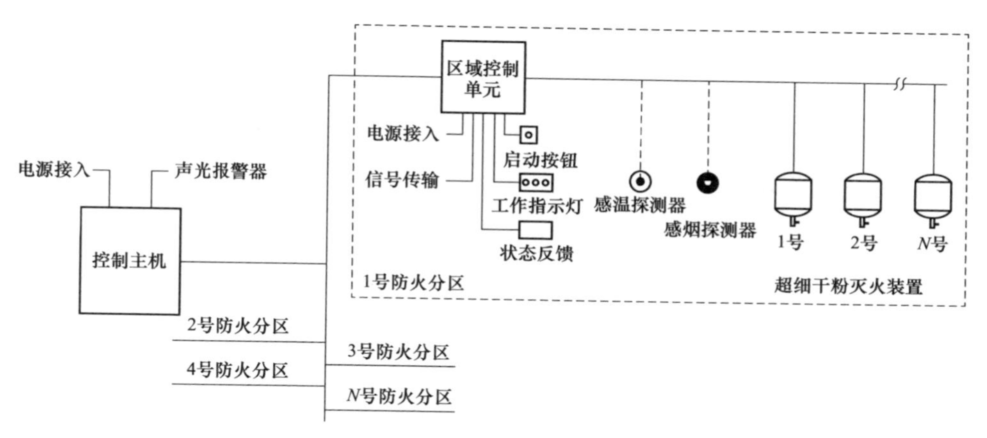

图 2-28　悬挂式超细干粉灭火系统组成

超细干粉自动灭火系统控制采用自动控制、手动控制和机械应急操作三种启动方式。

a．电控自动灭火。将灭火控制器控制方式设置于“自动”位置时，系统处于自动控制状态。防护区发生火灾时，区域灭火控制器确认火灾信号后发出声光报警信号，经设定的延时时间（0～30s 可调）后，传输信号给区域控制单元，启动该区域控制单元连接的灭火装置（装置上的撞击器动作，撞破玻璃球，灭火剂在驱动气体作用下快速喷出灭火），同时区域控制单元输出一组喷洒反馈信号，点亮放气指示灯。

b．电气手动灭火。将灭火控制器控制方式设置于“手动”位置时，系统处于电气手动控制状态。防护区发生火灾时，区域灭火控制器确认火灾信号后发出声光报警信号，人工确认后方可按下灭火控制器上的启动按钮或设在防护区门口的紧急启动按钮，即可按规定程序启动灭火系统灭火。

c．紧急停止。当发生火灾警报，在延迟时间内发现不需要启动灭火系统进行灭火的情况时，可按下设在防护区门口的紧急停止按钮，即可阻止灭火指令的发出，停止系统灭火程序。

（5）消防通风的联动及灾后通风。电缆隧道的消防通风目的与一般民用建筑的消防通风相反，平时通道内无人员出入，消防通风的目的是立即灭火，确保其他防火分区的电缆不受损失或少受损失。所以当发生火灾时，自动关闭通风机及防火排烟阀，使该着火分区内的隧道火灾因缺氧而熄灭，以减少电缆的损失。待事故完毕，手动或电动打开防火阀并开启事故区段的全部送排风机，进行事故区段的灾后通风。

排风机房内防火阀选用全自动排烟防火阀。防火阀均与风机联动。

（6）疏散指示。

1）隧道分为若干防火分区，在每个防火分区设置一组疏散指示，引导人员在火灾时顺着指示方向迅速撤到相邻安全的防火分区内；每个工作井设置一组疏散指示，引导人员在火灾时顺着指示方向从逃生口逃离。

2）在隧道及设备用房通道，设置明装的疏散指示灯，隧道区间内安装距离不大于 20m，安装高度距离地面为 0.5m。

3）在设备用房的出口和通向隧道外的应急出口处均设置出口指示灯，安装高度以 2.2～2.5m 为宜。

4）隧道内的应急照明灯具自带蓄电池，按保证应急照明和疏散指示照明设备断电后可持续工作 180min 考虑。

5）疏散指示灯安装在支架上距地约 0.5m 处，带双向距离指示，应急时间不小于 180min。安全出口灯安装在工作井、防火门和逃生口附近的顶部。在火灾时，为逃生人员指出一条安全、快捷、有效的逃生路径。

（7）消防供电。

1）消防控制室的设置、设备组成及联动控制功能，应满足相关国家消防技术标准的要求。消防控制室应设置在耐火等级不低于二级的独立建筑内。消防控制室不应与其他用途房间合用，不应设与之无关的设备及线路，应设直通室外的安全出口。火灾自动报警系统由不间断电源（UPS）供电。

2）主电源采用消防电源，备用电源采用蓄电池。系统电源除为火灾报警控制器供电外，还为与系统相关的消防控制设备等供电。

3）火灾报警控制装置、消防电话主机、监控主机等均采用单独的供电回路。FAS 配电箱为隧道的火灾自动报警系统设备提供电源，设有短路和过载保护。

4）电源系统应具备主电、备电自动转换、备用电源充电功能，电源故障监测功能，电源工作状态指示功能。

5）隧道内、机房及变配电房设自带蓄电池的荧光灯作为应急照明，要求应急时间不小于 180min；疏散指示照明采用自带蓄电池的疏散指示灯具，要求应急时间不小于 180min。同时，在隧道管理上要求人员进入隧道时，必须携带手电筒等照明设备。

（8）布线与接地。

1）布线要求。不同电压级别、不同用途的导线应选择不同的色别。隧道内电缆、电线、光缆采用低烟无卤阻燃或耐火型。消防控制、通信和警报等线路，穿金属管或金属线槽敷设。暗敷在不燃烧体结构时，其保护层厚度不应小于 30mm，明敷时采用防火措施。

2）接地要求。采用专用接地装置时，接地电阻值不应大于 4Ω；采用共用接地装置时，接地电阻值不应大于 1Ω。火灾自动报警系统应设专用接地干线，并应在设备室设置专用接地板。专用接地干线应采用横截面积不小于 $25mm^2$ 的铜芯绝缘导线引至接地体。

2. 施工工艺流程

施工工艺流程如图 2-29 所示。

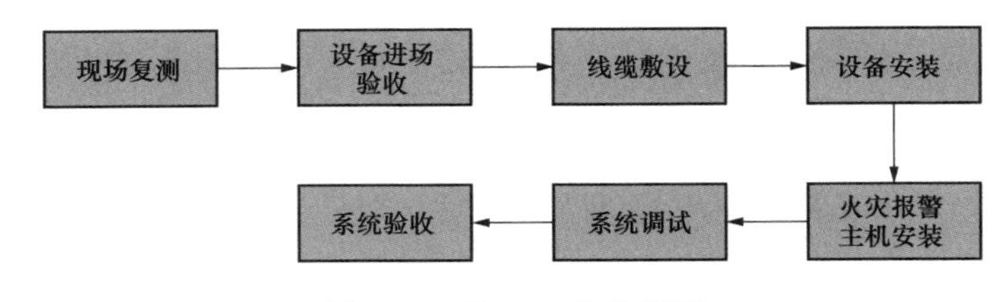

图 2-29　施工工艺流程图

（1）现场复测。电缆槽盒敷设完成，预埋件符合设计要求，预留孔洞符合设计要求。

（2）设备进场验收。建设管理各方到场持卡逐项进行设备验收，包括光电感烟探测器、声光报警器、输入输出模块（监视模块）、手动报警按钮、灭火器、灭火弹等设备合格证、检测报告等。

（3）线缆敷设。敷设过程中区分强、弱电缆槽盒，避免混用；对线缆应逐段做好标记；敷设过程中需做好线缆成品保护，防止刮伤。

（4）设备安装。

1）光电感烟探测器安装。

2）声光报警器。

3）输入输出模块（监视模块）。

4）手动报警按钮。

5）其他消防设备安装。

（5）火灾报警主机安装。壁挂主机进行安装时，需两人及以上配合安装，防止设备脱落，造成人身伤害。

（6）系统调试。按要求完成规定项目试验检测，可以分为单体调试与联合调试两个部分进行，调试过程不能影响其他设备正常运行。

（7）系统验收。验收分为现场与资料验收两个方面同步进行，确保设备合格、安装可靠、联动准确。

2.5　验收要点及实例

2.5.1　验收要点

隧道土建验收主要关注以下几个方面：

（1）隧道本体结构是否存在破损、开裂、错位、渗漏、钢筋外露等问题。

（2）隧道通风、照明、排水、消防等设施是否满足设计要求。

（3）电缆支架是否固定牢靠、排列整齐、接地良好，尺寸规格和防腐处理是否满足要求等。

（4）接地排截面、接地电阻是否满足设计要求，接地网是否有防腐处理等。

（5）电缆线路走廊以及城市规划部门的批准文件、附属设施接地网电阻测量记录等资料应齐全。

2.5.2 工程实例及整改建议

以下为部分土建验收过程中发现的常见问题：

1. 本体结构问题

（1）盾构管片破损开裂（如图2-30所示）和隧道结构墙体开裂（如图2-31所示）：部分盾构管片有明显的破损、开裂痕迹，多出现在两片管片的拼接部位；开挖式隧道出现墙体开裂现象，有可能会导致密封不严、水分渗漏，甚至影响隧道本体的机械强度。处置建议：在土建阶段加强质量管控和质量把关，从源头上解决问题；对已经破损的管壁和墙体进行修补，若渗漏则进行补漏处理，严重时组织专家论证隧道本体强度是否受到影响并讨论解决方案。

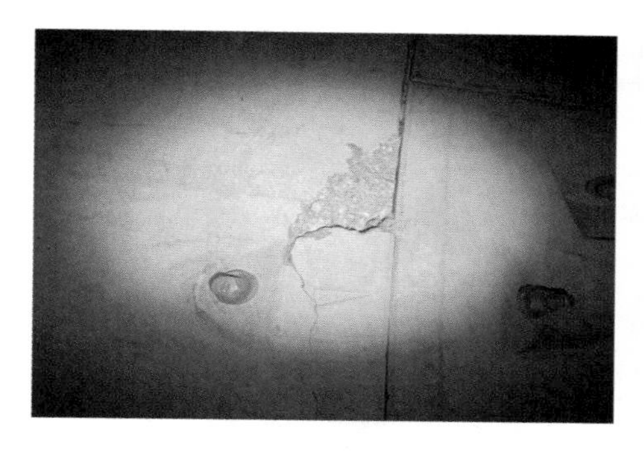

图2-30 盾构管片破损开裂

图2-31 隧道结构墙体开裂

（2）墙体存在遗留钢筋（如图2-32所示）：开挖式隧道内存在金属预埋件和钢筋外露现象，金属部件已经开始锈蚀，对应部位的水泥块也开裂脱落。处置建议：切除多余钢筋，再用水泥进行封堵、抹平。

（3）墙面粗糙未平整处理（如图 2-33 所示）：部分墙体有大量的水泥凝结块，凹凸不平。处置建议：铲除多余的水泥块，修平墙面。

图 2-32　墙体存在遗留钢筋

图 2-33　墙面粗糙未平整处理

（4）盾构管片间存在错位（如图 2-34 所示）：在盾构隧道段，部分管片间明显错位，不符合施工要求。处置建议：增进盾构施工工艺，相邻盾构管片间应贴合良好，不应有明显错位。

2. 排水不良及渗漏水问题

（1）隧道结构表面渗漏水（如图 2-35 所示）：主要集中在开挖式隧道部分，墙体出现开裂并渗水。处置建议：对渗水部位进行补漏处理，并保持隧道内排水通畅。

图 2-34　盾构管片间存在错位

图 2-35　隧道结构表面渗漏水

（2）排水沟边缘存在损坏（如图 2-36 所示）：部分排水沟边缘水泥破损，影响美观的同时可能导致沟内水流外溢至人行通道内，不利于运维。处置建议：对破损部位用水泥进行修补，并与两侧排水沟外观保持一致。

（3）排水沟深度不满足要求（如图 2-37 所示）：部分排水沟深度不足，不满足排水断面的要求，可能导致沟内水流外溢至人行通道内，影响运维工作。处置建议：在不破坏隧道本体结构的前提下加深排水沟至设计要求的深度，或者将隧道路面加高直至排水沟深度满足要求。

图 2-36　排水沟边缘存在损坏

图 2-37　排水沟深度不满足要求

3. 支架及预埋件问题

（1）支架螺栓未紧固到位（如图 2-38 所示）：部分电缆支架螺栓未紧固到位，金属紧固件与盾构管片之间有明显缝隙，可能导致支架松脱掉落，给电缆线路安装的运维人员和设备带来安全隐患。处置建议：全线检查隧道内支架螺栓紧固情况，并将松脱的螺栓紧固。

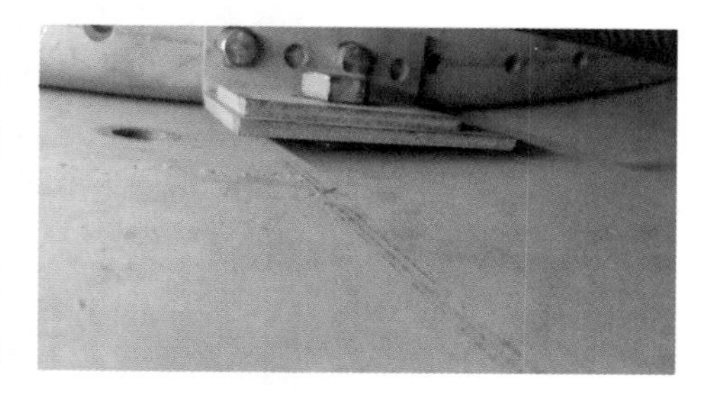

图 2-38　支架螺栓未紧固到位

（2）支架歪斜偏移（如图 2-39 所示）：部分电缆支架明显歪斜，出现同截面支架不在一个垂直面以及同层支架不在一个水平面的问题，既影响电缆的固定，也影响隧道整齐美观。处置建议：全线检查隧道内支架安装的规范性，保证横平竖直、整齐划一。水平方面可以利用螺栓孔的虚位进行调平；垂直方面可以在水平支架与环形支架之间添加合适尺寸的垫片进行调整。

图 2-39　支架歪斜偏移

（3）预埋件凹陷、锈蚀（如图 2-40 所示）：开挖式隧道内存在金属预埋件凹陷现象，且金属部件已经开始锈蚀。处置建议：后续加强工艺监督，防止出现同类问题。

图 2-40　预埋件凹陷、锈蚀

第3章 电 缆 敷 设

500kV 输电线路作用是将电力输送到负荷中心或接入电网，通常是将设立在边远地区的水力及火力发电站，以高电压送电满足远距离的送电需求。而500kV 电缆属于电力系统输电线路的一部分，也是诸多电力电缆中的一种，主要用于传输高压电能，其特点是自重大，电传输能力强，输电容量大，效率高。输送的功率越大，供电的可靠性要求就越高，如果线路本体故障或外来因素导致发生送电中断，将造成严重后果，影响本区工业及农业的生产与居民的基本生活。社会不断进步，电网建设不断扩大，为了提升输电线路运行的可靠性，故对敷设质量工艺要求严格管控，敷设前的检查与准备作为施工准备的重要环节，为施工过程中的安全、质量、进度把控打好了基础。

3.1 基础知识

3.1.1 电缆的组成

500kV 电力电缆分自容式充油电缆（简称充油电缆）、低密度聚乙烯电缆（简称 LDPE 电缆）和交联聚乙烯电缆（简称 XLPE 电缆）；500kV 电缆一般由导体、导体屏蔽层、绝缘层、绝缘屏蔽层、缓冲层、金属护套和外护套等构成，500kV 皱纹铝护套电缆结构如图 3-1 所示，500kV 平滑铝护套电缆结构如 3-2 所示。

3.1.2 高压电缆技术

1. 导体技术要求及选型

（1）导体技术要求。导体是提供负荷电流的载体，是决定电缆经济性和可靠性的重要组成部分。绞合后的铜、铝导体应满足 GB/T 3956—2008《电缆的导体》中第 2 类导体的规定。导体用铜单线应采用 GB/T 3953—2009《电工圆

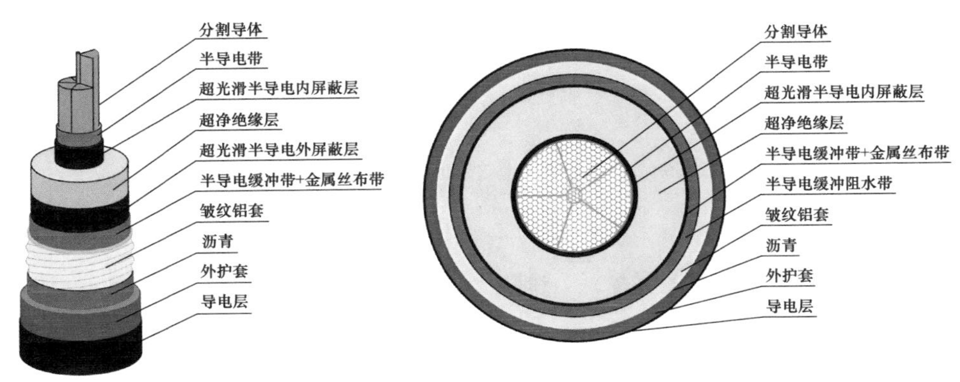

图 3-1 500kV 皱纹铝护套电缆

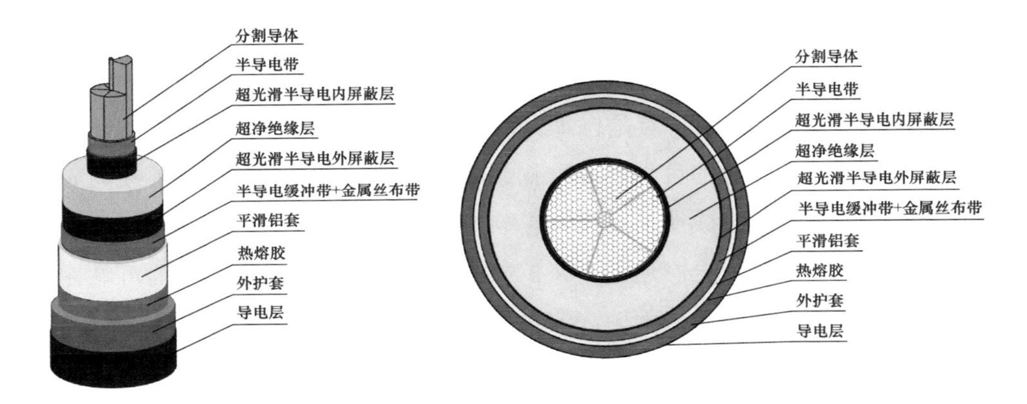

图 3-2 500kV 平滑铝护套电缆

铜线》中规定的 TR 型圆铜线。800mm^2 以下导体应采用紧压绞合圆形结构；800mm^2 可任选紧压绞合圆形或分割导体结构；1000mm^2 及以上导体应采用为分割导体结构。导体是电缆工作时的高压电极，而且其表面电场强度最大，如果局部有毛刺则该处的电场强度会更大。因此，设计和生产中，以及使用部门在制作接头的导体连接时，要解决的主要技术问题就是尽量做到导体表面应光洁、无油污、无损伤屏蔽及绝缘的毛刺、无锐边及凸起、无断裂，以改善导体表面电场分布。

紧压圆形导体是由若干根相同直径或不同直径的圆单线，按一定的方向和一定的规则绞合在一起，成为一个整体的绞合线芯，紧压圆形导体结构如图 3-3 所示。单线在框绞机上逐层绞合，并通过模具或辊轮装置进行紧压。紧压方式

既可以是逐层紧压，也可以在绞合后一次性紧压。紧压减小了单线之间的空隙，紧压圆形绞合导体的填充系数可以达到90%及以上，紧压圆形工艺是控制导体电阻的重要手段。

分割导体由多个股块组成，首先由圆单线绞合成标准的导体股线，再由模具压制成扇形，并进行预扭，最后数个股块绞合成一个圆形导体。分割导体的设计是为了减小集肤效应，分割导体结构如图 3-4 所示。

型线导体由预成型的单线绞合而成，单线的形状根据单线所处的位置进行设计。导体绞合时，单线完整地绞合成圆形的导体，型线导体结构如图 3-5 所示。型线导体的填充系数可达到 96%以上，导体表面非常光滑。由于绞合过程没有经过冷加工紧压，型线导体的电导率几乎没有损失。型线导体填充系数高、电导率高的优势，使得导体外径大幅减小。

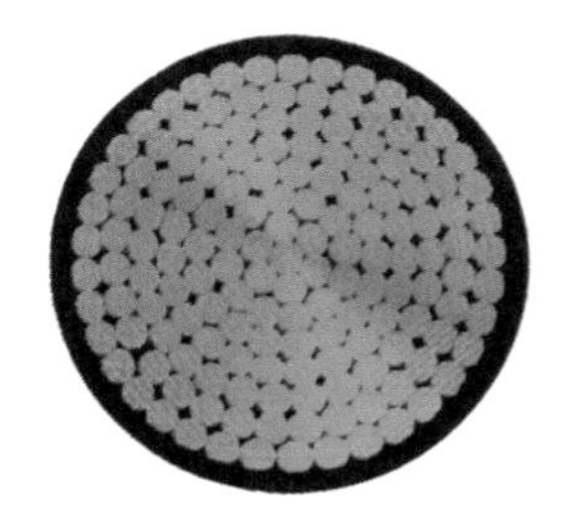

图 3-3　紧压圆形导体

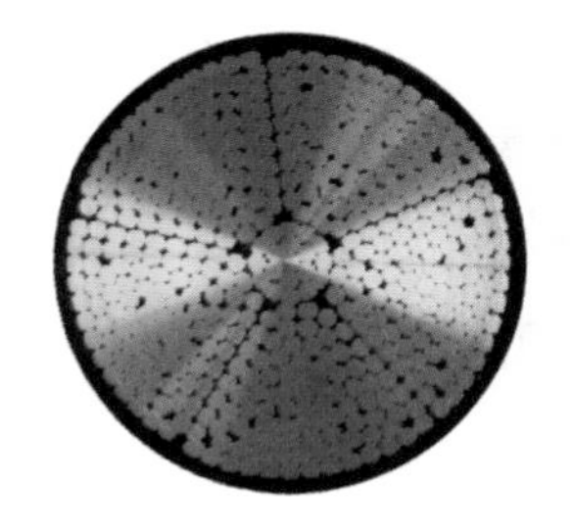

图 3-4　分割导体

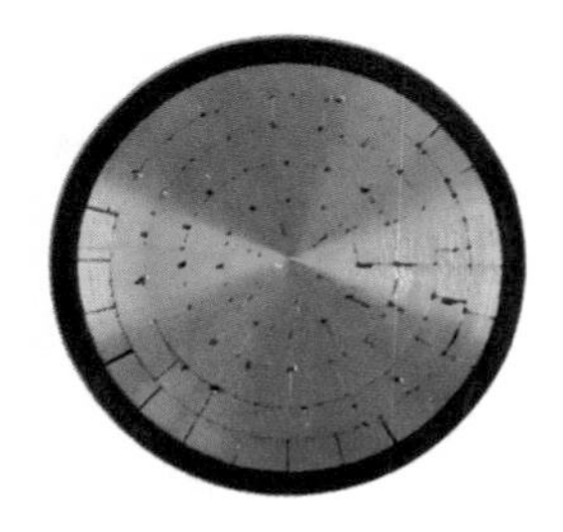

图 3-5　型线导体

分割导体的圆度应采用卡尺和周长带两种方法沿着导体轴向相互间隔约 0.3m 的 5 个位置进行测量。卡尺测得的 5 个最大直径的平均值不应超过周长带测得的 5 个直径的平均值的 2%；在任一位置卡尺测得的最大直径不应超过周长带测得的直径的 3%；各种绞合导体和分割导体不允许整芯或整股焊接。绞合导体中的单线允许焊接，但在同一层内相邻两个接头之间的距离不应小于 300mm。

用作电线电缆导体的材料，要有良好的导电性能，以减少电流在线路上的损耗。损耗与电流大小、电阻大小有直接关系，并表现在导体的发热上。国内外电缆导体材质主要有铜芯、铝芯两种。电流通过导体时因导体存在电阻而产生热，因此，要根据输送电流量选择合适的导体截面，其直流电阻应符合规定值，以满足电缆运行时的热稳定要求。一般情况导体截面由供方根据采购方提供的使用条件和敷设条件计算确定，并提交详细的载流量计算报告，或由采购方自行确定导体截面。铜芯与铝芯电缆线芯基本性能比较见表 3-1。

表 3-1　　铜芯与铝芯电缆线芯基本性能比较

材质	密度（g/cm³）	熔点（℃）	电阻温度系数（K）	电阻率（Ω·m）	抗拉强度（MPa）	伸长率（%）	抗腐蚀性能	载流量
铜芯	8.89	1083	3.93	0.017 2	196	30	好	高
铝芯	2.70	660	3.9	0.028 3	78	25	差	低

从表 3-1 中的各项性能指标不难看出，铜芯电缆比铝芯电缆有明显的优势。主要体现在以下几点：

1）铜芯电缆线芯电阻率低：铝芯电缆的电阻率比铜芯电缆约高 1.68 倍。

2）铜芯电缆线芯弹性模量高，是铝芯电缆的 1.63 倍，可以弯曲，易延展。

3）铜芯电缆线芯抗拉强度是铝芯电缆线芯的 2 倍。

4）铜芯电缆抗腐蚀性能好。

5）铜芯电缆的载流量比铝芯电缆大：同截面积的铜芯电缆要比铝芯电缆允许的载流量高 30%左右。

（2）500kV 电缆导体规格选型。国内 500kV 超高压电力电缆导体材质的选择，既要考虑用途，敷设条件及较大截面特点和包含连接部位的可靠安全性，又需要考虑经济性。国内城市 500kV 超高压电缆中应采用铜芯电缆，国际上欧洲地区倾向采用铝芯高压电缆。

1）导体材质。铜导体应用场合：①震动剧烈的场所的线路；②爆炸危险或火灾危险场合的线路；③对铝腐蚀严重而对铜腐蚀轻微的场合的线路；④特别重要的公共建筑、军队的指挥中心场所、党政的重要办公楼、地铁站等线路；⑤电缆敷设环境较差场所的线路；⑥工作电流过于集中的场所的线路。

铝导体应用场合：①敷设时因安装支架和其他结构强度受限的安装线路；②安装敷设难度较大的线路，采用减少输电线路本身质量和劳动强度的输电线路；③考虑电缆综合安装成本的输电线路；④耐酸但不耐碱和盐雾腐蚀敷设的场合线路。

从经济角度考虑，铝芯的经济优势明显，在铜、铝传送功率相同的条件下，

输电距离、线路损失相等时，功率相同，则线路的电流相同，铜和铝的体积比为

$$\frac{V_{Cu}}{V_{Al}}=\frac{V_{Cu}l}{V_{Al}l}=\frac{\rho_{Cu}}{\rho_{Al}}=\frac{0.017\,2\times10^{-6}}{0.028\,3\times10^{-6}}=0.618$$

已知铜和铝的密度 Y_{Cu}=8.89g/cm^3，Y_{Al}=2.70g/cm^3，推知铜和铝的质量比为

$$\frac{G_{Cu}}{G_{Al}}=\frac{A_{Cu}l\gamma_{Cu}}{A_{Al}l\gamma_{Al}}=\frac{\rho_{Cu}\gamma_{Cu}}{\rho_{Al}\gamma_{Al}}=0.618\times\frac{8.89}{2.70}=2.03$$

根据以上计算可以看出，铜线芯面积只占铝的0.618倍，同理，铝导体面积比铜导体面积大38.2%，由此铝导体直径比铜导体直径大21.5%。铜与铝的质量比接近2:1。基于铜为贵金属，价格比铝高，从而铜导线的价格高于铝导线。换言之，如果铝的价格不超过铜价格，再根据计算，由于线芯直径增加，会引起绝缘材料和护层材料用量上的增加，采用铝作为导体较之用铜经济。

2）导体截面：先按经济电流密度（参照GB 50217—2018《电力工程电缆设计标准》要求）选择截面，然后验算其发热条件和允许电压损失。

3）机械强度：具有抗拉强度和伸长率要求较高的输电线路。

尽管铝芯电缆很便宜，但是铜电缆在电缆供电中，特别是地下电缆供电领域，具有突出的优势。地下使用铜芯电缆供电具有耐腐蚀、可靠性高、施工维护方便等特点。

2. 绝缘层

绝缘层的材料必须具有良好的电气绝缘性能，主要表现为承受电压的大小。一般地讲，同一质量的绝缘层越厚，耐电压性能也越高，厚度设计一般遵循国家标准（以500kV电缆为例，依据GB/T 22078《额定电压500kV（U_m=550kV）交联聚乙烯绝缘电力电缆及其附件》系列标准选取，电缆绝缘厚度30～34mm）。绝缘也要具有一定的机械物理性能和加工制造的工艺性能。绝缘的平均厚度不小于绝缘标称厚度，任意点最小厚度不小于标称厚度 t_n 的95%（$t_{min}\geqslant0.95t_n$），绝缘偏心度应符合

$$\frac{t_{max}-t_{min}}{t_{max}}\leqslant6\% \tag{3-1}$$

式中：t_{max} 为绝缘最大厚度（mm）；t_{min} 为绝缘最小厚度（mm）。t_{max} 和 t_{min} 在绝缘同一断面上测得。

交联聚乙烯具有优良的电气绝缘性能，经过交联后，它的耐热和机械性能大幅度地提高，具有优良的电气性能、耐热性和抗老化性能等特性，是理想的绝缘材料，短期允许过载为105℃，短路温度允许为250℃。绝缘材料性能直接决定了超高压电缆的质量和性能是否满足超高压输电的长期运行可靠性要求。超高压电缆绝缘材料的典型技术指标见表3-2。

表 3-2　　超高压电缆绝缘材料的典型技术指标

<table>
<tr><th>序号</th><th colspan="2">项　　目</th><th>单位</th><th>性能指标要求</th></tr>
<tr><td>1</td><td colspan="2">密度</td><td>g/cm^3</td><td>0.918～0.924</td></tr>
<tr><td>2</td><td colspan="2">老化前拉伸强度［（250±50）mm/min］</td><td>MPa</td><td>≥20</td></tr>
<tr><td>3</td><td colspan="2">老化前断裂伸长率［（250±50）mm/min］</td><td>%</td><td>≥500</td></tr>
<tr><td>4</td><td rowspan="2">老化后（热老化条件135±3℃/168h）</td><td>拉伸强度变化率</td><td>%</td><td>±20</td></tr>
<tr><td>5</td><td>断裂伸长率变化率</td><td>%</td><td>±20</td></tr>
<tr><td rowspan="2">6</td><td rowspan="2">热延伸试验（200±3℃，0.20N/mm²，15min）</td><td>负荷下伸长率</td><td>%</td><td>≤100</td></tr>
<tr><td>永久变形</td><td>%</td><td>≤10</td></tr>
<tr><td>7</td><td colspan="2">介电常数（60Hz 或 1MHz）</td><td>—</td><td>≤2.3</td></tr>
<tr><td>8</td><td colspan="2">介质损耗角正切 $\tan\delta$（60Hz 或 50Hz）</td><td>—</td><td>$\leq 5\times10^{-4}$</td></tr>
<tr><td>9</td><td colspan="2">23℃时直流体积电阻率</td><td>Ω·cm</td><td>$\geq 1\times10^{16}$</td></tr>
<tr><td>10</td><td colspan="2">短时工频击穿场强
（较小的平滑电极直径25mm²，升压速率500V/s）</td><td>MV/m</td><td>≥35</td></tr>
<tr><td>11</td><td colspan="2">绝缘料杂质最大尺寸含量（1000g 样品）</td><td>μm</td><td>≤75</td></tr>
</table>

对于500kV交联聚乙烯绝缘电缆的绝缘材料而言，应具有超高的洁净度及极佳的添加剂分布、优越的机械性能和抗老化性能。国内超高压电缆通常采用美国陶氏化学HFDB-4201 EHV和北欧化工的LS4201EHV两种超净化料。绝缘料从生产之日到使用一般不应超过1年。

3. 屏蔽层

如果将交联聚乙烯直接挤出在导体上，导体的凹陷、隆起和不规则的情形会产生局部电场集中，降低绝缘的绝缘强度。为了避免这一情况，在导体上挤包一层半导电屏蔽材料，使朝向交联聚乙烯绝缘的介质界面尽量光滑。导体屏蔽、绝缘及绝缘屏蔽三层结构组成了电缆的绝缘系统，确保了绝缘层免受内外

部结构的影响。三层共挤技术提供了绝缘屏蔽层，以保证绝缘线芯和金属层之间形成良好的电气过渡。超高压电缆用半导电屏蔽材料由以EBA或EEA为基材的共聚物混合一定组分的乙炔炭黑材料制成。半导电屏蔽层与绝缘层界面的光滑程度是影响电缆质量和可靠性的关键因素。一般选用美国陶氏化学HFDB-0801 BK EHV和北欧化工LE0500屏蔽料，其具有优良的热稳定性和挤出防焦烧性能。

（1）导体屏蔽。超高压电缆导体屏蔽一般由半导电包带和挤出半导电层组成，挤包半导电层应均匀地包覆在半导电包带外，并牢固地粘在绝缘层上。半导电层与绝缘层的交界面应光滑，无明显绞线凸纹、尖角、颗粒、烧焦或擦伤的痕迹。以500kV高压电缆为例，导体屏蔽厚度近似值为2.5mm，其中挤包半导电层厚度近似值为2.0mm，最小厚度不小于1.5mm（典型控制值）。

（2）绝缘屏蔽。绝缘屏蔽为挤包半导电层，绝缘屏蔽应均匀地包覆在绝缘表面，并牢固地黏附在绝缘层上。绝缘屏蔽的表面以及其与绝缘层的交界面应光滑，无尖角、颗粒、烧焦或擦伤的痕迹。以500kV高压电缆为例，绝缘屏蔽厚度近似值为1.5mm、最小厚度不小于1.0mm（典型控制值）。绝缘屏蔽材料的典型技术指标参见表3-3。

表3-3　　绝缘屏蔽材料的典型技术指标

序号	项目		单位	性能指标要求
1	23℃时直流体积电阻率		Ω·cm	≤35
2	90℃时直流体积电阻率		Ω·cm	≤150
3	拉伸强度（拉伸速率200±50mm/min）		MPa	≥13
4	断裂伸长率（拉伸速率200±50mm/min）		%	≥200
5	热老化性能（热老化条件150℃/168h）	TS保留率	%	≥80
6		EL保留率	%	≥80

4. 外护层

高压电缆外护层也叫保护覆盖层，用以保护绝缘线芯免受机械损伤和化学腐蚀。高压电缆外护层包含缓冲层、金属护套、外护套和外半导电层。

（1）缓冲层选型及设计。在绝缘半导电屏蔽层外应有缓冲层，采用导电性能与绝缘屏蔽相近的半导电弹性材料或低电阻缓冲阻水带绕包，绕包应平整、紧实、无皱褶；对电缆的金属护套内间隙有纵向阻水要求时，绝缘屏蔽与金属护套间应有纵向阻水结构。纵向阻水结构可采用低电阻缓冲阻水带绕包而成；低电阻缓冲阻水带降低缓冲阻水带的体积电阻率和表面电阻，半导电炭黑细颗粒材料采用进口材料，吸水型树脂配料比例减少 50%，黏合采用新工艺，保证炭黑颗粒在裁剪和绕包时不掉落，提高了缓冲带的技术性能指标，体积电阻率指标小于 $5\times10^3\Omega\cdot cm$，表面电阻小于 350Ω；按标准进行多次透水试验，电缆试样两端无水分渗出，透水实验示意图如图 3-6 所示，其他物理力学性能应符合 JB/T 10259—2014《电缆和光缆用阻水带》要求。

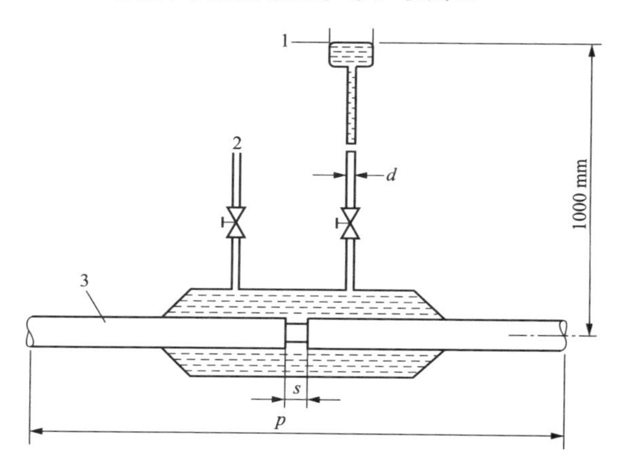

图 3-6　透水实验示意图

1—水头箱；2—排气管；3—电缆；d—直径最小 10mm（内径）；s—约 50mm；p—8000mm

（2）金属护套选型及设计。一般金属护套按照工艺结构类型分为铝护套、铅或铅合金套、金属带（箔）塑料复合套等。电缆金属护套起到径向阻水、传导异常电流、密封、抵抗外力机械和增强电场屏蔽等作用。

金属护套按生产工艺主要可分为三大类：纵向焊缝金属护套、挤包无缝金属护套和综合护套。纵向焊缝金属护套分为焊缝波纹铝护套和焊接平滑铝护套；挤包无缝金属护套又可分为无缝挤包皱纹铝护套、无缝挤包平滑铝护套和无缝挤包铅套；而综合护套是指用铝箔聚乙烯复合膜纵向搭盖卷包（纵包），并用热风焊接成型。

2020年前后国内为解决高压电缆缓冲层烧蚀问题，正在研究推广平滑铝护套高压电缆，尚未有生产厂家生产波纹不锈钢套。以上几种金属护套各有利弊，各有其适用性，无缝铅套电缆结构紧密，纵向防水性能好，铅的化学性能稳定和耐腐蚀性好，适用于地下水水位高且腐蚀性较强、侧重考虑电缆防水及腐蚀性能的场合。另外，由于铅比较柔软，结构尺寸设计时无须在铅套与绝缘间留有间隙，绝缘膨胀时铅套被撑大，而绝缘表面仍然平整，不会影响绝缘质量。而其他各类波纹金属护套内必须留有足够的膨胀间隙，以免绝缘膨胀后在绝缘表面留下波纹的凹痕，影响电缆电气性能。铅套的另一优点是接续方便，在接头作业中可直接搪铅。而其缺点一是质量大，铅的比重为11.34，是铝的4.2倍，在每米铅套电缆中，铅的质量是铝护套电缆中铝质量的7.5倍，同规格超高压铅套电缆比铝护套电缆重得多，一般说要重60%～90%；二是铅的电阻系数是铝的7.8倍，铅套要满足技术条件中的短路热稳定要求，需要在铅护套内部加上铜丝屏蔽，增加了成本；三是耐蠕变性能差，不适合垂直敷设的场合。

无缝波纹铝护套最大的优点是质量轻，机械强度高，抗拉强度、耐振性、抗蠕变性比铅高得多，短路热稳定容量大，在短路电流持续时间长的系统中，一般标准厚度的铝护套即能满足要求。挤包工艺是铝在半熔融状态下挤出，挤出温度高达460℃，如果电缆结构、模具装配不当：间隙过小会烫伤绝缘，间隙过大会产生间隙放电，缩短电缆的使用寿命。由于采用挤出工艺，如果控制不当容易造成铝护套厚度不均，容易产生微孔、砂眼等缺陷，这就使铝护套强度不均匀，降低铝护套的机械强度。而氩弧焊工艺是对厚度均匀的冷轧铝板进行焊接，避免了上述问题。挤包铝护套无焊缝，气密性良好。

电缆的金属护套选型应根据通过的短路电流大小、径向防水与承受机械拉力和压力的要求来选择。

1）铅套耐腐蚀性较强，主要用在腐蚀性较强的场所。铅的熔点低，易于加工，在制造过程中不会使电缆绝缘过热；化学稳定性好、柔软，不影响电缆可变曲性。但其机械强度低，易受外力损伤；比重大，有较大的蠕动性和疲劳龟裂性，会导致铅包龟裂受潮，造成故障。

2）皱纹铝护套质量轻、强度高、安装性能好，能承受较大的拉力和压力。在电缆敷设时，一般不需设径向加强层和纵向加强层，各种敷设条件均适用，抗干扰性能好；但其欠柔软，不便弯曲，耐腐蚀性比铅差。

3）铝（铜）塑复合套质量轻，适合于高落差敷设的电缆，但不能承受过大拉力和压力。

4）当电缆载流量特别大时，为减少金属护套的损耗可采用不锈钢套或铜套。

例如，高压电缆布置在隧道中、空气中敷设，考虑到隧道的转弯较多，需要保证电缆在弯曲时的强度等因素，故金属护套选择皱纹铝护套。

（3）外护套设计与选型。500kV 电缆外护套是高压电缆的最外层，其主要作用有：作为保护电缆内部结构的屏障，保护电缆在安装期间和安装后不受机械损坏；电缆外套提供水分、化学、紫外线和臭氧的保护；使金属护套对地绝缘，避免金属护套由于多点接地而产生环流。

非金属外护套的材料从种类上分，主要有聚乙烯（PE）、聚氯乙烯（PVC）、无卤低烟阻燃聚烯烃护套料及低烟低卤阻燃聚乙烯护套材料（过渡品）。

传统的软 PVC 材料邵氏 D 级硬度只有 36～40，当高压电力电缆使用这种 PVC 护套材料后，由于电缆质量较大（500kV $1\times2500mm^2$ 电缆单位质量可达 45kg/m），在现场敷设时，经常出现外护套被刮坏、硬物割伤或异物扎入的情况，不但造成电缆制造厂的损失，还由于要查找故障点进行修补而极大地影响现场施工进度，选用软 PVC 护套料显然已不合适，最佳的选择为半硬质阻燃 PVC，从而提高护套材料的绝缘性能，满足高压电缆敷设的要求。

PVC 护套电缆在燃烧时会释放大量有毒的氯化氢气体，该类产品一般不建议敷设在有环保要求的场所。阻燃 PE 的阻燃剂主要是十溴二苯醚和三氧化二锑。多溴对人体有害，欧盟 RoHS 指令已禁止使用；金属氧化物含有毒重金属锑，阻燃 PE 燃烧时发烟量大，释放有毒、有腐蚀性的气体，也不能满足环保及消防日益严格的要求。

为实现高压电力电缆的无卤、低烟、阻燃及环保等要求，采用符合标准要求的无卤低烟阻燃聚烯烃护套、无卤阻燃 PE 是一个较好的选择。需要注意低烟无卤类材料内部增加多种添加剂，运行中受潮，绝缘电阻性能在一定程度上下降。

在对电缆非金属外护套进行直流耐压试验时，采用挤包的半导电层作为电缆非金属外护套的外导电层。半导电层与 PE 或 PVC 外护套双层共挤，能与外护套材料紧密结合。在竣工试验中，进行外护套直流电压试验：电缆金属护套对地间施加直流电压 10kV，时间 1min。

3.2 施工工器具

施工工器具包括电力电缆敷设的施工安全工器、施工器具、检测专用的仪器量具三大部分。

3.2.1 电力电缆敷设施工安全工器具

电力施工安全工器具定义：电力安全工器具通常是指为防止触电、灼伤、坠落、摔跌等事故，保障工作人员人身安全的各种专用工具和器具。

电力安全工器具分类：

1. 绝缘安全工器具

绝缘安全工器具指绝缘强度足够并能直接操作带电设备、接触或可能接触带电体；或者绝缘强度不足承受设备工作电压，但能有效防止接触电压、跨步电压、泄漏电流，有一定防触电保护功能的工器具。绝缘安全工器具分为基本和辅助两种绝缘安全工器具。

（1）基本绝缘安全工器具是指能直接操作带电设备、接触或可能接触带电体的工器具（如电容型验电器、绝缘杆等）。

（2）辅助绝缘安全工器具是指绝缘强度不足承受设备或线路的工作电压，只是用于加强基本绝缘安全工器具的保安作用，用以防止接触电压、跨步电压、泄漏电流电弧对操作人员的伤害的工器具（如绝缘手套、绝缘靴、绝缘胶垫等）。不能用辅助绝缘安全工器具直接接触高压设备带电部分。

2. 登高安全工器具

登高安全工器具指具有足够机械强度，保证高处作业安全，提供登高必需的工作条件，防止意外坠落，减轻坠落伤害的工器具（如梯子、高凳、脚扣、登高板、安全腰带等专用用具）。

3. 个人安全防护用具

个人安全防护用具指为防止触电、坠落、打击、电弧、灼伤、中毒、腐蚀、窒息等人身伤害；或者避免、减轻人身职业健康危害，由作业人员个人佩戴、穿着或使用的装备或用具（如绝缘手套、绝缘靴、安全帽、防护眼镜、安全绳、安全带和电工工作服）。

4. 安全用具、安全防护装置及围栏（安全网）

安全用具、安全防护装置及围栏（安全网）指用于设置明显的安全作业区域，隔离危险区域，防止作业人员超越安全作业区、误入危险区域的工器具。

（1）安全用具：警戒绳、警戒牌、放电棒等。

（2）安全防护装置：安全防护装置有五种，分别是报警装置、隔离防护装置、超限保险装置、紧急制动装置、联锁控制防护装置；通过光电保护装置以及防护罩装置设置于电缆敷设的孔井、洞口、围栏、门等位置。

（3）安全围栏（安全网）：安全防护围栏种类很多，用途广泛，常见的安全防护围栏有电缆敷设施工设备安全防护围栏，孔井、洞口安全防护围栏、安全围旗等。

3.2.2 电力电缆敷设施工器具介绍

电力电缆敷设施工器具作为电力行业不可缺少的工种之一，电缆敷设、维护和检修电路时常用的器具，无论是不是电工，都需要了解以下知识，常用的工具分为以下几类。

1. 电缆敷设施工设备

电缆敷设施工设备是电缆在敷设施工前安装在隧道口、隧道竖井内、斜井、电缆敷设通道及隧道内转角处的装置。其设备包括电缆牵引机、电缆输送机、电缆环形滑车、电缆井口滑车、电缆直行滑车、电缆转弯滑车、电缆蛇形打弯机、全自动电缆输送机的操作控制盒、电动滑轮、全自动电缆输送机等，如图 3-7～图 3-16 所示。

图 3-7　电缆牵引机

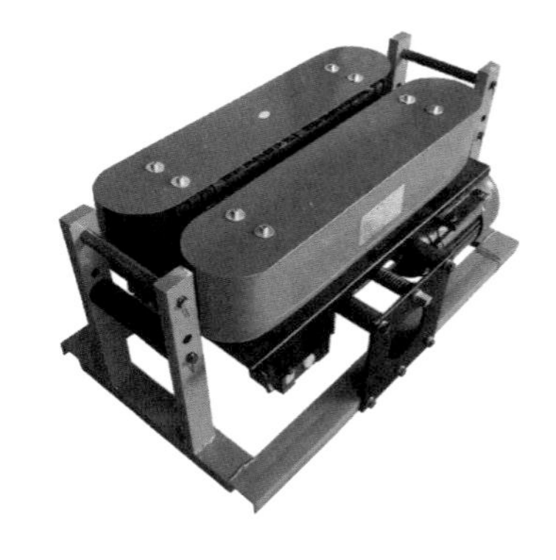

图 3-8　电缆输送机

图 3-9 电缆环形滑车

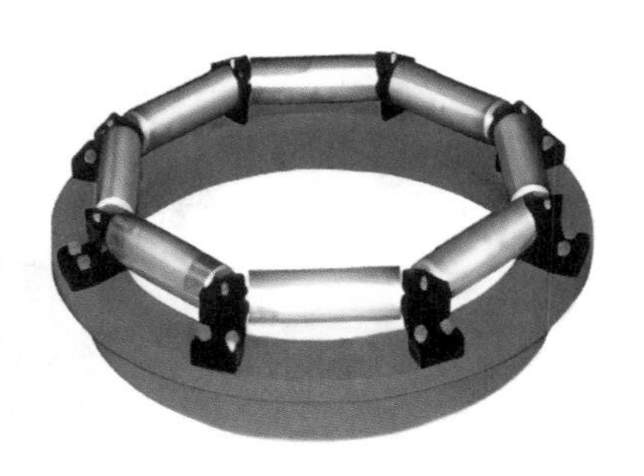

图 3-10 电缆井口滑车

图 3-11 电缆直行滑车

图 3-12 电缆转弯滑车

图 3-13 电缆蛇形打弯机

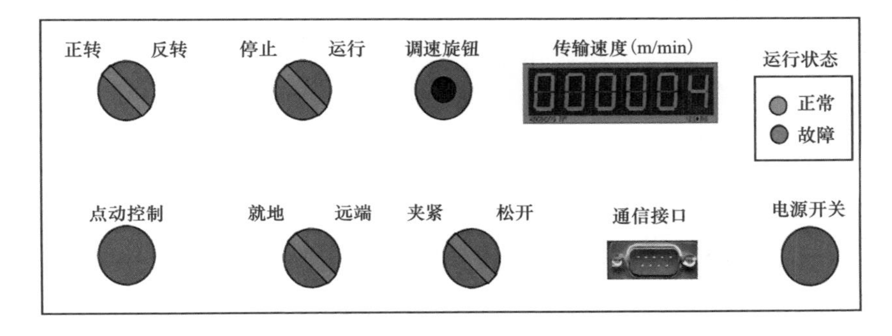

图 3-14 全自动电缆输送机的操作控制盒

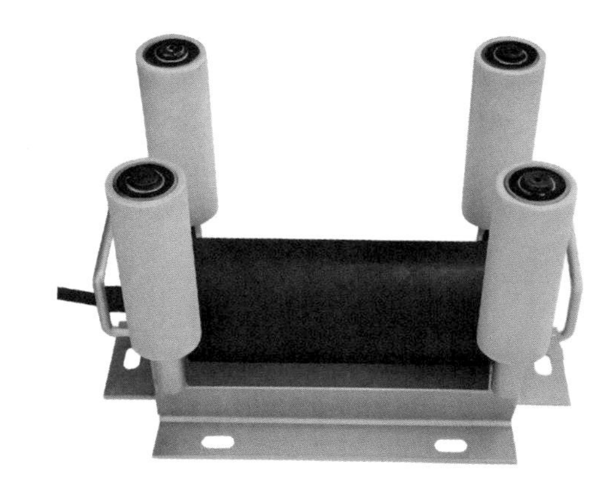

图 3-15　电动滑轮

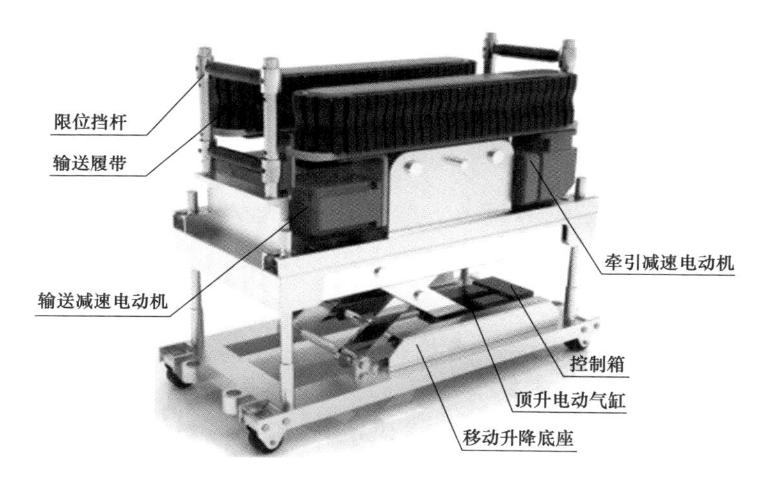

图 3-16　全自动电缆输送机

2. 电缆敷设放线施工机具

重型电缆放线架分为卧式电缆放线架、重型电缆放线架等，如图 3-17 和图 3-18 所示。

3. 通用工具

（1）套筒扳手：用来拧紧或拧松沉孔螺母，或在无法使用活动扳手的地方使用。套筒扳手由多个带六角孔或十二角孔的套筒并配有手柄、接杆等多种附件组成，套筒的选用应适合螺母的大小；适于拧转位置十分狭小或凹陷很深处的螺栓或螺母。用于螺母端或螺栓端完全低于被连接面，且凹孔的直径不能用

于开口扳手或活动扳手及梅花扳手，就用套筒扳手，另外就是螺栓件空间限制，也只能用套筒扳手。

图 3-17 卧式电缆放线架

图 3-18 重型电缆放线架

（2）双头呆扳手：用于线路安装的工具。其规格型号（单位为 mm）：8×10，9×11，12×14，13×15，14×17，17×19，19×22，22×24，30×32，32×36，41×46，50×55，65×75。使用方法：①扳手应与螺栓或螺母的平面保持水平，以免用力时扳手滑出伤人；②不能在扳手尾端加接套管延长力臂，以防损坏扳手；③不能用钢锤敲击扳手，扳手在冲击载荷下极易变形或损坏；④不能将公制扳手与英制扳手混用，以免造成打滑而伤及使用者。

4. 线路安装辅助工具

（1）电锯：用于大截面电缆的切断。安全操作事项：①操作前检查电锯各种性能是否良好，安全装置是否齐全以及是否符合操作安全要求；②检查锯片不得有裂口，电锯各种螺钉应上紧；③操作要戴防护眼镜，站在锯片操作一面侧，电缆切割点放入切割口；④进料必须紧贴靠山，切割时不能用力过猛，不得用手硬拉；⑤为安全起见，使用完毕后需拆除锯片。

（2）电缆夹具：电缆敷设结束后，用来固定电缆的装置。其包括高压电缆固定夹、铝合金电缆固定夹、电缆支架、网套连接器、单芯电缆夹具及吊架等，如图 3-19～图 3-21 所示。

3.2.3 线路安装检测专用的仪器、量具

线路安装检测专用的仪器、量具包括有害气体检测仪、绝缘电阻表、直流高压发生器等，如图 3-22～图 3-24 所示。

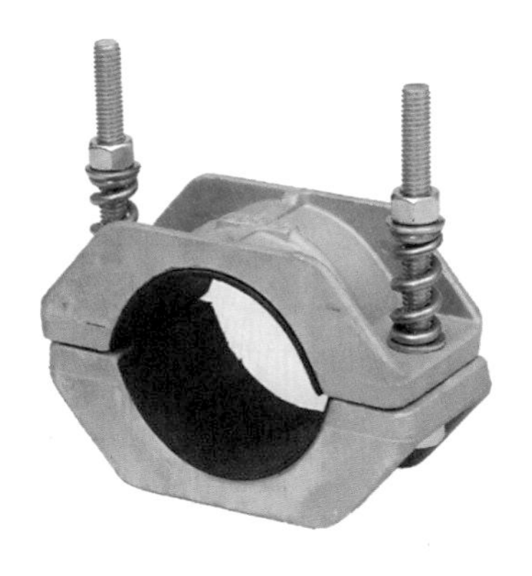

图 3-19　高压电缆固定夹

图 3-20　单芯电缆品字型安装

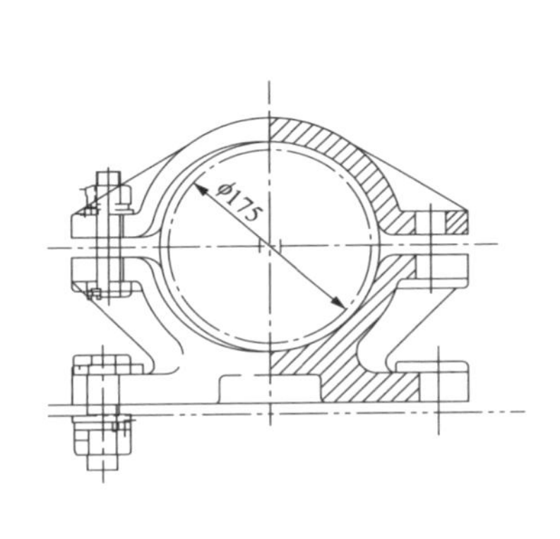

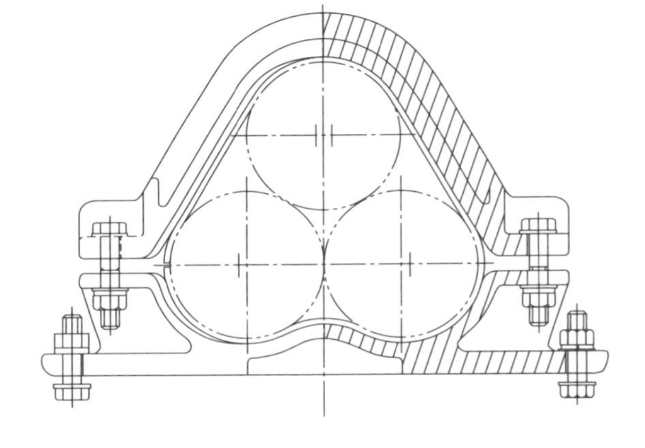

图 3-21　单芯及三芯电缆夹具

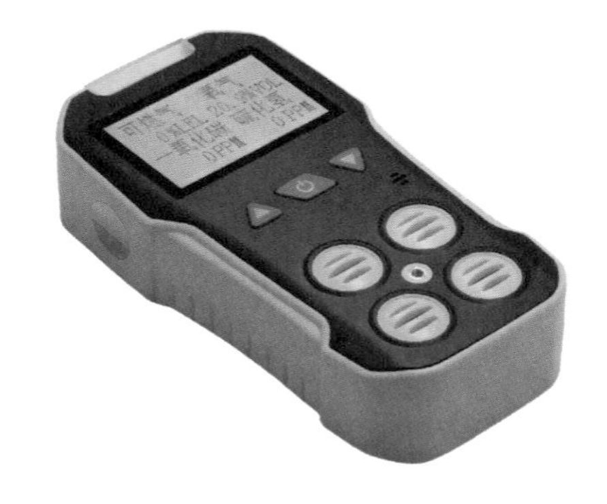

图 3-22　有害气体检测仪

图 3-23　绝缘电阻表

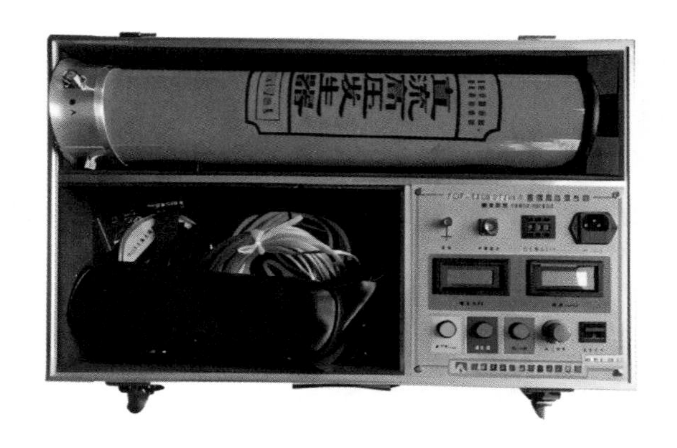

图 3-24 直流高压发生器

3.3 敷设前检查及准备

根据设计交底与施工图会审内容，核对电缆图纸；勘察现场进行路径复测，确保电缆支架安装到位，段长满足现场敷设要求，接头布置符合要求且位置处有充足空间；在核实到位后建议绘制电缆路径简图，简图中应当包括但不限于电缆段长、接头里程、进站相序、沿线工井及道路相对位置等，以服务于现场实际敷设及附件安装需求。

3.3.1 施工计划

1. 电缆敷设施工进度计划（见表 3-4）

表 3-4 电缆敷设施工计划

序号	项目名称	开始时间	结束时间	备注
1	施工前准备			
2	开盘试验			
3	电缆敷设			
4	蛇形波幅			
5	电缆固定			
6	敷设后试验			
7	电缆及设施标识			
8	质量验收			

2. 施工机具配置

施工机具一般情况下，本着机械化、自动化先进化的原则，根据工程总体部署和各工序的要求，结合不同施工阶段主导施工工序对施工机具合理调配，机具设备表见表 3-5（以楚庭项目隧道内 500kV 2500mm^2 电缆敷设，段长 500m 为例进行配置）。

表 3-5 机具设备表

序号	机具名称	规格	单位	备注
1	吊车	130～220t	台	根据实际情况调整
2	迪尼玛绳	800m/卷	套	
3	电缆盘吊具	40t	套	
4	拉力计	5t	个	
5	80t 卧式液压地辊	—	套	
6	电动绞磨	100kN	台	
7	全自动液压牵引及控制绳缆收放装置	100kN	套	
8	电缆输送机	5kN	台	
9	电缆输送机总控箱	—	台	
10	电缆输送机分控箱	—	台	
11	直角滑轮	—	个	
12	转角滑轮	—	个	
13	四角滑轮	—	个	
14	电动滑轮	220V，40W	个	
15	分控操作站	—	台	
16	总控台	—	台	
17	马刀锯	—	把	
18	尼龙吊带	1t，3t，5t	条	
19	钢丝绳套	ϕ8×0.6m，ϕ12×1.2m ϕ16×2.2m，ϕ18×6.5m	根	
20	手扳葫芦	0.75t，3t，5t	个	
21	链条葫芦	2t，5t	台	

续表

序号	机具名称	规格	单位	备注
22	无线对讲机	—	台	
23	无线4G通信系统	—	套	
24	绝缘电阻表	—	台	
25	高压直流发生器	—	套	
26	MPP管	—	批	
27	安全伸缩围栏	—	m	
28	镀锌钢管	ϕ50mm	m	
29	工业气体检测报警器（四合一气体检测仪）	200m/套	套	
30	PVC尼龙塑料帆布螺旋管，鼓送排风机软管	—	m	
31	通风机	220V	台	
32	灭火器	2个/组	个	
33	应急头灯	24V/200W	个	
34	U形工具拉环	0.75t，3t，60t	套	
35	枕木	300mm×200mm×1200mm	根	
36	木杠	100mm×100mm×3000mm	根	
37	铁丝	8号	卷	

3.3.2 施工工艺技术

1. 电缆敷设施工工艺流程

机械敷设电缆施工流程为：施工准备→开箱检查→工器具准备→人员准备→开盘试验，电缆敷设，蛇形波幅，电缆固定→敷设后试验→电缆及设施标识→质量验收→结束。电缆敷设施工流程示意图如图3-25所示。

2. 技术交底

施工前，技术指导对敷设电缆的施工人员进行技术交底，明确技术和安全工作细节。技术指导就电缆布置图、电缆敷设图、现场踏勘、施工措施、质量控制措施、安全措施、环境保护措施及文明施工技术交底、电缆敷设施工人员的培训，并要求所有参加技术交底人员进行签字确认。

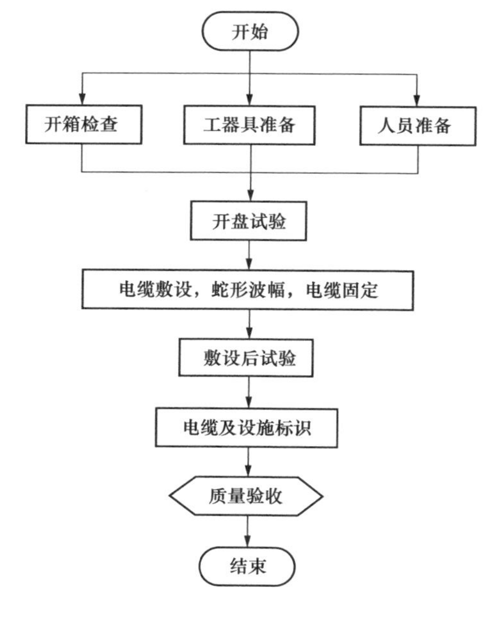

图 3-25　电缆敷设施工流程示意图

（1）施工前准备工作。

1）监理单位。

a. 监理单位审核承包单位的施工组织设计方案，重点检查施工组织设计的合理性、可行性，监理工程师提出修改建议或意见，报建设单位。

b. 监理单位审核承包单位施工机械、设备、人员进场情况及施工准备工作。

c. 监理单位审核单位工程的开工报告，报建设单位。

d. 监理单位应会同承包单位赴现场核对设计文件，参加技术交底。

监理工程师工作内容：熟悉设计文件，核对施工图纸；了解现场地形、地貌、水文和地质条件；掌握设计中采用的新技术、新材料、新工艺及新设备；掌握设计标准及其安装结构的质量要求。

2）施工单位。

a. 开工前，由项目施工总负责组织有关人员对工程项目在施工前进行以下技术准备工作：熟悉和审查电缆布置图、电缆敷设图、电缆工器具布置图、施工图纸，编制详细的施工步骤和计划，进行技术交底。

b. 项目施工总负责组织有关人员认真研究设计图纸，了解图纸的要求和原理，与建设单位、设计单位、监理单位共同解决图纸中问题，以便施工顺利进行，做好图纸会审记录并签证。

c. 技术准备：施工图纸审核，确认电缆敷设通道符合电缆敷设的要求，核对电缆的固定方式、与所连接设备的相位。根据电缆的型号、规格选取电缆输送机、牵引机与滑轮，确保牵引力和侧压力都在制造厂的允许范围内。

（2）现场踏勘。电缆敷设前首先是对现场踏勘，对整体施工作业现场进行巡视确认，排除影响施工的各类不利因素及检查其是否满足电缆敷设要求。

1）检查通道是否满足要求，通道内不得有杂物。

2）电缆隧道、电缆沟通道、工井通道清理，保证电缆敷设通道内畅通、无积水。

3）管孔疏通检查（过渡处）：

a. 对所有管孔进行疏通检查，清除管道内可能漏浆形成的水泥结块或其他残留物，并检查管道连接处是否平滑，必要时应用管道内窥镜探测检查。在疏通检查过程中，如发现排管内存在可能损伤电缆护套的异物，必须清除。排管检查如图 3-26 所示。

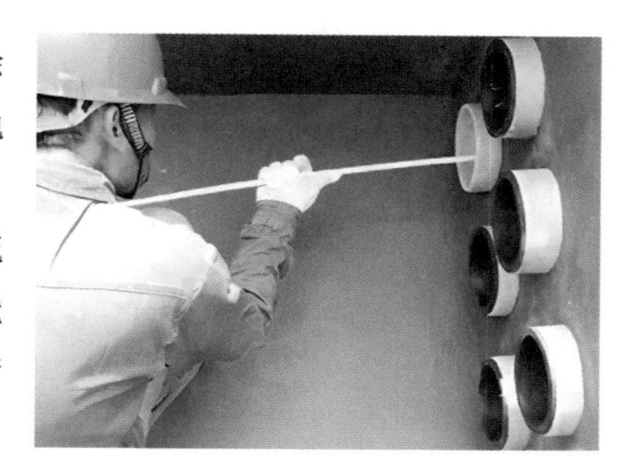

图 3-26 排管检查

b. 清除工具可以用疏通器、钢丝刷、铁链等，用疏通器清除时疏通器外径应等于或稍大于 0.85 倍管道内径，疏通器工具规格见表 3-6。排管中每一管道都应双向畅通，疏通完毕后，将排管临时封堵。

表 3-6　　疏通器工具规格　　单位：mm

排管直径	疏通器外径	疏通器长度
150	127	600
175	159	700
200	180	800

c. 检查电缆敷设路径上的墙壁和拐角有无尖角棱角，电缆隧道墙体及拐角是否受到保护，不能有尖锐的器具以防止割伤电缆保护层。

d. 复测电缆路径长度及敷设位置，复核电缆接头位置，敷设前检查电缆的型号、电压、规格及长度是否符合设计要求，检查电缆合格证及数量、型式试验报告等证明材料是否齐全，检查电缆外观是否完好。

e. 检查敷设通道照明设施的安装是否符合电缆敷设照度要求，及系统运行是否正常。

f. 检查各敷设通道上电缆敷设所用装备、工具是否到位。

g. 检查电缆敷设放线装置电气控制系统是否正常。

h．检查电缆敷设所需的通信设施是否信号畅通。

i．检查安全防护装置的配置及警示牌的悬挂。

3．电缆牵引力计算

（1）牵引绳与电缆连接。

1）牵引头牵引方式敷设电缆时，应在牵引绳与电缆之间装设防捻器，牵引绳采用迪尼玛绳，牵引绳与电缆连接如图 3-27 所示，电缆牵引头如图 3-28 所示。

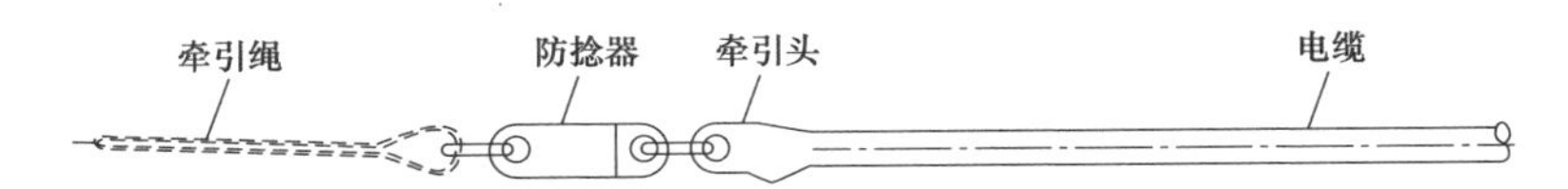

图 3-27　牵引绳与电缆连接图

图 3-28　电缆牵引头

2）一般电缆出厂都装有牵引头，在电缆牵引头和牵引绳之间安装防捻器。机械敷设电缆时最大牵引强度宜符合表 3-7 的规定。

表 3-7　电缆最大牵引强度

牵引方式	牵引头	
受力部位	铜芯	铝芯
允许牵引强度（N/mm^2）	70	40

3）全自动液压牵引装置处配置 100kN 拉力表，牵引力控制在 20kN（2t）以内，转弯处的侧压力不应大于 3kN/m（典型牵引力控制范围），100kN 拉力表如图 3-29 所示。

图 3-29 100kN 拉力表

（2）电缆受力分析。

1）电缆线路侧压力计算公式为

$$P=T/R \tag{3-2}$$

式中：P 为侧压力（N/m）；T 为牵引力（N）；R 为弯曲半径（m）。

2）电缆线路牵引力计算（见表 3-8）。

表 3-8　　　电缆线路牵引力计算

牵引部分		示意图	计算公式
水平直线部分		T　T	$T=\mu WL$（μ为摩擦系数）
倾斜直线部分		T_1　T_2　θ_1	$T_1=WL(\mu\cos\theta_1+\sin\theta_1)$ $T_2=WL(\mu\cos\theta_1-\sin\theta_1)$
水平弯曲部分		T_1　T_2　θ　R	布勒算式：$T_2=WR\sin h(\mu\theta+\sin h^{-1})\frac{l_1}{WR}$ 李芬堡算式：$T_2=T_1\cosh(\mu\theta)+\sqrt{T_1^2+(WR)^2}\sin h(\mu\theta)$ 简易算式：$T_2=T_1\varepsilon^{\mu\theta}$
垂直弯曲部分	凸曲面	T_2　θ　R　T_1	$T_2=\frac{WR}{1+\mu^2}[(1-\mu^2)\sin\theta+2\mu(\varepsilon^{\mu\theta}-\cos\theta)]+T_1\varepsilon^{\mu\theta}$ 当 $\theta=\frac{\pi}{2}$ 时 $T_2=\frac{WR}{1+\mu^2}\left[(1-\mu^2)+2\mu\varepsilon^{\mu\frac{\pi}{2}}\right]+T_1\varepsilon^{\mu\frac{\pi}{2}}$
		T_1　θ　T_2　R	$T_2=\frac{WR}{1+\mu^2}[2\mu\sin\theta-(1-\mu^2)(\varepsilon^{\mu\theta}-\cos\theta)]+T_1\varepsilon^{\mu\theta}$ 当 $\theta=\frac{\pi}{2}$ 时 $T_2=\frac{WR}{1+\mu^2}\left[(2\mu-(1-\mu^2)\varepsilon^{\mu\frac{\pi}{2}}\right]+T_1\varepsilon^{\mu\frac{\pi}{2}}$
	凹曲面	R　θ　T_1　T_2	$T_2=T_1\varepsilon^{\mu\theta}-\frac{WR}{1+\mu^2}[(1-\mu^2)\sin\theta+2\mu(\varepsilon^{\mu\theta}-\cos\theta)]$ 当 $\theta=\frac{\pi}{2}$ 时 $T_2=T_1\varepsilon^{\mu\frac{\pi}{2}}-\frac{WR}{1+\mu^2}\left[(1-\mu^2)+2\mu\varepsilon^{\mu\frac{\pi}{2}}\right]$

续表

牵引部分		示意图	计算公式
垂直弯曲部分	凹曲面		$T_2=T_1\varepsilon^{\mu\frac{\pi}{2}}-\frac{WR}{1+\mu^2}[2\mu\sin\theta-(1-\mu^2)(\varepsilon^{\mu\theta}-\cos\theta)]$ 当 $\theta=\frac{\pi}{2}$ 时 $T_2=T_1\varepsilon^{\mu\frac{\pi}{2}}-\frac{WR}{1+\mu^2}\left[2\mu-(1-\mu^2)\varepsilon^{\mu\frac{\pi}{2}}\right]$
倾斜面内垂直弯曲部分	凸曲面		$T_2=T_1\varepsilon^{\mu\theta}+\frac{WR\sin\alpha}{1+\mu^2}[(1-\mu^2)\sin\theta+2\mu(\varepsilon^{\mu\theta}-\cos\theta)]$
			$T_2=T_1\varepsilon^{\mu\theta}+\frac{WR\sin\alpha}{1+\mu^2}[(1-\mu^2)(\cos\theta-\varepsilon^{\mu\theta})-2\sin\theta]$
	凹曲面		$T_2=T_1\varepsilon^{\mu\theta}+\frac{WR\sin\alpha}{1+\mu^2}[-(1-\mu^2)\sin\theta+2\mu(\cos\theta-\varepsilon^{\mu\theta})]$
			$T_2=T_1\varepsilon^{\mu\theta}-\frac{WR\sin\alpha}{1+\mu^2}[(1+\mu^2)(\cos\theta-\varepsilon^{\mu\theta})+2\mu\sin\theta]$

侧压力是敷设电缆时常遇到的一种可能损害电缆的阻力，由侧压力经验公式可知，侧压力不仅与牵引力有关，还与电缆的转角角度以及电缆的弯曲半径有关，要想更大限度的减小电缆的侧压力，在尽可能减小牵引力和摩擦系数的同时，还要尽量增大电缆的转角角度和弯曲半径，各种牵引条件下的摩擦系数（凝土管包括石棉水泥管）详见表 3-9。

表 3-9　各种牵引条件下的摩擦系数（凝土管包括石棉水泥管）

牵引时的条件	摩擦系数	牵引时的条件	摩擦系数
钢管内（过渡管）	0.17～0.19	滚轮上牵引	0.1～0.2
塑料管内（过渡管）	0.4		

3）电缆敷设计算。依据 500kV 楚庭—广南线路电缆敷设项目，电缆型号为 ZB-YJLW02-Z-290/500kV-1×2500mm^2，根据电缆技术参数可得电缆质量为 44.7kg/m，滚轮上牵引 μ=0.1；电缆采用牵引头牵引方式，最大牵引强度为 70N/mm^2×2500mm^2=175kN，电缆引入竖井（上端）弯曲段 B-F 示意图如图 3-30 所示。

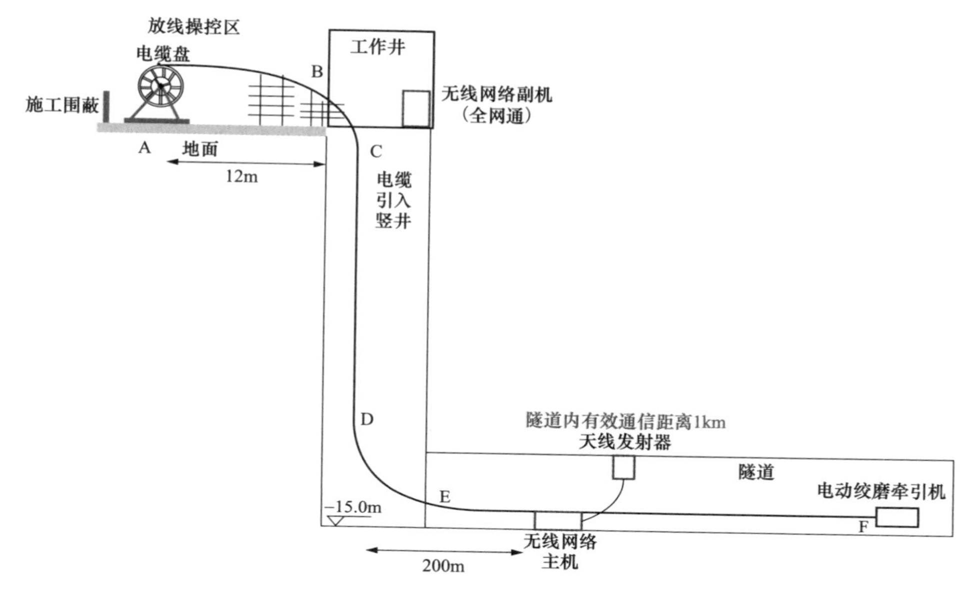

图 3-30 电缆引入竖井（上端）弯曲段 B-F 示意图

a．由于采用液压自驱动放线地辊，可为电缆盘提供启动力，另外从电缆盘 A 敷设至电缆引入竖井口 B，路线结构简单，只需在进电缆放线孔前布置 2 台以上输送机可抵消牵引力，T_1=0N。

b．根据电缆引入竖井（上端）弯曲段 B-F 示意图如图 3-29 所示，电缆弯曲半径满足 20*D*：4m，*μ*=0.2，计算得出弯曲部分的圆心角 *θ*=90°，该段电缆所需牵引力为

$$T_2=\frac{WR}{1+\mu^2}\left[2\mu\sin\theta-(1-\mu^2)(\varepsilon^{\mu\theta}-\cos\theta)\right]+T_1\varepsilon^{\mu\theta} \tag{3-3}$$

$$T_{BC}=-1540.5\text{N}$$

根据设计图纸，计算电缆引入竖井垂直段 C-D 长度为 12m，该段电缆自重力为

$$G_{CD}=mgh=44.7\text{kg/m}\times9.8\text{N/kg}\times12\text{m}=5256.7\text{N}$$

电缆引入竖井（下端）D 点弯曲前牵引力为

$$T_D=1540.5\text{N}+5256.7\text{N}=6797.2\text{N}$$

c．根据电缆引入竖井（下端）弯曲段 D-E 示意图，电缆弯曲半径满足 20*D*：4m，*μ*=0.2，计算得出弯曲部分的圆心角 *θ*=90°，该段电缆所需牵引力为

$$T_2=T_1\varepsilon^{\mu\theta}-\frac{WR}{1+\mu^2}\left[(1-\mu^2)\sin\theta+2\mu(\varepsilon^{\mu\theta}-\cos\theta)\right] \tag{3-4}$$

$$T_{DE}=6765.9\text{N}$$

d．电缆隧道水平直线段 E-F 距离为 650m，μ=0.1，该段电缆所需牵引力为

$$T_{EF}=9.8\mu WL=9.8\times0.1\times44.7\times650=28\ 473.9\text{N}$$

e．F 点电动绞磨总的牵引力为

$$T_{DF}=6765.9\text{N}+28\ 473.9\text{N}=35\ 239.8\text{N}$$

根据 E-F 段隧道直线段，每隔 5～6m 配置电动滑轮敷设电缆，可抵消 E-F 段电缆所受的牵引力 T_{EF}=0N，实际电缆所受牵引力为 T_{DE}=6765.9N。

4. 质量控制措施

（1）工程质量控制标准。

1）DL/T 5161—2018《电气装置安装工程质量检验及评定规程》；

2）GB 50150—2016《电气装置安装工程　电气设备交接试验标准》；

3）GB 50168—2018《电气装置安装工程　电缆线路施工及验收标准》；

4）GB 50169—2016《电气装置安装工程　接地装置施工及验收规范》；

5）GB 50217—2018《电力工程电缆设计标准》；

6）DL/T 5161—2018《电气装置安装工程　质量检验及评定规程》。

（2）电缆施工工艺标准化。

1）电缆隧道敷设。

工艺编号：TBLL-SG-01。

工艺名称：电缆隧道敷设。

应用部位：电缆隧道。

工艺标准：①电缆应排列整齐，走向合理，不宜交叉。电缆敷设时，电缆所受的牵引力、侧压力和弯曲半径应符合 GB 50168—2018《电气装置安装工程　电缆线路施工及验收标准》的规定。②500kV 电缆施工前应逐段编制电缆敷设方案，并对牵引力、侧压力进行核算。③应在电缆牵引头、电缆盘、牵引机、过路管口、转弯处以及可能造成电缆损伤的地方采取可靠的保护措施。

施工要点：①电缆敷设前，在线盘处、隧道口、隧道竖井内及隧道内转角处搭建放线架，将电缆盘、牵引机、履带输送机、滚轮等布置在适当的位置，电缆盘应有刹车装置。②敷设电缆时，在电缆牵引头、电缆盘、牵引机、履带输送机、电缆转弯处等应设有专人负责检查并保持通信畅通。③电缆敷设完后，应根据设计施工图规定使用电缆固定金具、电缆抱箍和皮垫将电缆固定在支架上

或地面槽钢上（如采用蛇形敷设，应按照设计规定的蛇形节距和幅度进行固定）。

效果图：如图 3-31 所示。

图 3-31 电缆隧道敷设

2）电缆支持固定。

工艺编号：TBLL-SG-02。

工艺名称：电缆支持固定。

应用部位：隧道站内。

工艺标准：固定金具的数量需经过核算和验证，相邻夹具的间距 L 宜符合设计规程要求。

施工要点：①水平敷设时，在终端、接头或转弯处紧邻部位的电缆上，应设置不少于 1 处的刚性固定。②在终端、接头或转弯处紧邻部位的电缆上，应设置不少于 2 处的刚性固定。③在竖井或斜井敷设的高位侧，宜有不少于 3 处的刚性固定，工作井垂直转弯位处设置圆弧滚轮架（满足电缆弯曲半径）如图 3-32 所示。④固定电缆用的夹具应具有表面平滑、便于安装、足够的机械强度和适合使用环境的耐久性的特点。⑤交流单芯电缆的刚性固定，宜采用铝合金等不构成磁性闭合回路的夹具。⑥夹具数量符合计算要求，电缆支持点间距离符合验收规范要求。固定夹具的螺栓、弹簧垫圈、橡胶衬垫片齐全，橡胶衬垫片放置在电缆固定夹正中后锁紧。⑦固定电缆要牢固，抱箍或固定金具应和电缆垂直。固定电缆时应在抱箍或固定金具与电缆之间垫橡胶垫，橡胶垫要与电缆贴紧，露出抱箍或固定金具两侧的橡胶垫应基本相等，抱箍或固定金具两侧螺栓应均匀受力，直至橡胶垫与抱箍或固定金具紧密接触，固定牢固。

效果图：如图 3-32～图 3-35 所示。

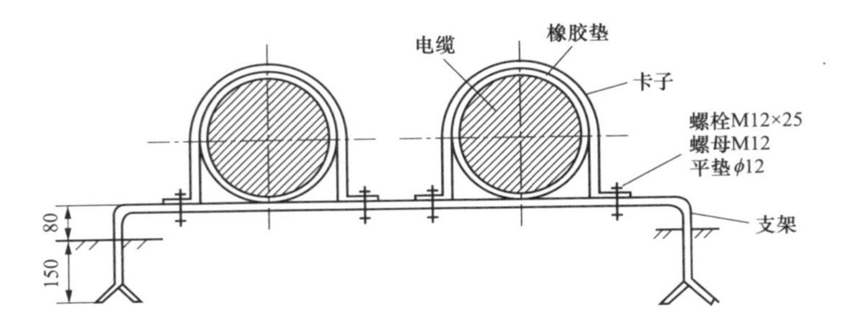

图 3-32　电缆在支架上的固定（单位：mm）

图 3-33　工作井垂直转弯位处设置圆弧滚轮架（满足电缆弯曲半径）

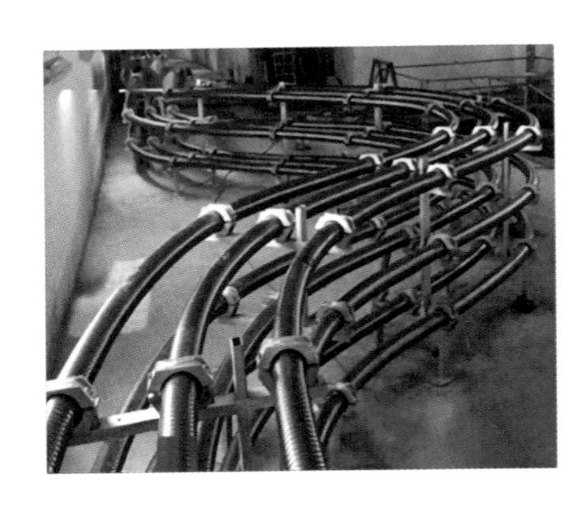

图 3-34　电缆支架固定

图 3-35　金具固定后的电缆线路

3）电缆蛇形布置。

工艺编号：TBLL-SG-03。

工艺名称：电缆蛇形布置。

应用部位：电缆隧道。

工艺标准：①电缆在电缆沟、隧道、共同沟或桥体箱梁内敷设时应采用蛇形布置，即在每个蛇形弧的顶部把电缆固定于支架上，靠近接头部位用夹具刚性固定。②电缆蛇形布置的参数选择，应保证电缆因温度变化产生的轴向热应力无损电缆绝缘，不致对电缆金属护套长期使用产生疲劳断裂，且宜按允许拘束力条件确定。③水平蛇形布置时，宜在支撑蛇形弧的支架上设置滑板。④三相品字垂直蛇形布置时，除在每个蛇形弧的顶部把电缆固定于支架上外，还应根据电动力核算情况增加必要的绑扎带绑扎。

施工要点：①电缆进行蛇形敷设时，必须按照设计规定的蛇形节距和幅度进行电缆固定。②宜使用专用电缆敷设器具，并使用专用机具调整电缆的蛇形波幅，严禁用有尖锐棱角的铁器撬电缆。③电缆的夹具一般采用两片或三片组合结构，并采用非磁性材料。④电缆和夹具间要加衬垫。沿桥梁敷设电缆固定时应加弹性衬垫。⑤水平蛇形布置时，蛇形弧支架滑板宜采用耐磨且摩擦系数小的材料，固定滑板的螺栓不应影响电缆自由滑动。⑥蛇形敷设的每一节距部位，应采取挠性固定。蛇形转换成直线敷设的过渡部位，宜采取刚性固定。⑦蛇形的波节、波幅应符合设计要求。一般蛇形敷设的节距为6～12m，波形宽度为电缆外径的1～1.5倍。对于截面较小的电缆，可在支架恰当位置临时安装固定挡板，靠人力推动电缆形成蛇形弯曲；对于截面较大的电缆，可采用电缆矫直机或液压缸配合弧形钢板粘贴橡胶垫等机械方法使电缆形成蛇形弯曲。⑧挠性固定的电缆，其电缆卡具应保证不伤害电缆外护层；采取挠性固定时，电缆呈蛇形状敷设，即将电缆沿平面或垂直部位敷设成近似正弦波的连续波浪形，在波浪形两头电缆用夹具固定，而在波峰（谷）处电缆不装夹具或装设可移动式夹具，使电缆可以自由平移。

效果图：如图3-36所示。

4）电缆附属设施工程标识装置（铭牌/相位牌）。

工艺编号：TBLL-SG-04。

工艺名称：铭牌/相位牌。

图 3-36　电缆蛇形布置

应用部位：电缆沿线长路及终端。

工艺标准：①电缆线路的电缆终端铭牌应标明电压等级、电缆线路名称、相位、对端设备等信息。②城市电网电缆线路应在电缆终端头、电缆接头处、电缆管两端、人孔及工作井处、电缆隧道内拐弯处、电缆分支处以及直线段 50～100m 处等部位装设电缆线路铭牌以标明电压等级、电缆线路名称、相位等信息。③接地箱、交叉互联箱等部位应悬挂箱体铭牌。

施工要点：①电缆终端铭牌和箱体铭牌使用搪瓷铭牌时，黑底白字，用螺栓安装固定在支架或箱体上。②电缆内、外终端头要有与母线一致的黄、绿、红三色相序标志。③电缆线路铭牌使用铝合金铭牌或塑料铭牌时，宜采用白底红字或蓝底白字，用尼龙扎带绑扎固定在电缆本体上。

应设电缆标志牌的位置：①电缆线路的首尾端、末端处。②电缆线路改变方向的地点。③电缆从一平面跨越到另一平面的地点。④电缆隧道、混凝土隧道管、地下室和建筑物等处的电缆出入口。⑤电缆敷设在室内隧道和沟道内时，每隔 30m 的地点。⑥电缆头装设地点和电缆接头处。⑦电缆隐蔽或过渡敷设的电缆标记处。制作标志牌时，规格应统一，其上应注明线路编号，电缆型号、芯数、截面积和电压，起讫点和安装日期。

效果图：如图 3-37 所示。

5）相色带。

图 3-37 铭牌/相位牌设置

工艺编号：TBLL-SG-05。

工艺名称：相色带。

应用部位：中间接头、终端接头。

工艺标准：电缆终端、同轴电缆等处应绕包相色带。

施工要点：①相位正确。②绕包平整、美观，同一区域内安装高度统一。③绕包长度为 100mm。

效果图：如图 3-38 所示。

图 3-38 相色带设置

（3）电缆敷设关键与特殊质量控制措施。

1）电缆敷设最小弯曲半径。500kV 电缆在任何敷设方式及其全部路径条件的上下左右改变部位，均应满足电缆允许弯曲半径要求，其允许弯曲半径应为 20D（D 为电缆外径），并应符合电缆绝缘及其构造特性的要求。

高压电缆敷设过程中为防止损伤电缆绝缘，不应使电缆过度弯曲，注意电缆弯曲的半径，防止电缆弯曲半径过小损坏电缆，电缆工作井垂直转弯位处敷设，需要设置圆弧滚轮架（满足电缆弯曲半径）。

2）电缆敷设允许最低温：按 GB/T 11017《额定电压 110kV（U_m=126kV）交联聚乙烯绝缘电力电缆及其附件》系列标准要求，电缆敷设温度不能低于 0℃。如低于此温度，可采取给电缆导体通电流加热或搭建保温棚方式（此法受限因素较多，不常用）。

3）浸水：如电缆有局部或全部浸泡在水中，就对电缆的防水性能提出了较高要求。敷设中需注意电缆外护套是否具备防水性能。尤其在牵引头通过时要注意，防止电缆端头进水。

4）500kV 电缆安装质量控制点，详见表 3-10。

表 3-10　　　　500kV 电缆安装质量控制点

序号	质量控制点	质量控制内容	质量控制措施
1	电缆敷设	（1）电缆外皮无损伤； （2）电缆的机械性能和绝缘性能无损伤； （3）电缆无拧弯、折弯	（1）电缆敷设沿途布置足够数量的滚轮，确保电缆不在地面及支架上拖动； （2）电缆转弯处布置导向滚轮组，避免电缆受到很大的侧压力； （3）井内的滚轮上配置消力装置，避免电缆受到很大的拉应力； （4）电缆敷设由专人指挥，互相之间保持通信畅通
2	电缆固定	（1）电缆固定牢固； （2）电缆在支架上呈蛇形布置； （3）电缆卡不得伤及电缆外表面	（1）严格按技术要求的力矩紧固电缆夹具； （2）电缆卡逐个依次安装紧固，安装紧固前先按技术要求将电缆调整成蛇形后再紧固； （3）安装电缆卡时，必须严格检查电缆卡内的保护弹性垫是否遗漏，避免刚性电缆卡直接与电缆外表面接触

5）成品保护措施。

a．电缆敷设前的储存。

a）敷设前电缆应存放在硬化后坚实、平整、干净的地面上，存放地点不应有积水、杂物（如钉子、石块等），敷设前电缆储存图示如图 3-39 所示。

b）保管期间电缆盘及包装应完好，标志应齐全，封端应严密。有缺陷时，应及时处理。充油电缆应定期检查油压，并做记录，油压不得低于下限值。

c）电缆盘（带托架或不带托架）放置的位置要平整，不得有大于 5°的斜面。

d）电缆盘要妥善做好掩角，避免电缆盘滚动造成相互直接的碰撞。尽量避免电缆阳光直晒，如条件允许建议搭盖遮阳棚。电缆在敷设前，在现场的存放时间不超过三个月。

e）冬季气温低，塑料电缆在低温下将变硬、变脆，电缆存放地点在敷设前 24h 内的平均温度以及敷设现场的温度不低于 0℃。如果确实需在冬季进行放线作业，需对电缆进行保温或加热处理，以保证电缆本体温度满足安装温度要求。

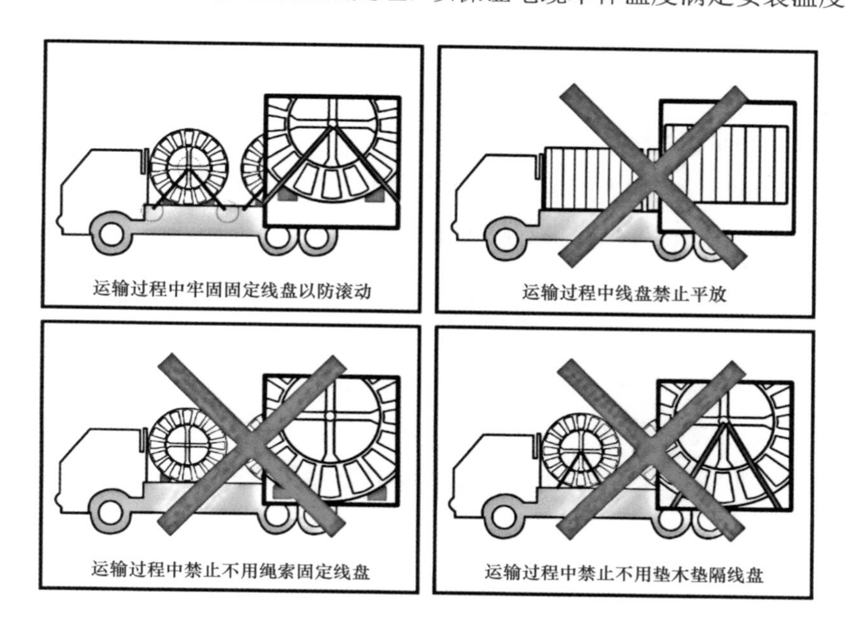

图 3-39 敷设前电缆储存图示

b．成品保护的主要措施。

a）电缆敷设与电缆接头要办理交接手续，交接时通知建设单位和监理单位到场，并把交接情况（电缆护层数据）记录下来。

b）所有入隧道施工的人员必须接受成品保护人员的监督。

c）隧道内搬运材料、机具及安装时，要有具体防护措施，不得将已敷设的电缆和支架弄脏、砸坏。

d）电缆敷设完毕后，如有其他承包商进入施工，要到本项目部办理隧道出入证，施工完毕后要及时进行检查，如发现有损坏，立即向项目经理报告，由项目经理与责任方协调解决。

e）使用的人字梯、高凳的下脚要用麻布或胶皮包好，以防止滑倒和碰坏已施工完成的电缆和支架等。

f）隧道内土建附属设备安装阶段，特别是收尾、竣工阶段的成品保护工作尤为重要，必须制定成品保护方案并采取保护措施后进行作业。

（4）雨季施工措施。

1）总体措施。

a．与当地气象部门加强联系，掌握天气变化情况，及早做好防雨、防汛准备工作，在雨季前做好现场施工排水系统准备并保证畅通，准备足够数量的排水泵、防雨塑料布、彩条布、雨衣、防滑鞋等。

b．施工现场所有机械设备及配电装置在雨季前进行全面检查，保证其有可靠的防雨避雷接地设施，并进行接地电阻测定，在高处的建筑物、施工机械、脚手架等加装防雷设施。所有机械棚要搭设严密，防止漏雨。机电设备采取防雨防淹措施，并定期检查线路绝缘情况。

c．大雨后需对现场环境、施工道路、库房、办公室、搅拌机、工具房、材料库等进行全面检查，确认无沉陷和松动后方可使用。

d．注意重型机械、吊装机械运输线路的加固和防护，防止因雨塌陷而影响后续施工。

2）雨季材料运输。

a．施工车辆要性能良好，并选择具有丰富驾驶经验的司机驾驶。

b．尽量选择天气情况较好的时候运输材料，如果必须在雨天运输，运输车辆应装防滑链，并对路面采取铺垫碎石等方法进行防滑。遇有危险的路段，驾驶员有权拒绝进行驾驶。

c．所有材料运至工地后及时卸货，按规定的地点堆放，并采取防雨措施，应尽量减少野外存放时间，运输车辆卸货后尽快离开现场。

3.3.3 电缆敷设前准备

1. 人员组织

（1）电缆敷设应根据工程量和施工环境合理安排施工，具体施工人员组织见表 3-11。

表 3-11　　劳动力组织情况表

序号	岗位	数量（人）	职责划分
1	现场总指挥	1	负责现场组织、工器具调配、关系协调等工作
2	技术负责人	1	负责现场的敷设技术指导把关工作
3	质量负责人	1	负责现场的质量监护和检查工作

续表

序号	岗位	数量（人）	职责划分
4	安全负责人	若干	负责现场的安全监护和检查工作
5	起重人员	若干	负责设备吊装工作

（2）电缆敷设其他人员配置情况。根据工程量、条件和施工环境合理安排一次电气安装工、电焊工、试验工、货车司机、辅助工等各若干人。

电缆敷设关键点说明：根据现场勘查及施工总平面图，初定电缆敷设的路径图以及电缆敷设方向、工机具布置位置、关键点人机配合的详细分工安排。电缆敷设主控箱处安排1人，工作井处安排2人监控，每台输送机处安排1人，隧道内每隔40～50m安排1人，隧道转弯处安排1～2人进行监控，并安排2～4名施工人员操作放线装置（电缆线盘处）、对讲机或无线电话沟通进行电缆敷设。

（3）电缆敷设施工各设备及关键部位监管人员计划分布见表3-12。

表3-12　　　　各设备及关键部位监管人员计划分布表

工作部位	数量（人）	主要作用
电缆线盘处	2～4	控制线盘转动情况，刹车
隧道井口处	2	监护电缆行进情况，防止电缆硌伤、划伤等
主控箱处	1	随时控制启停输送机
每台输送机处	1	控制并检测输送机及附近滑轮运行情况
电缆端头处	4	控制电缆端头行进方向，确保电缆准确导入输送机及滑车
路径拐弯处	1～2	监护转弯滑车运行情况

说明：以上人员安排数据仅供参考，实际工器具及人力配置以施工单位施工组织设计方案为准。

2. 施工器具布置

（1）敷设机具整体布置。

1）根据电缆质量、允许牵引力、侧压力和各段电缆盘长等因素进行计算，确定电缆输送机布置方案，根据电缆分段长度、地面交通状况及空间选定最优放线点，进行输送机、电动滑轮、环形滑车、滚轮、导向轮、拖地滑车、线滑车及架管组等装置布置安装，要求考虑施工时电缆维护方便及运行安全性，敷设机具布置如图 3-40 所示。

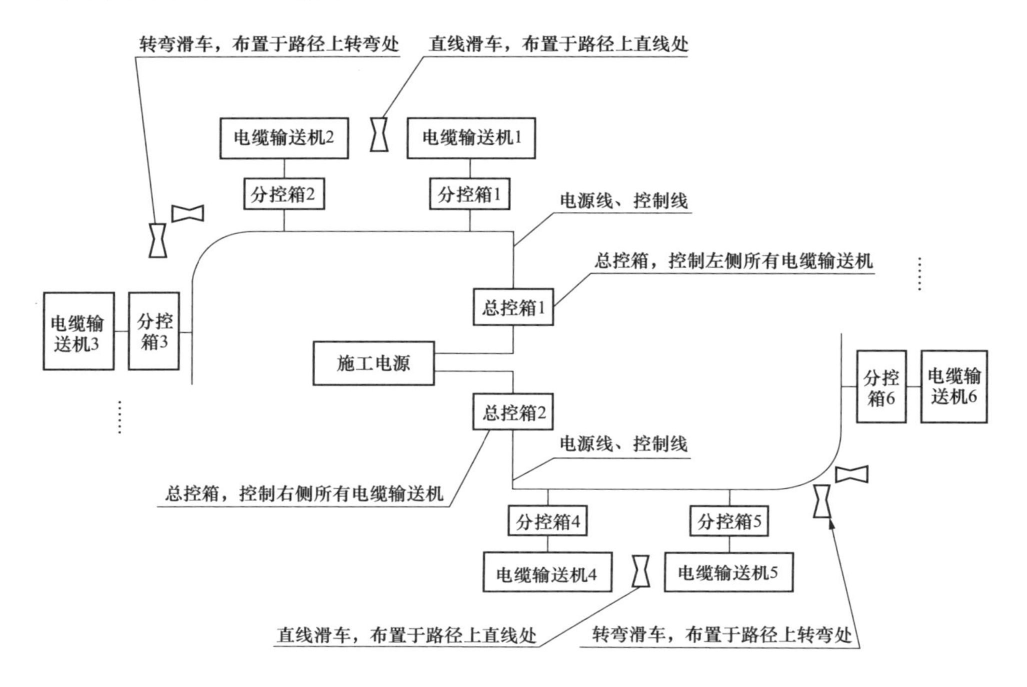

图 3-40　敷设机具布置示意图

2）电动滑轮配置。

a．动力导轮 5m 设置 1 台，也可减少到 6m 设置 1 台。

b. 控制分站，控制分站下设每组为 10 台导轮，分站可单独控制 50 只导轮，也可与总控联动或摇控联动，每千米电缆输送配置 3 只分控站。

c．联动控制系统由供电电源、总控箱、分控箱 1、分控箱 2、分控箱 3、主动放线装置等组成。总控箱控制各个分控箱，分控箱直接驱动电缆输送机、电动辊轮。主动放线装置根据电缆输送机的张力输送电缆。联动控制系统还配置了有线广播和对讲模块，可及时沟通和处理施工中的问题。同时还添加了整个施工现场的无死角、不间断的视频监视系统，便于管理和施工状态信息保存。

d．电缆：①输送机插座电缆 40 根；②100m 接入主电缆（$10mm^2$）1 根；③300m 连接主电缆（$16mm^2$）4 根。

e．水平转弯位采用转弯滑轮组，应满足电缆弯曲半径敷设要求，如图 3-41 所示。

（a）　　（b）

（c）

图 3-41 滑轮组敷设布置图

（a）电缆转弯处转弯滑轮组敷设；（b）电缆隧道水平滑轮组敷设；（c）电缆隧道水平滑轮组敷设

（2）放线平台布置。电缆盘和卷扬机分别安放在隧道入口处，并搭建适当的脚手架，用于电缆输送机、滑轮、滚轮支架的安装。电缆敷设时电缆主动放线架主动放线，通过电缆输送机动力牵引，再过电缆井口滑车，输送电缆至电缆竖井电缆盘架设方案如图 3-42 所示。

1）由于电缆盘较高，架起电缆盘底距地面 20cm，为了使敷设机的用力方向与电缆平行，敷设机必须固定在专门搭设的坡形架子上。另外电缆盘主动放线设置“刹车”装置和自动张力离合器进行刹车控制。

2）脚手架：电缆敷设时，施工人员站立施工使用。脚手架平台严禁超过 1500kg 的承载；做好脚手架的材料准备；做好脚手架脚底基础处理，检查脚手架整体稳定性，验收合格后进行下道工序施工。

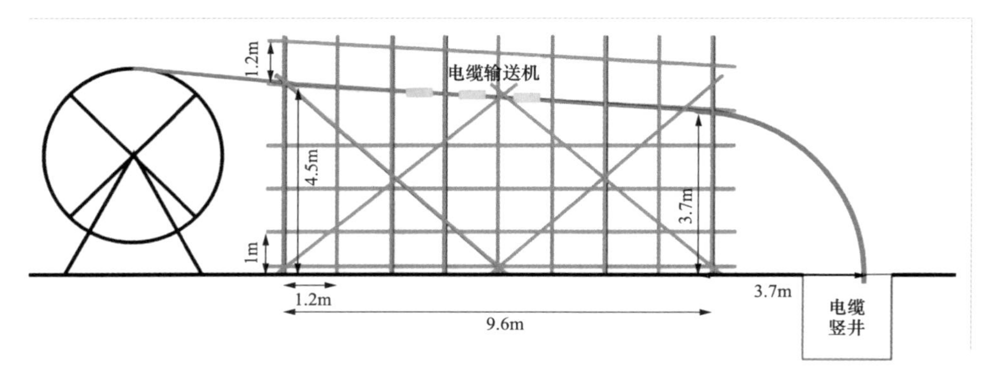

图 3-42　电缆盘架设方案

3）钢管表面应平直光滑，不应有裂缝、结疤、分层、错位、硬弯、毛刺、压痕和深的划道；钢管外径ϕ45mm，壁厚、端面等的偏差应符合规范的规定；钢管必须涂有防锈漆；旧扣件使用前应进行质量检查，有裂缝、变形的严禁使用，出现滑丝的螺栓必须更换；新、旧扣件均应进行防锈处理。

4）扣件在螺栓拧紧扭矩达 65N·m 时，不得发生破坏；做好脚手板、钢管、扣件等周转料的备料工作，保证施工进度不受影响。

5）工作井引入，端部使用牵引端和防捻器。牵引钢丝绳如需应用葫芦及滑车转向，可选择隧道内位置合适的拉环。用输送机敷设时，要根据电缆自重及敷设现场情况综合计算、合理布置电缆输送机。

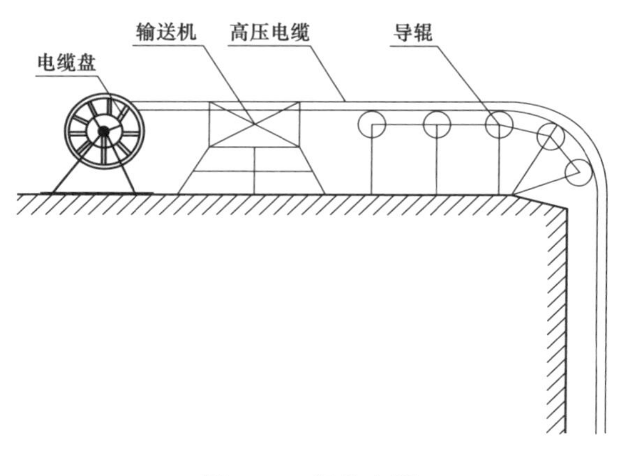

图 3-43　竖井布置

6）电缆敷设工作井垂直落差较大时，应根据电缆本体质量计算结果，在工作井口前，放线架的放线侧架设电缆输送机。现场实际竖井布置图如图 3-43 所示。

7）在电缆盘处、电缆隧道内搭建电缆放线支架，放线支架要求平稳、牢固可靠。安装井口滑车，井口滑车与井圈牢固固定，避免坠入井下。搭建好的放线支架和井口滑车的布置位置应满足电缆弯曲半径要求。

8）全部机具布置完毕后，应进行联动同步试验，确保敷设系统正常。

9）牵引机、电缆输送机、电气控制系统全部安装好后应进行调试，确保所有输送机能够联动同步运行。

（3）电缆输送机、环形滑车布置。

1）电缆敷设施工过程中采用牵引机并辅助使用电缆输送机、电动滑轮进行电缆敷设施工。局部可利用电缆输送机，其他部分可使用电动滑轮，电缆拐弯处使用转弯滑车，井口处使用环形滑车或井口滑车。电缆输送机、电动滑轮可用于输送直径为$\phi 60$～$\phi 180$mm的电缆，输送速度6m/min，对电缆径向夹紧力可自行调整，最大夹紧力根据敷设电缆侧压力及牵引力计算数据选择配置，电缆输送机架设如图3-44所示。

2）在每个电缆井内设置电缆输送机，同时设置1个集控台，可以统一由集控台控制，也可在分机单独控制。根据电缆路径，在竖井处，放线轴处及直线段设分机，并在拐弯处加装滑轮，设专人操作指挥，同时对电缆路径中可能出现卡阻、划伤电缆的地方事前进行妥善处理，避免划伤电缆。

图3-44 电缆输送机架设

3）在电缆盘位置布置自适应环形滑车，来控制电缆的定向敷设运行。在弯度特别大的直角弯，要多加转角滑轮平滑过渡，在直角弯处采用转角滑轮不少于6个，将急弯角度分解，以保证敷设过程中尽量增大电缆的弯曲半径，使电缆转弯过渡平滑、自然。转弯处把滑轮用枕木牢固地固定在一起，枕木支撑在电缆支架上又与其固定，在支架上再用角钢通过铁丝固定枕木和滑轮或者采用搭设脚手架的方式固定，固定到完全可以支撑牵引电缆的安全力度，环形滑车架设如图3-45所示。

4）敷设机具布置。一般每隔30～100m放置1台电缆输送机，每隔3～4m放置1个电动滑轮（以电缆不拖地为原则），在敷设路径转弯、上下坡等地方应增加电缆输送机，并加设转弯滑车，在比较特殊的敷设地点，应该根据具体情况增加电缆输送机。

图 3-45　环形滑车架设

（4）拖地滑车布置。在电缆拖移的路径上全部布设滑轮，直线部分每隔 3～5m 设 1 个平滑轮，电缆进隧道处以及转弯处固定使用转角滑车，保证电缆不受划伤，转弯滑车布置如图 3-46 所示，电缆直行滑车布置如图 3-47 所示。

图 3-46　转弯滑车布置

图 3-47　电缆直行滑车布置

（5）电缆敷设架管组的布置。

1）电缆敷设前，在电缆盘处搭建电缆放线架管组，架管组要求平稳、牢固可靠。电缆敷设架管组的布置如图 3-48 所示。

2）电缆敷设前，在线路拐弯处、高低落差处或其他必要地方搭建架管组用于固定各类滑车，架管组要求平稳、牢固。线路拐弯处布置如图 3-49 所示，高低落差处布置如图 3-50 所示。

图 3-48 电缆敷设架管组

图 3-49 线路拐弯处

图 3-50 高低落差处

3）敷设路径转弯处，加装转弯滑车，必要时用架管组固定转弯滑车，确保转弯滑车牢固、可靠。

4）电缆由开关站进入夹层敷设时，侧压力随着进入井内部分的长度增加而迅速增大，在受力最大的转向位置安置导辊组，这样电缆由点受力改善为均匀的圆弧受力，减少侧压力。

（6）附属设备的布置安装。

1）对电缆竖井、电缆通道、电缆隧道进行通风条件，可采取自然通风或机械通风。

2）通信系统安装与调试。在电缆盘、牵引端、转弯处、隧道进出口、终端、电缆输送机及控制箱等关键部位设置载波电话，载波电话应由同一电源供电，调试载波电话（其他通信设备）保证通信畅通。因为有时山体对无线信号有屏蔽作用，在对讲机通话效果不好的情况下，解决措施：采取对讲机与载波电话结合使用。为电缆盘、入井口、输送机主控及分控箱等关键部位的施工人员配备内部通话系统，以保障通话信息传递的有效性，每台输送机看管工作人员配备一台对讲机。

3）安装临时施工动力电源及照明。根据计算的临时施工电源方案进行临时施工动力电源安装。确保施工路径中各处电源接入口（各处电源功率不小于15kW、AC 380V）；高压电缆出线洞部分，不少于3处电源接入口（各处电源功率不小于15kW、AC 380V）。

3. 电缆进场测试

（1）出厂前检验。

1）出厂检验必须包括绝缘厚度、轧纹深度、轧纹节距、金属保护层厚度、护套厚度电缆包装等。

2）最重要的三个指标是导体电阻（20℃的）、局部放电试验、耐压试验。

（2）进场检验。因500kV电缆盘具有尺寸大的特点，需结合电缆敷设机具承载力酌情选择放线场地，放线场地较少时电缆行进距离较长，较多时需进行多次转场，需结合现场情况综合考虑。一般来说，500kV电缆敷设场地位于城内，确定场地后需及时办理前期占道及清除绿化手续。

电缆进场后，监理应进行开箱查验，验收过程需按到货验收卡逐项进行，并见证施工单位的测试、试验，对重点关键工序管理应旁站，查验内容：

1）出厂文件（包括产品合格证、检验报告单、发货单据、电缆型号、规格、长度）应符合订货要求，附件应齐全。

2）电缆外观无扭曲、无破损、无异常鼓包及烧焦粒子；电缆封端应严密。当外观检查有怀疑时，应进行受潮判断或试验。

3）检查电缆外保护层、内绝缘体、线径、电缆标志等，监理检查完，按要求进行相关取样。

4）测试：包括外观检查和绝缘测试、直流耐压试验及泄漏电流测量。

3.4 电缆敷设施工

3.4.1 电缆敷设前应具备条件

（1）土建工程应具备下列条件。

1）土建进度要求：电缆敷设线路上的土建应在电缆敷设前完成，并具备电缆敷设安装及运输条件。

2）预留孔洞、预埋件符合设计要求，预埋件安装牢固、强度合格。

3）电缆沟、隧道、竖井及人孔等处的地坪及抹面工作结束，电缆沟排水畅通、无积水。

4）电缆沿线模板等设施拆除完毕。场地清理干净、道路畅通，沟盖板齐备。

5）架电缆用的轴辊、支架及敷设用电缆托架准备完毕，且符合安全要求，电缆沿线照明照度满足施工要求。

（2）设备安装应具备下列条件。

1）变配电室内全部电气设备及用电设备配电箱柜安装完毕。

2）电缆桥架、电缆托盘、电缆支架及电缆保护管安装完毕，并检验合格。

3）电缆支架化学螺栓施工固化时间满足电缆敷设要求，电缆支架化学螺栓施工温度要求见表 3-13。

表 3-13　　电缆支架化学螺栓施工温度要求

安装基材温度（℃）	固化时间
−10～−6	5h
−5～−1	3h
0～4	40min
5～9	20min
10～19	10min
20～40	5min

3.4.2　电缆敷设范围及敷设方式

1．电力电缆施工敷设适用范围

适用于电压等级 500kV，截面积 800～3500mm^2 电力电缆。

2．电缆敷设方式

电缆敷设是指沿经勘查的机具布放、安装电缆以形成电缆线路的过程。根据电缆敷设现场情况，500kV 电缆一般采用电缆沟或电缆隧道敷设、电缆桥架敷设、墙壁敷设等几种敷设方式。合理选择电缆的敷设方式对保证线路的传输质量、可靠性和施工维护等都是十分重要的。电缆敷设示意图，如图 3-51 所示。

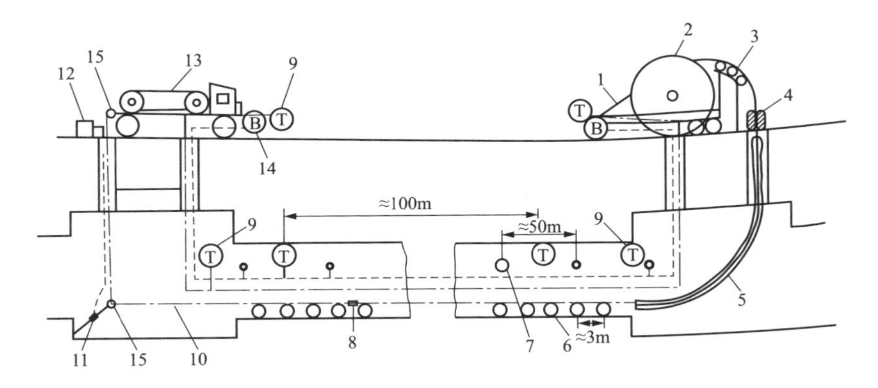

图 3-51　电缆敷设示意图

1—电缆盘制动装置；2—电缆盘；3—上弯曲滑轮组；4—履带牵引机；5—波纹保护管（过渡管）；6—滑轮；7—紧急停机按钮；8—防捻轮；9—电话；10—牵引钢丝绳；11—张力感受器；12—张力自动记录仪；13—卷扬机；14—紧急停机报警器；15—开口葫芦

（1）电缆沟或电缆隧道敷设。电缆隧道敷设指电缆敷设于专门的电缆隧道内桥架或支架上，电缆隧道内可敷设大量电缆，散热性好，便于维护检修。可容纳电缆数量较多，有供安装和巡视的通道、全封闭的电缆构筑物为电缆隧道，其断面示意图如图 3-52 所示。

图 3-52　电缆隧道内敷设示意图

1）电缆隧道敷设施工特点。

a．施工方法采用电缆输送机为主和牵引为辅展放电缆，能有效分散电缆敷设时的牵引力，控制侧压力，防止电缆展放过程中对电缆造成机械损伤。

b．在电缆牵引头与牵引绳之间串联防捻器，及时消除了钢丝绳或电缆的扭转应力，避免损坏电缆结构以及对施工人员造成伤害。

c．在电缆就位时通过调整电缆位置随时调整蛇形波幅，有利于控制电缆蛇形敷设工艺，确保施工快速、高效。

d．每台电缆输送机处装设分控箱，敷设中总控箱和分控箱均设专人控制全线电缆输送机的启动、停止和输送方向。分控箱处设跳闸按钮，紧急时刻，可使全线电缆输送机停止工作，保证施工安全。

e．全线采用调频载波电话或步话机等进行通信，信息畅通，实现电缆敷设工程的统一指挥。

f．此方法特别适合大截面积、大长度电缆或电缆在转弯多、坡度大的环境下敷设，能够提高工作效率，保证电缆敷设质量，同时能有效保护原有运行电缆的运行安全。

2）电力电缆敷设要求。

a．通道地面应尽量平坦，排水沟方向应有不小于 0.5%的坡度，而排水沟集水井应有 0.3%～0.5%的坡度。

b．隧道与厂房（或变电站连接处）以及长距离隧道中，每隔 100m 应设带门的耐火隔墙。

c．隧道应尽量实行自然通风。当电缆的电力损失超过 200W/m 时，应实行机械通风；隧道施工独头掘进长度超过 150m 时应采用机械通风；通风方式应根据隧道长度、断面大小、施工方法、设备条件等确定，主风流的风量不能满足隧道掘进要求时，应设置局部通风系统。

d．隧道施工通风应能提供洞内各项作业所需要的最小风量，风速不得大于 6m/s；供应每人的新鲜空气不得少于 $3m^3/min$；全断面开挖风速不得小于 0.15m/s，导洞内不得小于 0.25m/s。

e．为避免外护套破损，施工负责人应加强教育和交底。

①对电缆敷设经过的路径进行检查，处理尖锐棱角。

②检查拐角处墙体是否平滑，对于夹角部位采取包裹胶皮板、波纹管与夹

角固定。

③对电缆支架边角采取软包裹方式，电缆支架加装防护装置示意图如图3-53 所示。防止电缆碰触边角，划伤电缆外护套层，电缆隧道的敷设安装如图3-54 所示。

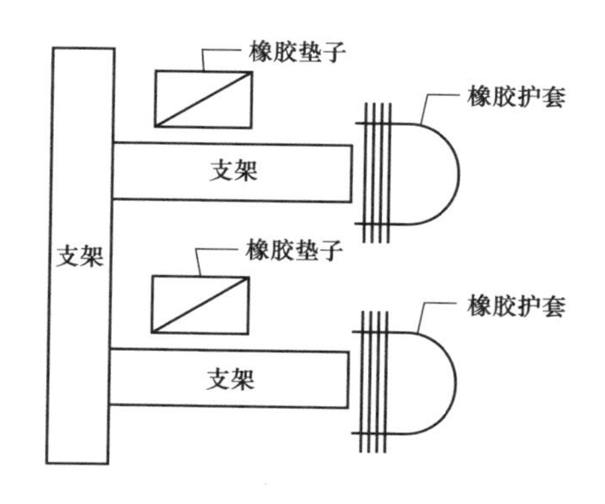

图 3-53　电缆支架加装防护装置示意图

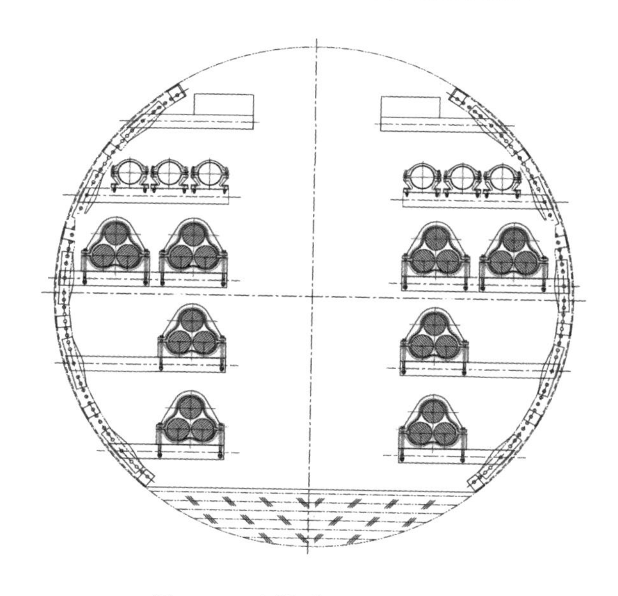

图 3-54　电缆隧道的敷设安装

④敷设前清理干净路径上的尖锐物，敷设时控制牵引力，防止力量过大损伤绝缘层，同时要在电缆转弯处加强监护，发现异常立即叫停。

⑤施工时一旦发生磕碰要立即上报负责人并做好记录，由负责人安排专业

人员进行修补。

（2）工井电缆敷设。工井电缆敷设示意图如图 3-55 所示。

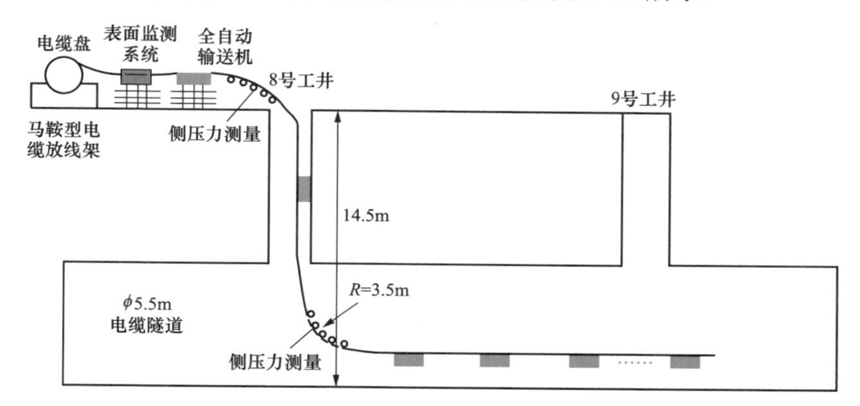

图 3-55 工井电缆敷设示意图

（3）高落差竖井，大蛇形、大长度电缆敷设。

1）首先根据现场，沿竖井及平洞两侧边墙布置节能灯。

2）梯架焊接。制作焊接宽度为 500mm 的梯架，梯架悬搭在竖井内侧部位墙壁电缆支架上，梯架边柱是 30mm×50mm 的矩形方钢，短横撑是 30mm×40mm 的矩形方钢，整体采用双面焊接，焊缝连续，焊接牢靠。梯架主要承受操作人员向下的重力，受力校核如下。

梯架最大受力为

F=G（操作人员重）+G_1（倒链等工器具重）=（75kg×1+5kg）×10N/kg=800N

抗弯计算为

$$W_y\text{（截面模数）}=3.782\text{cm}^3=3782\text{mm}^3$$

$$L=460\text{mm}$$

$$M=F\times L=800\times 460=368\ 000\text{N}\cdot\text{mm}$$

$$\sigma=M/W=97.3<[\sigma]=215$$

故所选用矩形方钢满足承重要求。

3）机具布置（以 ZC-YJLW03-Z-300/500kV-1×800mm^2 电缆为例，竖井落差为 90m）。放线盘架放置在电缆敷设路径处，电缆上平洞根据敷设路径及高落差竖井的距离设置电缆输送机至少 3 台，其中高落差竖井口 1 台搭建平台电缆输送机垂直设置，电缆输送机进线口电缆敷设路径转弯处搭建导向滑轮，其他 2 台电缆输送机间隔 5m 放置一台，竖井通道空间较大时，间隔 15m 可在井壁布置一台电缆输送机；竖井空间较小时，每间隔 14～15m 采用土建制作空洞方式，使电缆输送机能够内嵌安装在井壁。竖井布置的电缆输送机每 7m 设置 1 个框架滑轮。

电缆的质量为 25kg/m，重力加速度取 10N/kg，竖井为 90m 电缆的总重力为

$$25kg/m\times 90m\times 10N/kg=22\ 500N$$

根据电缆厂家提供的输送机基本配置，JSD-8 型电缆输送机，电缆输送机的出力为 8000N，也就是说电缆输送机夹紧电缆后产生的摩擦力是大于等于 8000N 的，这样就能算出所需电缆输送机的台数为

$$22\ 500/8000=2.812\ 5\text{（台）}$$

即 3 台电缆输送机就能满足要求，但考虑到每台电缆输送机的夹紧力（摩擦力）虽然能够达到 8000N，但由于一些其他原因（如电压不足等），每台电缆输送机的实际出力可能不能达到 8000N。而敷设电缆时竖井内可能需要倒车，所以在电缆输送机的实际选用考虑 0.5 的系数，经计算得出需 6 台电缆输送机，即每隔 14～15m 需布置 1 台电缆输送机，框架滑轮每 7m 设置 1 个。实际电缆敷设时，为保证施工安全，可根据现场在适当位置增加电缆输送机数量，同时在竖井的最上层密集布置 2 台输送机。

4）500kV 高压电缆敷设。500kV 高压电缆安装采用从上往下的方式敷设。电缆最小弯曲半径动态时大于或等于 $20D$=3.0m、静态时大于或等于 $15D$=2.4m。电缆敷设前需完成对输送机的调试工作，确保输送机的同步性及电源可靠性。

a．竖井深处对无线信号有屏蔽作用，在对讲机通话效果不好的情况下，解决措施。

①对讲机与有线电话结合使用。

②为电缆盘、入井口、输送机主控及分控箱等关键部位的施工人员配备内部通话系统，以保障通话信息传递的有效性。

b．高落差竖井机具联动、同步性保障。

①每台输送机看管工作人员配备一台对讲机，敷设负责人持对讲机随电缆牵引头前进，缆盘监管持对讲机负责缆盘与电缆上平洞段输送机附近电缆安全，敷设沿线巡查持对讲机。

②其余对讲机分发给各输送机操作员，负责其段位电缆敷设安全。电缆盘

的转动必须持续控制并不间断检查。

③在解缆、放缆和停止时，各负责人必须随时检查电缆盘上电缆的松紧程度，以及了解现场情况，并做安全防护措施。

④牵引速度按 6m/min 的持续速度。

⑤在电缆头处安排 6 名辅助工、2 名技工和 1 名负责人，负责跟随和引导电缆前进。

⑥由总负责人执行输送机的前进、停止和倒退。

⑦沿着电缆路径安排巡查人员 3 名（分别是地下段巡查、竖井段巡查、缆盘与电缆上平洞段巡查），电缆路径上的任何难点，特别是在拐角处检查电缆在辊轮上的行进情况，使其保持正确的方向和位置，防止电缆与墙壁或金属支架摩擦，避免非正常情况的发生。

⑧电缆的弯曲半径必须始终大于 3m。每台输送机均需 1 名专职人员看守，负责检查电缆行进和前后的情况，发现问题及时汇报，排除可能出现的电缆损伤和外护套摩擦。

⑨总负责人确保全电缆路径有一个好的放缆条件，一旦在放缆过程中被告知发生问题，需前往情况地点指挥排除问题（如重新设置滚轮等），另需重新发令开始牵引。

⑩竖井电缆上架顺序为从竖井底部开始，有 3 人进行配合安装，根据电缆固定的实际情况，协助人员通知主控，进行电缆弧度调整。

⑪另 2 人在平台上协助，递给夹具底座，进行底座安装，完成后，登梯人员，利用倒链把电缆打入电缆夹具底座内，调整好底座角度，进行夹具紧固，完成电缆固定工作。然后拆除梯台，进入下一层安装。

⑫电缆敷设时必须有专人在电缆端部导向监护，以使电缆始终在预先布置的滚轮上滑行。

⑬敷设过程中，电缆竖井内的整个电缆段都必须有专人监护，防止输送机与电缆的行进速度不一致而导致电缆在竖井内折弯，同时监视受力情况及输送机是否有滑动现象。

5）蛇形固定。电缆敷设到位后，立即进行电缆固定。首先固定竖井底部的第一个电缆卡，然后依次往上固定竖井内所有电缆卡。竖井电缆卡固定完毕后，分两头分别固定电缆层及电缆平洞层的电缆卡。

电缆固定必须保证电缆在电缆支架上呈蛇形布置，如图 3-56 所示。水平段的蛇形调整靠人力即可完成。水平蛇形一个完整波长 5.0m，波幅 200mm。

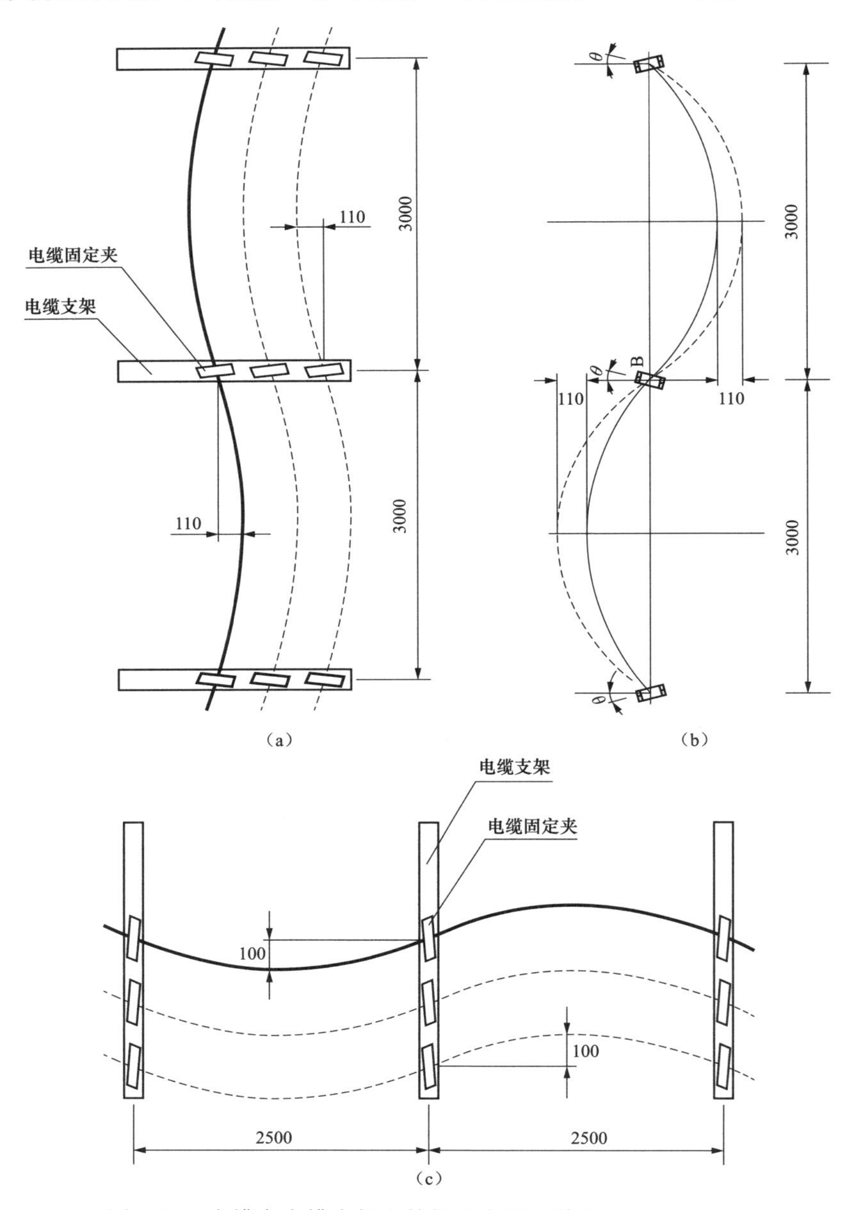

图 3-56 电缆在电缆支架上的蛇形布置（单位：mm）（一）

（a）电缆蛇形垂直固定；（b）电缆蛇形垂直固定波幅；（c）电缆蛇形水平固定

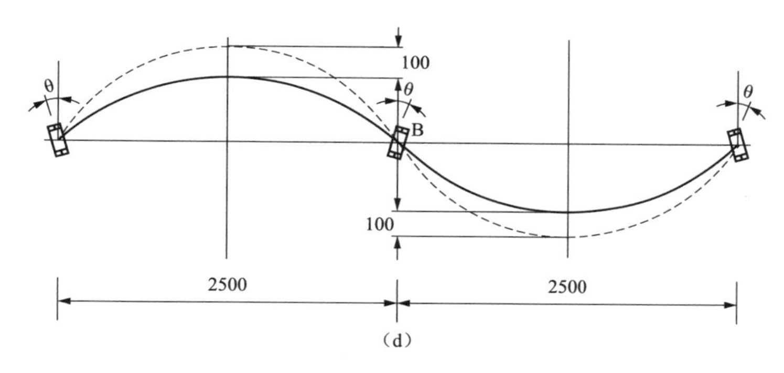

图3-56 电缆在电缆支架上的蛇形布置（单位：mm）（二）

（d）电缆蛇形水平固定波幅

竖井内电缆的蛇形调整必须要制动机械配合，方可进行。当固定完毕竖井底部第一个电缆卡后，点动输送机，使电缆下移100～150mm，则竖井底部第二个电缆卡与第一个电缆卡之间的电缆自然成为蛇形，此时只需固定第二个电缆卡即可。后续电缆卡的固定依次进行。垂直蛇形一个完整波长6.0m，波幅220mm。

电缆蛇形固定完毕后，需预留足够的电缆长度（至少预留1个电缆终端制作长度），并在电缆过渡段采用刚性固定。

3. 输送机与控制箱通信方式

基于放线架和输送机的接口功能，结合测速装置，整个系统的同步联动控制，整个同步的方案有通过测试装置同步、放线架和输送机通信同步两种方案。

（1）测速装置同步方法。系统实现的原理：放线架和输送机在初始的状态下设置速度，然后放线架通过RS-485总线向测速装置发送读取速度命令，同时输送机对其数据进行监听，与放线架同时读取速度信息，然后将测量的速度信息和初始设置的速度进行对比，当速度一致时，保持速度恒定，同步控制示意图如图3-57所示。

（2）速度信息交换方法。系统实现的原理：输送机和放线架定义为主从机，由输送机发送相应的速度命令给放线架，放线架根据输送机的命令调整速度，实现同步。为确保现场施工安全，防止输送机电源线以及通信线对施工造成不便，电缆隧道中弧形支架与地面连接处有一条放线槽，将输送机电源线以及通信线放置槽内，当需要电源线以及通信线与输送机连接时，可直接从放线槽中

取线，避免人在行走过程中，对电源线以及通信线造成损害，保证整个系统的同步联动控制安全可靠，放线槽示意图如图 3-58 所示。

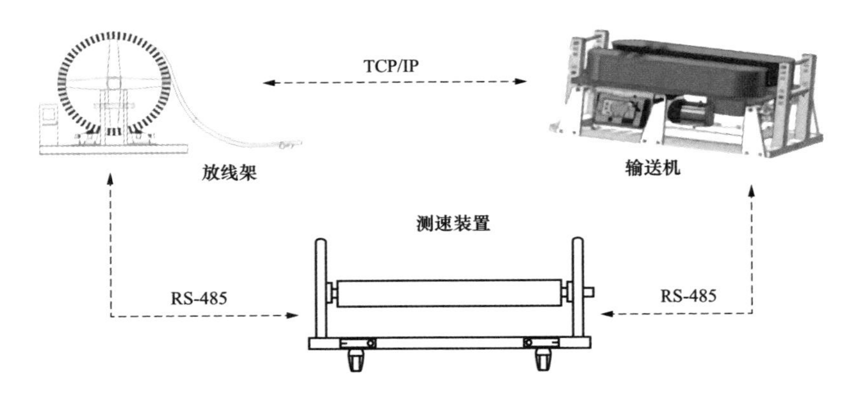

图 3-57　同步控制示意图

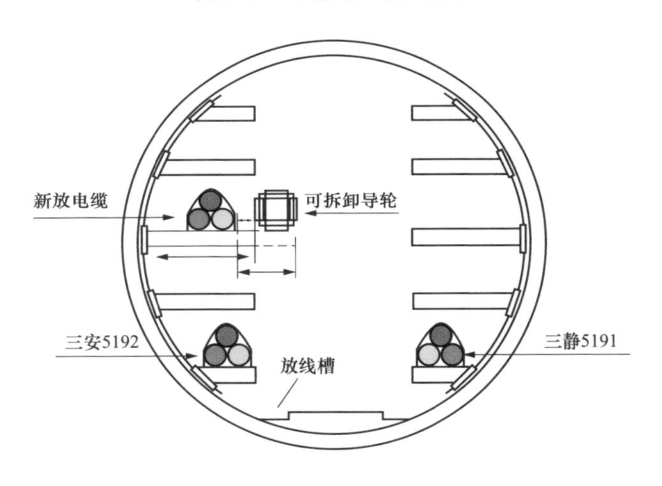

图 3-58　放线槽示意图

同时，为了确保电缆安全敷设，对于输送机设置了软硬件双层保护机制，具体保护机制如下。

1）软件保护机制：输送机总控平台上设置有停机按钮，当总控平台上的控制人员接到下面现场人员停机要求，通过操作软件平台上停机按钮，实现对电缆敷设线上所有输送机的停机，确保电缆敷设安全。

2）硬件保护机制：当现场人员发现电缆敷设过程中的危急状态，与总控人员又无法有效通信，此时按下分控箱的急停按钮，急停信号通过控制线传递

到各个分控箱，实现对串联回路上所有输送机的停机，确保电缆安全敷设，输送机硬件急停原理示意图如图 3-59 所示。

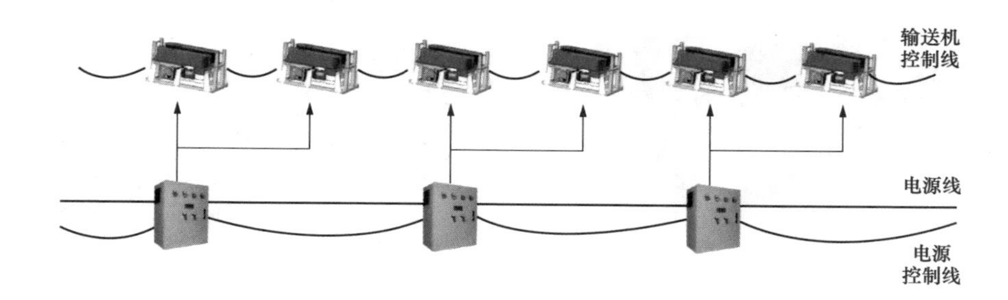

图 3-59 输送机硬件急停原理示意图

4. 电缆固定

垂直敷设或超过 30°倾斜敷设的电缆，水平敷设转弯处或易于滑脱的电缆，以及靠近终端或接头附近的电缆，都必须采用特制的夹具将电缆固定在支架上。其作用在于把电缆的重力和因热胀冷缩产生的热机械力分散到各个夹具上或得到释放，使电缆绝缘、护层、终端或接头的密封部位免受机械损伤，其固定方式有挠性固定和刚性固定。

电缆挠性固定：允许电缆在热胀冷缩时产生一定的位移的电缆固定叫挠性固定。电缆蛇形敷设可采取挠性固定，即将电缆沿平面或垂直部位敷设成近似正弦波的连续波浪形，在波浪形两头电缆用卡具固定，而在波峰（谷）处电缆不装卡具或装设可移动式卡具，在其余部位每米用尼龙绳绑扎一次，使电缆能够小范围自由移动，以减小电缆内的应力。

电缆刚性固定：采用间距密集布置的夹具将电缆固定，两个相邻夹具之间的电缆在重力和热胀冷缩作用下被约束而不能产生位移的固定方式称为刚性固定，适用于截面积不大的电缆。当电缆导体受热膨胀时，热机械力转变为内部压缩应力，可防止电缆由于严重局部应力而产生纵向弯曲。

（1）电缆上架。电缆上架前，先在支架上安装高压电缆蛇形波幅的辅助滑轮，当电缆垂直蛇形波幅时，需要回拉电缆，电缆在辅助滑轮上滑动，减少在支架上的摩擦力，防止外护套刮伤。辅助滑轮如图 3-60 所示，电缆上支架如图 3-61 所示，辅助滑轮在支架安装图如图 3-62 所示。

图 3-60　辅助滑轮

图 3-61　电缆上支架

电缆在隧道地面电动滑轮牵引到位后，采用电缆上架提升装置，将电缆提升至第二层支架上，电缆上架提升如图 3-63 所示。

图 3-62　辅助滑轮在支架安装图

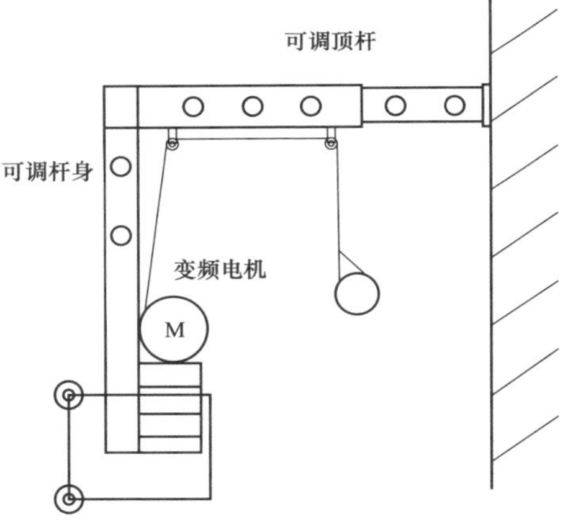

图 3-63　电缆上架提升

（2）电缆蛇形波幅。

1）电缆在电缆沟或隧道敷设时应采用蛇形布置，即在每个蛇形弧的顶部把电缆固定于支架上，靠近接头、终端部位用夹具刚性固定。

2）三相品字垂直蛇形布置时，除在每个蛇形弧的顶部把电缆固定于支架上外，还应每隔 1m 用具有足够强度绑扎带绑扎。

3）一般情况下，500kV 高压电缆蛇形波幅施工允许误差为–10～0mm，纵向蛇形敷设适用于支架间距为 4.8～5m 隧道内电缆敷设，以 4.8～5m 为一蛇形节距，每 4.8～5m 设置一个非固定夹具，每 20m 设置一个固定夹具，每 40m 为蛇形的起始和终止两端都需设置四个三芯固定夹具，安装于两支架间的钢板上，若布置固定夹具位置和电缆接头位置缺少支架，则应补充安装，对于特殊情况下的工程量以实际施工为准。

4）现场以 6 个蛇形波幅为 1 组，按照设计图纸波幅尺寸，蛇形波幅工具顶推到位，更换波幅定位工具定位，防止回弹，待 6 个波幅完成后，按顺序 123 拆除定位工具，同步安装电缆固定夹具，复测蛇形波幅尺寸（2 人分别在蛇形固定点拉直线，蛇形波谷处人员再使用尺子测量数据，如图 3-64 所示），合格后继续按上述工序往下施工。

图 3-64　蛇形波谷处人员使用尺子测量数据

（3）电缆卡具安装。

1）卡具的选用。

a. 电缆卡具一般采用两半组合结构。用于单芯电缆的卡具，不得以铁磁材料构成闭合磁路。推荐使用铝合金或其他非磁性材料制作，应适宜 500kV 电缆敷设路径各种条件下的安装，其型式、形状和尺寸由电缆生产厂家根据电缆布置和安装设计决定，且便于电缆安装、拆卸和更换。

b. 电缆卡具应具有足够的机械强度，应满足运行、安装条件下和短路作用下承受的最大机械应力要求。

2）衬垫。

a. 衬垫在电缆和电缆卡具之间形成缓冲层，使得电缆卡具既夹紧电缆又不易夹伤电缆。过桥电缆在电缆卡具间加弹性衬垫，起减振作用。

b. 在电缆和电缆卡具之间应有乙丙橡胶和氯丁橡胶等材料做的胶垫，也可用电缆上剥下的塑料护套，胶垫放置在电缆固定夹正中后用螺栓锁紧。

3）常用电缆固定卡具。

a. 在电缆隧道、电缆沟的转弯处，以及在电缆桥架的两端采用挠性固定方式时，应选用移动式电缆卡具。固定卡具应由有经验的人员安装，宜采用力矩扳手紧固螺栓，松紧程度应基本一致，卡具两边的螺栓要交叉紧固，不能过紧或过松。

b. 电缆卡具的表面应光洁，无砂眼和气泡等缺陷。

4）电缆固定参照表 3-11。

5. 电缆敷设步骤

（1）电缆盘运至施工现场后，核对电缆型号、电压、规格、盘长、拆盘、检查电缆外观。

（2）首先，将绕有大长度 500kV 电缆的盘具，按敷设方案要求现场吊装，吊装时必须经过现场勘察及吊车选用计算。电缆盘安装至电缆放线架上。整体转运电缆盘时需使用专用平衡杠吊臂，吊装示意图如图 3-65 所示。

图 3-65　吊装示意图

（3）将电缆尾端固定在电缆盘上，电缆应从盘的上端引出，不应使电缆在支架上及地面摩擦拖拉。电缆上不应有外护套损伤的情况，避免使石墨层大面积损伤，并将大长度 500kV 电缆的防水牵引头与终端登陆点的绞磨机的牵引钢丝连接起来。

（4）通过自动可编程逻辑控制器（PLC）控制系统设置速度，与所述的主动放线架、电缆输送机的张力同步并匹配。

（5）启动绞磨机，借助张力放线舞蹈器的上下摆动，使大长度高压电缆依据恒定的张力，控制电缆放线架旋转速度及电缆输送机进给速度，并依次通过放线架导辊、张力放线舞蹈器，由电缆输送机（履带式或轮式）、导轮等装置导入电缆井，并穿入电缆隧道。

（6）电缆敷设时，卷扬机的启动和停车，一定要执行现场指挥人员的统一指令。

（7）电缆敷设时，关键部位应有人监视。高度差较大的隧道两端部位，应防止电缆引入时因自重产生过大的牵引力、侧压力和扭转应力。

（8）电缆敷设时，应注意保持通信畅通，在电缆盘、牵引端、转弯处、电缆输送机及控制箱等地方设置通信工具。

（9）电缆敷设过程中，电缆盘处设 1～2 名人员负责检查电缆外观有无破损，协助牵引人员把电缆牵引头从电缆盘上端引出，顺利送到井口下方，牵引至电缆输送机上。电缆入隧道井口如图 3-66 所示。

（10）将电缆导入井口下方的电缆输送机，操作分控箱启动电缆输送机，旋紧电缆输送机紧固螺杆使履带夹紧电缆。电缆在人工和电缆输送机的共同作用下向前输送，电缆到达下一台电缆输送机时，重复上述操作。

图 3-66 电缆入隧道井口

（11）电缆隧道井口转弯处设专人看护，防止硌伤电缆。

（12）对于长度比较短、质量比较轻的电缆，隧道平直敷设路径时，可采用机械牵引的方式敷设；隧道路径复杂，水平、垂直拐点较多时，应采用人工牵引并配合电缆输送机牵引的方式敷设。

（13）当盘上电缆剩约 2 圈时，应立即停机，在电缆尾端捆好绳，将电缆用人力缓慢放入井下，防止电缆坠落。

（14）电缆终端头预留安装余度 1～1.5m。中间接头处同相两条电缆一般重叠 3m 以上，作为接头安装余度。不同相电缆中间接头之间距离符合设计要求。

临时切除电缆余度后，应立即对电缆头部进行密封处理，电缆切断口套上配套的聚乙烯热缩管及热缩帽，采用热缩喷枪（汽油喷灯）对其进行加热、密封。必要时进行金属护套搪铅封金属帽，并做好标识，将相色带缠绕在电缆两端的明显位置。

（15）在敷设电缆工程时应结合实际的工程条件、环境因素、电缆类型、用途、供电方式、数量大小等方面进行判断，在敷设过程要将安全、维护、经济等要素考虑在内，这样才为使用后的日常维护提供方便。

（16）各种敷设方式都有其优缺点，取用何种敷设方式，由具体情况决定。一般要考虑城市规划、现有建筑物的密度、电缆线路长度、敷设电缆的条数及周围环境的影响等。

（17）电缆敷设完后，应及时制作电缆终端，如不能及时制作电缆终端，必须采取措施进行密封，防止其潮湿。

（18）单芯交流电力电缆敷设前后和附件安装前，应分别再次进行电缆外护层的绝缘电阻测试和直流耐压试验，电缆外护套的绝缘电阻不低于0.5MΩ/km。

（19）500kV 单芯电缆外护套施加 10kV 直流电压，试验时间 1min，不应击穿，如试验未通过，应及时找出电缆外护套破损点，并对破损处外护套进行绝缘处理，直到试验合格为止。

3.4.3 电缆敷设注意事项

（1）当电缆敷设过程中，遇到问题或紧急事故时，通过通信设备及自动同步急停装置进行停车，电缆盘制动装置系统动作控制电缆盘停止。

（2）自动同步控制电缆敷设过程中，电缆不能出现余度，否则立即停机、刹紧电缆盘制动装置，将余度的电缆采用单动控制拉直后方可继续敷设，防止电缆弯曲半径过小或撞坏电缆。

（3）当电缆脱离滑车时，操作电缆输送机人员在出线方向扶正电缆。发生异常情况马上按动跳闸按钮，及时向主控台负责人报告情况，主控台负责人允许后方可排除故障。

（4）电缆敷设结束，检查电缆密封端头是否完好，如有问题及时处理；检查电缆外护套是否损伤，如有损伤，采取修补措施。

（5）电缆隧道两侧应架设用于放置固定电缆的支架。电缆支架与顶板或底板之间的距离，应符合规定要求。支架上蛇形敷设的高压、超高压电缆应按设计节距，用专用金具固定或用尼龙绳绑扎。电力电缆与控制电缆应分别安装在隧道的两侧支架上，如果条件不允许，则控制电缆应该放在电力电缆的上方。

（6）电缆隧道内应装设贯通全长的连续的接地回流线，所有电缆金属支架应与接地线连通，电缆的金属护层单点直接接到电缆邻近设置的接地回流线。

（7）电缆敷设过程应统一指挥，电缆盘刹车处、转弯处、电缆输送机及控制箱处、牵引机处应设置专门的操作及看护人员，同时电缆盘处设专人检查电缆外观有无破损。采用电缆输送机敷设电缆时，在电缆牵引头处应配置人员进行牵引。

（8）电缆盘应配备制动装置，保证在异常情况下能够使电缆盘停止转动，防止电缆损伤。

（9）单芯交联聚乙烯绝缘电力电缆的最小弯曲半径应为20D（D为电缆外径）。根据电缆弯曲半径及牵引力计算侧压力，转弯处的侧压力不应大于3kN/m。

（10）敷设过程中，局部电缆出现余度过大情况，应立即停止敷设，处理后方可继续敷设，防止电缆弯曲半径过小或撞坏电缆。

（11）当盘上剩余约2圈电缆时，应立即停车，在电缆尾端捆好尾绳，用人力牵引缓慢放下，严禁电缆尾端自由落下，防止摔坏电缆和弯曲半径过小。

（12）部分电缆敷设不能直接敷设到位，需往长端敷设至隧道内，再往短端回拉到位。

（13）电缆就位应轻放，严禁磕碰支架端部和其他尖锐硬物。

（14）隧道、沟、浅槽、竖井、夹层等封闭式电缆通道中，不得靠近热力管道，严禁有易燃气体或易燃液体的管道穿越。

（15）电缆盘或空盘存放应立放，电缆盘的底部应使用楔形板紧紧楔入，以防电缆盘滚动伤人。

3.4.4 安全措施

（1）电源系统采用三相五线制。接电源时，两人操作，做到一人监护一人操作。

（2）隧道内临时照明电源电压应为36V，进入隧道人员配备手电等应急照明器材。

（3）要求施工人员穿工作服，戴安全帽，开工前必须进行技术交底。

（4）施工现场用临时围栏围成施工区域；井口四周装设围栏和安全警示标志，夜间施工井口处应装设警示灯；施工区域采取一个进出口，擅自移动及跨越围栏；在作业面内，设置区域安全警示牌；设置专人监护，对不文明施工行为，采取批评教育、警告及经济处罚相结合措施。

（5）每日施工完毕后，清理现场，保持设备区内干净、整洁。

（6）电源配电箱应接地良好，漏电保安器安装应符合要求，电缆输送机及控制箱应接地良好，在隧道内使用电源，遇潮湿结露地段导线接头必须用防潮接线盒，防止人员触电。

（7）作业前通风。进入管廊隧道内作业前，首先开通抽风机对隧道、工作井进行通风，保持空气通畅，施工前安排至少 2 名安全监护人同时进入隧道进行检查（检查项目：通风是否顺畅、正常照明和应急照明是否正常、隧道底部有无积水和渗水、对讲机通信是否通畅），并用四合一气体检测仪测量 4 种气体具体参数，满足施工条件方可进入现场，持续监测或定时监测，并应做好记录，4 种气体参数详细见表 3-14。

表 3-14　　4 种气体参数表

被测气体	测量范围	分辨率	精度	响应时间	报警值
可燃气（EX）	0%～100%LEL	1%	±5	≤15s	低报 20%，高报 50%
氧气（O_2）	0%～30%LOV	0.1%	±5	≤15s	低报 19.5%，高报 23.5%
硫化氢（H_2S）	$0～100×10^{-6}$	$1×10^{-6}$	±5	≤15s	低报 $10×10^{-6}$，高报 $20×10^{-6}$
一氧化碳（CO）	$0～1000×10^{-6}$	$1×10^{-6}$	±5	≤15s	低报 $50×10^{-6}$，高报 $200×10^{-6}$

（8）在工作井起重、运输重物时（如电缆输送机、转弯滑车等），使用机械吊装或人工吊装的方法，并采取保护措施，保证设备和其他附件完好。

（9）吊装电缆盘前，检查起重工具（如钢丝绳型号是否符合要求，钢丝绳套有无断股，轴承座及吊装环是否开裂等），吊装时起重臂下严禁站人，并设专人指挥。

（10）电缆凹型拖车水平就位，防止电缆盘偏向一侧受力，在电缆敷设中注意对运行电缆的保护，勿蹬踏、磕碰运行电缆。

（11）在设备区内搬运长物，应两人放倒抬运。

（12）隧道通风管沿线应每 50～100m 设立警示标志或色灯。

（13）敷设电缆过程中，主控箱处设专人指挥工作，保持通信畅通，如果失去联系应立即停止敷设，通信畅通后方可继续敷设，工作人员上下井时配备速差自控器。

（14）电缆牵引时，施工人员严禁在牵引内角停留；电缆输送时，严禁用手在滑车进线方向调整滑车或垫放东西；电缆输送机看守每人不能超过两台，重点部位一人一台，要经常检查，发生故障及时处理。

（15）电缆上、下支架时动作一致，防止电缆碰撞电缆支架。

（16）电缆外护套试验时，电缆对端专人看护，试验区域设好围挡，试验完毕对电缆放电接地。

（17）每天工作结束后清点人数，人员全部上井后盖好隧道井盖，无人看守时断开电源。

（18）电缆线路防火。

1）设备区内严禁烟火，爆炸和火灾危险环境、电缆密集场所可能着火蔓延而酿成严重事故的电缆线路，应按设计要求的防火阻燃措施施工。

2）电缆线路防火阻燃设施封堵部位应满足设计使用寿命，不应发生破损、散落、坍塌等现象。

3）隧道内动火必须履行动火手续，由专人监护，并配备消防器材，防火阻燃材料质量证明文件应齐全。

4）应在下列部位采用防火封堵材料密实封堵。

a．电缆贯穿墙壁、楼板的孔洞处。

b．电缆进入盘、柜、箱、盒的孔洞处。

c．电缆进出电缆竖井的出入口处。

d．电缆桥架穿过墙壁、楼板的孔洞处。

e．电缆导管进入电缆桥架、电缆竖井、电缆沟和电缆隧道的端口处。

3.4.5 环境保护措施及文明施工

1．环保措施

（1）施工前。

1）要文明施工，减小施工对环境的影响程度，保护生态环境，采取一切合理措施，避免污染、噪声等，保护工地及周围环境。

2）每个施工点应做到及时清理好施工现场废弃物，保证施工场地、材料站、生活驻地整齐有序。

3）施工队应配备有防虫、防毒等药品，工地用餐时间应按时进行，施工现场饮用水持续供应。

4）车辆运输应遵守交通规则，严禁超重、超载及带病行驶，大型机具材料的转场运输，安全员必须在场监护。

5）堆放材料应根据现场情况，选择合理布置方案，力求占地最少、搬运距离最近、对环境造成污染程度最小。

（2）施工中。

1）在工程施工中，要遵守国家环境保护等法规，搞好环保、防火等工作，不对当地环境造成破坏和影响。

2）在施工现场及驻地留宿人员不得乱扔废弃物，生活污水应定点排放，不应随地大小便，不应喧闹，搞好周围环境卫生，以保护环境卫生和安静。

3）工作中产生废弃物应回收统一处理，禁止乱扔乱放污染自然环境。

4）维护现场内外施工环境，落实地勤人员负责施工现场出入口处清洁卫生，保持通道及作业面畅通。

5）工人操作地点和周围必须一天清扫一次，保持清洁，做到工完料清，随时清运垃圾。

6）现场短料、废料及时收运归库，定点放置。

7）严格遵守社会公德、职业纪律，文明施工，严格控制噪声，妥善处理施工现场周边的公共关系。

（3）施工结束后：施工完毕后要清理场地，不能让铁钉、玻璃、石头、废钢丝钢线、机油等物品丢在场地上。

2. 文明施工

（1）施工组织设计中应有明确的文明施工要求，并经总工审核通过。

（2）施工用材料、设备等堆放合理，各种物资标识清楚，排放有序，并符合安全防火标准。

（3）施工所用机械、设备完好，标识清楚、清洁、安全，操作规程齐全，操作人员持证上岗，并熟悉机构性能和工作条件。

（4）施工临建设施完整，布置得当。

（5）施工设备材料堆放整齐，布置合理，施工人员统一佩戴安全帽，施工结束时应及时清场，做到工完、料尽、场地清。

（6）在施工中，广泛开展劳动竞赛，比质量、比安全、比进度、比团结、比遵守劳动纪律等活动，有实效，内容充实，有详细齐全的活动记录。

（7）项目经理要把文明施工与安全施工放在同等重要的位置上来抓，认真贯穿于施工全过程。

（8）工程项目的工序安排应合理、衔接紧密，使各工序配合得当，符合总工期要求，做到均衡施工。

（9）施工中，施工图纸、安装措施、施工记录、验收材料等各类资料齐全，技术资料归档准确，目录查阅方便，保管妥善，字迹工整。

3.4.6 电缆敷设施工案例

1. 工程概况

大渡河大岗山水电站500kV电缆工程，该工程线路长、落差大，单相电缆最长约950m，2个高差为185m的电缆竖井各设两回500kV 1×1000mm^2 XLPE 950m电缆，电缆外径168mm，质量28kg/m，电缆分别从地面开关站垂直布置（2.8m高）的GIS终端向下到7.5m高的GIS电缆层，回转预留余量后进入出线平洞（平洞坡度1%～2%）；电缆至（出）0+249.4m位置分两路后向两条落差185m的竖井敷设，6条电缆在竖井口由1160m高程向下至1156.5高程，再由1156.5m高程下面约1.2×1.5m的洞口进入竖井；电缆由竖井向下至975.6m高程通过约15m电缆廊道后到达主变压器洞电缆层，在主变压器洞回转预留余量后分别进入12套水平布置的主变压器SF_6母线终端仓。

2. 设备及人员安排

（1）项目敷设负责人持对讲机随电缆牵引头前进，电缆盘监管持对讲机负责缆盘与1、2号全自动电缆输送机附近150m左右电缆安全，包括电动滑轮，电缆竖井口设3号、4号全自动电缆输送机与8套电缆，井口滑车采用2～3人，敷设沿线巡查持对讲机，其余对讲机分发各输送机操作员负责其段位电缆敷设安全，全程实现无摩擦电缆敷设。

（2）在电缆盘处安排 4～5 人，其中 1 名技工（配对讲机和通信器）负责解缆控制和刹车张力控制，电缆盘的转动采用主动放线控制；在解缆、放缆和停止时，相关负责人必须随时检查电缆盘运行情况。

（3）在卷扬机处分配 2 名人员（配对讲机和通信器），负责与电缆盘处人员进行牵引速形成的对接。

（4）在电缆头处安排 6 名辅助工、2 名技工和 1 名负责人，辅助工和技工负责跟随和引导电缆前进，负责人用对讲机发出指令到指挥总控，由指挥总控执行敷缆机的前进、停止和倒退。

（5）在电缆转弯处安排 2 名辅助工，负责转弯处电缆的安全敷设。在所有的隧道直线电缆敷设中，设全自动电缆输送机 2 台，电动滑轮 28 套，每隔 5～6m 配置电动滑轮敷设电缆，沿着电缆路径每隔 50m 安排巡查人员 1 名，检查电缆在电动滑轮上的行进情况。电缆的弯曲半径必须始终保持大于 3.5m。

（6）每台全自动电缆输送机均需 1 名专职人员看守，负责检查电动滑轮电缆行进和前后各 15m 范围内的情况，发现问题并及时汇报，排除可能出现的电缆损伤和外护套摩擦。

（7）总指挥负责确保全电缆路径有一个好的放缆条件，因为一旦在放缆过程中被告知发生问题，还需前往情况地点指挥排除问题（如重新设置滚轮等），另需重新发令开始牵引。

（8）设备检修安排 3 人，负责敷设设备修理调整。

（9）竖井施工。

1）在竖井内变压器电缆层和向下第二层搭建脚手架，搭建 4m×2m×8m（长×宽×高）4 层施工安全平台铺跳板［其中，脚手架钢管 4m 需 33 根、2m 需 15 根（或需要稍短），直角扣件 90 只，跳板 $30m^2$］，中间各层制作 9m×1.4m×0.3m 的吊篮进行电缆固定施工，每层设置自动电缆输送机一台。

2）电缆敷设过程中，在电缆没有到达的楼层电缆洞口加装安全网，电缆到达后割开让电缆下入底层。

3）为防止电缆由于自身重力自由滑落，每盘电缆即将放完时，在电缆尾部装设一条反向牵引绳作为应急装置。

3. 电缆敷设

（1）在缆盘电缆下面铺设胶皮等材料防止电缆散盘以保护电缆，在电缆牵引头上安装防扭器（牵引力小于电缆承受张力的1/2时可不用防扭器），放开卷扬机钢丝绳将之与防扭器、电缆牵引头可靠连接，开始缓慢收回卷扬机钢丝绳，牵引头安全通过1～4号全自动电缆输送机及电动滑轮(注意放线张力与卷扬机牵引力的控制，电缆放入全自动电缆输送机时如果弯曲可用弯缆机将其打直，全自动电缆输送机对电缆径向夹紧力视情况自行调整，最大夹紧力量小于等于2.7kN)，牵引力与电缆盘受全自动电缆输送机进行自动调整，牵引速度起始速度为0.2m/min，根据电缆敷设情况持续加速至最高速度6m/min。

（2）电缆固定在全自动电缆输送机上后，将卷扬机钢丝绳和防扭器拆除，由全自动电缆输送机及电动滑轮输送电缆，电缆牵引头部位仍安排2～4人用木方对撬着电缆防止电缆在地面摩擦，安排2～4人用麻绳扣在电缆牵引头上辅助引导，将电缆安置在全自动电缆输送机、转弯滑轮、电动滑轮、井口滑车及其他滑车内，依次延放至另一端处，全自动电缆输送机与电动滑轮同步运行，电缆井向下输送电缆的同时，地面3号、4号全自动电缆输送机应将电缆夹紧，防止电缆突然坠落。

（3）电缆由地面下井时，卷扬机对竖井内电缆进行反向牵引，钢丝绳与卷扬机连接，并每隔一段距离用专用卡具将电缆与钢丝绳固定一次，电缆随钢丝绳一起缓慢进入竖井，卷扬机的最大牵引能力必须大于电缆本身质量的5倍，电缆盘看护人员、竖井内的施工人员，应不断地把敷设情况通知电力输送机主控台或卷扬机操作人员，发现问题及时停车。

（4）在第二、第三平台应设专人检查，把已夹上电缆的自动电缆输送机再紧一遍，保证电缆输送机的夹紧力，不能有滑脱的现象。

（5）电缆在竖井内敷设到一定深度时，应让电缆输送机倒转一次，检查电缆是否夹紧，如果电缆与电缆输送机输送带不同步，有滑动现象，应停止施工，检查电缆输送机和所有放电缆设备。如果竖井较深电缆输送机倒转可考虑增加次数。

（6）计算并预留足够长度用于装配终端或接头。如果电缆放缆工作人员在任何时候发现任何问题（电缆松开、电缆与支架摩擦、滚轮出现问题等）必须立即大声喊“停止”，附近带有对讲机和通话器的工作人员也要再次大声喊“停止”并按急停按钮，从而迅速停止放缆工作，随后向主管通知故障情况和地点。

4. 电缆蛇形固定

（1）电缆蛇形弯曲和固定在敷设完毕后进行，从电缆到达端向一端开始。将电缆放到支架上约 30m 后开始打蛇形同时补充电缆并就位安装电缆夹具固定。

（2）电缆蛇形敷设，如图 3-67 所示。

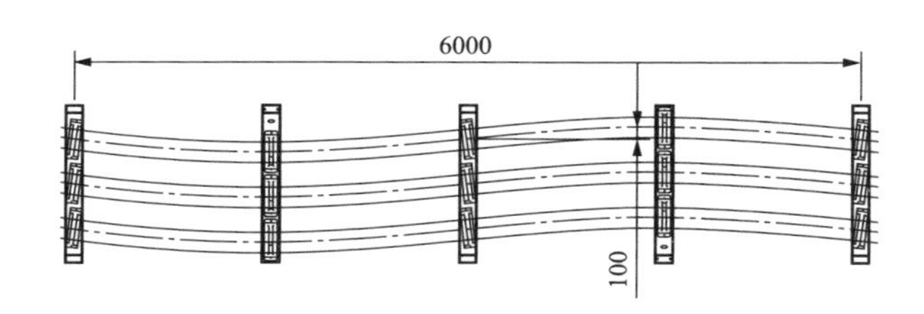

图 3-67 电缆蛇形敷设（单位：mm）

（3）电缆蛇形。电缆布置为水平蛇形：先将电缆放入固定好的缆夹底座上，利用专用弯缆机，在两支架中心点，施加作用力，使电缆产生弯曲。通过控制液压顶杆伸出长度，来控制电缆弯曲垂幅大小，以保证电缆的蛇形敷设符合技术要求（注意：必须边打弯边从未打弯方向向打弯处补充送电缆），用木方支撑使其保持弯曲状态，继续下一个弯曲作业，弯曲多个以后，电缆不被弯曲力拉回方可去掉支撑用木方。

（4）电缆蛇形完成后，缆盘端剩余过长，经过测量计算后切除多余部分，并用封帽密封以免潮气渗入。运走空电缆盘，根据以上的要求进行其余电缆的放缆工作。

3.5 验收要点及实例

3.5.1 验收要点

1. 现场试验

500kV 高压电缆及其附属设备安装完毕，按照设备厂家的安装说明书并参照 GB 50150—2016《电气装置安装工程 电气设备交接试验标准》进行现场试验，试验过程中严格遵守电气设备的接地线、验电、停电等规范进行操作，防止由于操作不当引起安全事故，现场检查及试验包括下述项目。

（1）电缆主绝缘绝缘电阻。

（2）电缆外护套绝缘电阻。

（3）金属屏蔽层电阻和导体电阻比。

（4）直流耐压试验及泄漏电流测量。

（5）电缆主绝缘交流耐压试验（主要）。

（6）相位检查。

（7）厂家安装说明书规定的其他试验项目。

2. 验收要求

（1）电缆敷设施工内部质量检查严格实行“三检制”，即作业班组自检、作业工段质检组复检、项目部质检办终检制度，内部检查合格后，报请监理工程师终检并签证。

（2）按合同施工、安装全过程各阶段，接受监理工程师对工程质量、进度、完成情况的检查意见和建议。

（3）监理工程师查阅试验报告。

（4）项目验收有关电缆敷设施工文件、记录及各种会议纪要、重大事项记录，输入信息存储系统，建立文档并妥善保管。

3. 验收内容

（1）电缆型号、规格是否与设计要求一致。

（2）电缆外观是否存在破损、变形等，敷设完成后电缆护层绝缘电阻及耐压试验是否合格。

（3）电缆是否采用蛇形敷设，蛇形的波幅和节距等是否满足设计要求。

（4）电缆弯曲半径是否符合要求。

（5）电缆的支持与固定是否牢固可靠，电缆与固定金具间是否加装衬垫。

（6）电缆线路标志牌、相序牌等标识是否齐全、清晰。

（7）线路资料（如线路沿布图、敷设记录等）是否齐全。

4. 监控手段

（1）通过审核有关技术文件、报告或报表等手段进行控制。

（2）通过进行现场监督和检查的手段（包括旁站监理、巡视检查和平行检验）进行控制。

（3）通过下达指令文件和一般管理文书的手段进行控制。

（4）通过规定监理工作程序，要求按规定的程序工作和活动。

（5）利用支付控制手段进行控制。

3.5.2 工程实例及整改建议

以下为部分敷设验收过程中发现的常见问题：

（1）电缆绑扎绳松动（如图 3-68 所示）：部分电缆绑扎绳未绑紧，松脱掉落，可能导致电缆三相松散，影响电缆固定，且不美观，垂落的绑绳可能绊倒安装运维人员，带来安全隐患。处置建议：全线检查电缆绑扎绳，将松动的绑扎绳解开重新固定，若三相电缆已经松散，则用专用收紧带辅助固定。

（2）电缆品字形排列时未紧靠固定（如图 3-69 所示）：部分电缆段三相电缆之间有明显缝隙，三相未紧靠，不整齐划一，影响整体美观。处置建议：全线检查三相电缆敷设情况，对于有缝隙部位，先用专用收紧带收紧至无缝隙，然后用绑扎绳扎紧。

图 3-68　电缆绑扎绳松动

图 3-69　电缆品字形排列时未紧靠固定

（3）电缆未整体放置于支架有效位置（如图 3-70 所示）：部分电缆悬空于支架外侧，未置于电缆支架设定位置，可能导致电缆掉落，损伤电缆；电缆与支架之间未垫胶皮，电缆在运行时，由于电动力会有轻微移动，使电缆表面和支架摩擦，容易导致电缆金属护层损伤并使护套多点接地。处置建议：将悬空电缆推至支架的设定位置，有必要时增加电缆码进行固定，并在电缆与支架之间垫胶皮。

（4）电缆码胶垫移位（如图 3-71 所示）：部分电缆码胶垫未按要求使两侧

露出部分均分，严重的其中一侧未有胶皮露出，容易造成该侧电缆与电缆码之间剐蹭，导致护层破损并使金属护套多点接地。处置建议：松开电缆码，将电缆临时吊起，将胶皮移至规范位置，再将电缆放下固定电缆码。

图 3-70 电缆未整体放置于支架有效位置

图 3-71 电缆码胶垫移位

（5）电缆外护套受损（如图 3-72 所示）：由于敷设等原因，部分电缆段外护层破损，破损程度不一，可能会影响外护层的绝缘特性、机械性能等。处置建议：敷设后应对电缆外护套进行绝缘电阻测试及直流耐压试验，如果试验不合格，应找出所有故障点并进行修补，直至满足耐压试验要求。

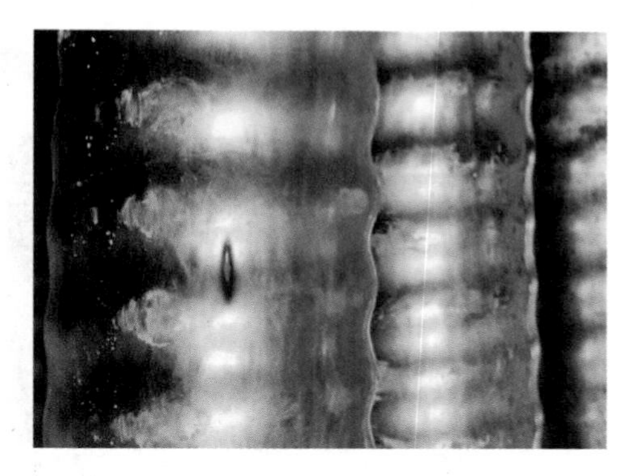

图 3-72 电缆外护套受损

（6）电缆码未有效安装固定（如图 3-73 所示）：部分电缆段电缆码未安装齐全或有效固定，存在电缆码缺漏、松脱的情况。处置建议：全线检查电缆码安装情况，补齐缺失的电缆码，固定松脱的电缆码。

（7）电缆刚性固定未采用正确的电缆码（如图 3-74 所示）：在接头的两侧，以及在蛇形敷设过程中每隔一段距离，需要进行刚性固定，并选用刚性固定电缆码，不能使用挠性固定电缆码，否则起不到刚性固定的作用。处置建议：将刚性固定处的挠性固定电缆码替换为刚性固定电缆码。

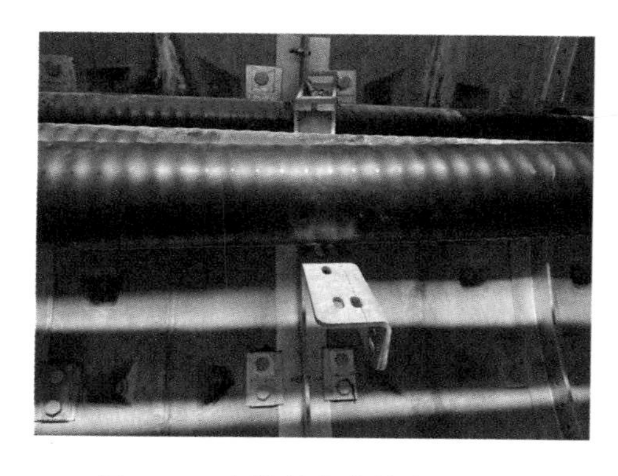

图 3-73　电缆码未有效安装固定

图 3-74　电缆刚性固定未采用正确的电缆码

（8）敷设完成后通道内材料、杂物未清理（如图 3-75 所示）：电缆敷设完成后，未及时清理敷设现场的杂物、机具和材料等，现场杂乱不堪，不符合工完、料净、场地清的环境保护要求，且对后续施工带来阻碍，影响施工作业安全。处置建议：电缆敷设施工结束后，施工单位及时清理施工现场，保持环境整洁。

3.5.3　电缆敷设过程侧压力试验

1. 试验目的

为了研究复杂环境下不同金属屏蔽形式高压电力电缆，在不同牵引力下、不同侧压力下的机械性能表现，选取铜丝屏蔽和皱纹铝护套两种形式的电缆，基于两种电缆侧压力试验的形变数据，分析两种屏蔽形式电缆的机械性能。侧压力试验：选取两种电缆样品 30m，模拟在盘具、转盘、牵引和导轮下的受力情况，对皱纹铝护套电缆的护套、金属屏蔽和绝缘屏蔽造成的压痕深度进行数据测量，根据测试的数据分析其形变程度，试验结果对今后电缆结构的选型及电缆敷设有一定的参考意义。

图 3-75　敷设完成后通道内材料、杂物未清理

2. 试验准备

（1）试验场地确定。

（2）试验样品：截取 500kV 电缆成品线为试验样品线，两端都安装牵引头，一端挂倒链，另一端挂电子秤。

（3）试验用工具：5t 电子拉力计（设备精度 2kg）一台；3t 倒链一件；60m 牵引绳一根。

3. 试验计算

侧压力计算式见式（3-2）。

4. 试验步骤

（1）对试验侧电缆样品线（与导轮组接触到的部分）上工装前，每隔 1m 做标记并按照米字形测量点位示意图测量，如图 3-76 所示，并将外径测量值记录于侧压力测试记录表中，侧压力测试记录表见表 3-15。

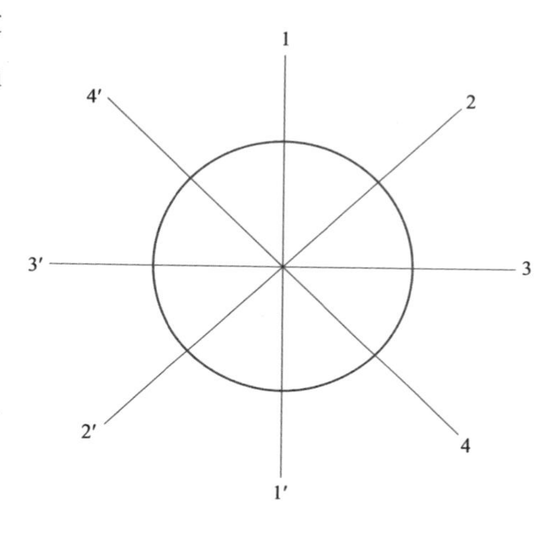

图 3-76 米字形测量点位示意图

表 3-15 侧压力测试记录表

侧压力测试记录表（侧压力： N/m；温度： ℃）											
测量位置	弯曲前同一截面四点外径（mm）				弯曲后同一截面四点外径（mm）				压痕深度（mm）	回弹后深度（mm）	回弹时间（h）
	1～1′	2～2′	3～3′	4～4′	1～1′	2～2′	3～3′	4～4′	—	—	—
1											
2											
3											
4											
备注：（记录人、记录时间等信息）											

（2）根据侧压力试验示意侧面图、平面图（如图 3-77 所示），将电缆导轮

组图（如图 3-78 所示），沿 R1 线盘筒体进行固定，并安装在右侧收线装置上，电缆盘固定不转，导轮组转动。

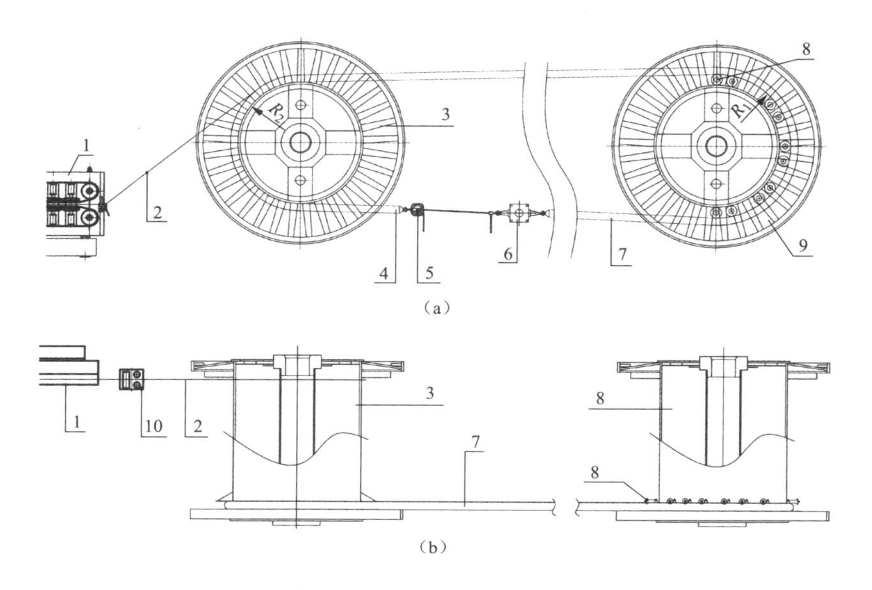

图 3-77　侧压力试验示意图

（a）侧面图；（b）平面图

1—牵引；2—牵引绳；3—高压电缆盘（主收线架）；4—电缆牵引头；5—手拉葫芦；6—电子秤；7—高压电缆；8—导轮组；9—高压电缆盘（被动放线架）；10—井字导架

（3）R1 线盘（右边）采用筒体直径为 3.5m 线盘，将 4 组导轮组（如图 3-78 所示）固定于线盘中间位置，R2 线盘采用筒体直径 ϕ2800mm 的线盘。

图 3-78　导轮组

（4）再将 R2 线盘安装在另外在一条中心线上的左侧收线装置上。

（5）在 R2 线盘上缠绕 2 圈牵引绳，该牵引绳的另一端压在设备履带牵引机上，用于控制收放线速度。

（6）根据 R1、R2 线盘及量线盘的距离，测算测试电缆长度，其长度包含安装手拉葫芦及电子秤长度，同时对测试电缆两端安装牵引头，按侧压力试验示意图（如图 3-77 所示）安装电缆。

（7）将手拉葫芦进行拉紧，使电子秤达到侧压力需求的 5000N/m，旋转 R2 线盘，R1 线盘不转，使旋转 R2 线盘以牵引力为动力，线速度以 1、2m/s 依次做正反运动，往复运行三次，并按测量点位示意图（如图 3-76 所示）的要求，每隔 1m 做标记并按照米字形测量点位示意图测量，并记录外径值及压痕深度于表 3-21 中。

（8）根据侧压力 5000N/m 时的测试，再将手拉葫芦进行拉紧，使电子秤依次达到侧压力需求的 8000N/m、10 000N/m 时的侧压力数据，对外径值及压痕深按要求进行测量，并记录于表 3-21 中。

（9）侧压力结束：去除拉力后，将电缆静置 6、12、18、24h 后，再测试皱纹铝护套电缆的护套和金属屏蔽回弹后的深度，记录于侧压力为 10 000N/m 时的侧压力数据中。

（10）截取长度为 2000mm 电缆进行解刨，对皱纹铝护套电缆的护套、金属屏蔽和绝缘屏蔽造成的压痕深度进行数据测量，测量数据记录在侧压力结束测量记录表中，侧压力结束测量记录表见表 3-16。

表 3-16　　侧压力结束测量记录表

侧压力结束测量记录表（侧压力 10 000N/m；温度　℃）										
解刨前同一截面四点外径（mm）				解刨后同一截面四点外径（mm）				外护套压痕深度（mm）	铝护套压痕深度（mm）	绝缘屏蔽压痕深度（mm）
1～1′	2～2′	3～3′	4～4′	1～1′	2～2′	3～3′	4～4′			

（11）破坏性试验：在截取一端的电缆端头安装牵引头，做破坏性试验，一

边正反往复旋转，一边将手拉葫芦慢慢进行拉紧，直至电缆侧面完全变形，截取一段，进行解剖，并记录其侧压力数据及变形数据，破坏后的样品放置 24h 后，对样品线测量外径后进行解剖，并记录解刨数据，破坏性试验铝护套纹深测量记录表见表 3-17。

表 3-17　　　　破坏性试验铝护套纹深测量记录表

破坏性试验铝护套纹深测量记录表					
时段	测量位置	测量点附近铝护套变形最严重处纹深（mm）			工艺设计纹深（mm）
破坏性试验结束	1				
	2				
	3				
	4				
	5				
破坏性试验结束24h	1				
	2				
	3				
	4				
	5				

（12）试验结束，对记录的数据进行汇总、分析，并编制 500kV 电缆侧压力试验报告。

第 4 章 电缆附件安装施工

电缆附件为电缆线路的薄弱环节，其故障率远高于电缆本体。附件产品主绝缘部件在出厂环节，均通过局部放电及交流耐压例行试验，保证产品主绝缘部件的生产质量满足标准要求。但相对公司内出厂试验状态，施工现场、电缆处理、部件间安装界面等因素均会对产品安装质量产生重大影响，故为保证整体线路的质量稳定，电缆附件安装施工质量尤为重要。本章从基础知识、安装前的检查、环境控制、施工器具、施工工艺、关键工艺研究、验收要点及实例等方面展开，阐述如何控制产品安装质量。

4.1 基础知识

4.1.1 电缆附件选型

电缆附件是指用于电缆间连接或电缆线路与其他电气设备间连接，保证其电力可靠传输和电缆安全运行的部件。500kV 电缆与 220kV 电缆结构一致，在尺寸上略有差异。500kV 附件产品除户外终端禁用干式户外终端外，其余产品结构形式与 220kV 产品类似。电缆附件的性能要求如下：

（1）电气性能。电气性能是决定电缆附件性能的关键因素，包括附件电场的分布、材料的电气强度和介质损耗等。

（2）密封性能。为保证电缆可靠运行，电缆附件一般要进行密封处理，密封防潮性直接影响电缆电气性能和寿命，尤其是直埋或者处于潮湿环境中的电缆线路，应将密封性能作为重要考量。

（3）机械性能。电缆附件应能承受一定范围的弯曲和振动，终端和中间接头应能承受其所连接导线的拉力。

（4）工艺性能。在电缆附件的设计和选型中，应根据现场情况，选择适当的工艺，保证最终电缆整体质量。安装工艺要结合现场环境和工人技术水平，应尽量简单。

1. 电缆终端

电缆终端是安装在电缆末端，将电缆与其他电气设备连接成一体的装置，其主要作用是降低电应力集中现象，并提供可靠的电气和机械性能。

户外终端产品采用油浸式结构，一般采用硅油或聚异丁烯作为绝缘油，常见结构有一件式户外终端（如图 4-1 所示）、环氧座结构户外终端（如图 4-2 所示）。

500kV 户外终端典型结构如图 4-3 所示，GIS 电缆终端则采用干式结构（如图 4-4 所示）较多。

电缆终端按套管内是否有填充物将电缆终端又分为干式电缆终端和湿式电缆终端，湿式电缆终端内外绝缘之间充有绝缘油（气），干式电缆终端内外绝缘紧密贴合。

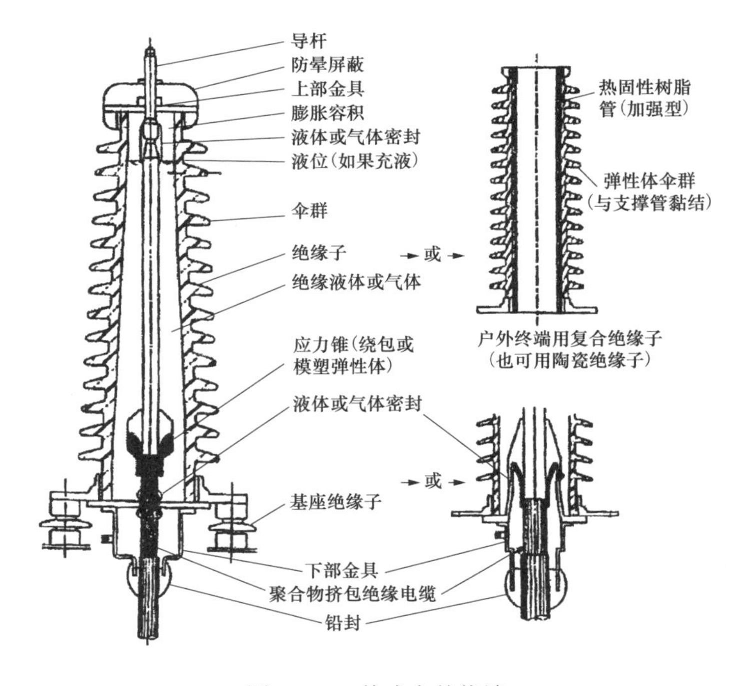

图 4-1　一件式户外终端

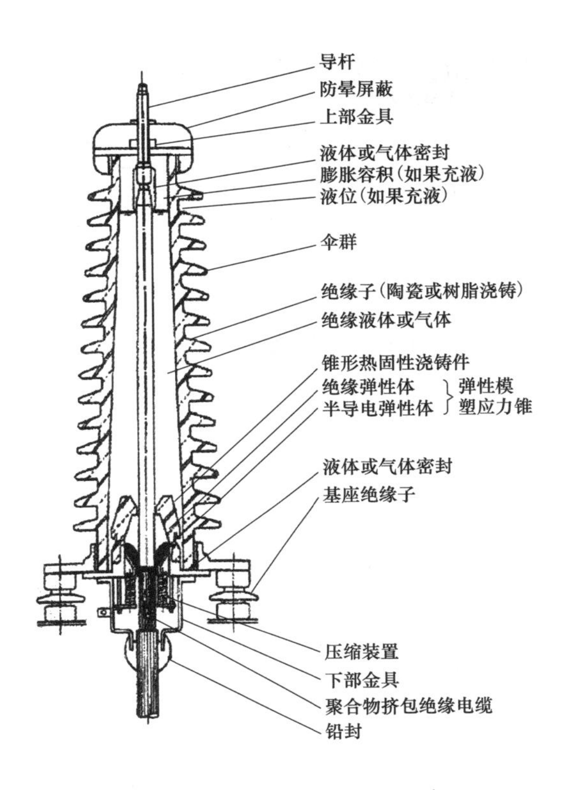

图 4-2　环氧座结构户外终端

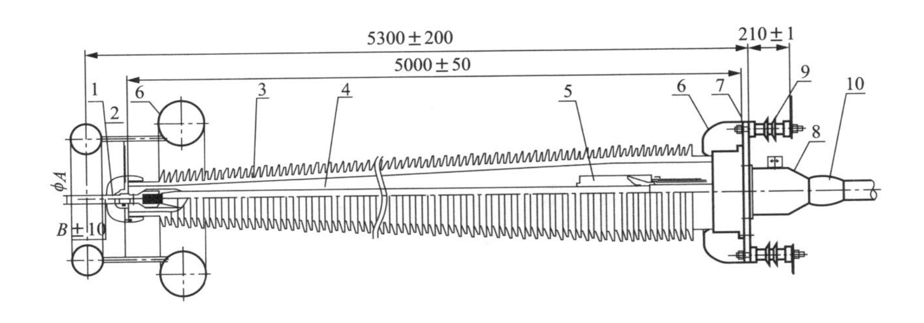

图 4-3　500kV 户外终端典型结构（单位：mm）

1—导体；2—上部金具；3—瓷套管；4—绝缘填充物；5—应力锥；6—屏蔽罩；

7—法兰；8—保护金具；9—支撑瓷座；10—防蚀层

选择电缆终端结构，主要考虑电缆电压等级、绝缘类型、安装环境和可靠性要求，同时要满足经济性的原则。

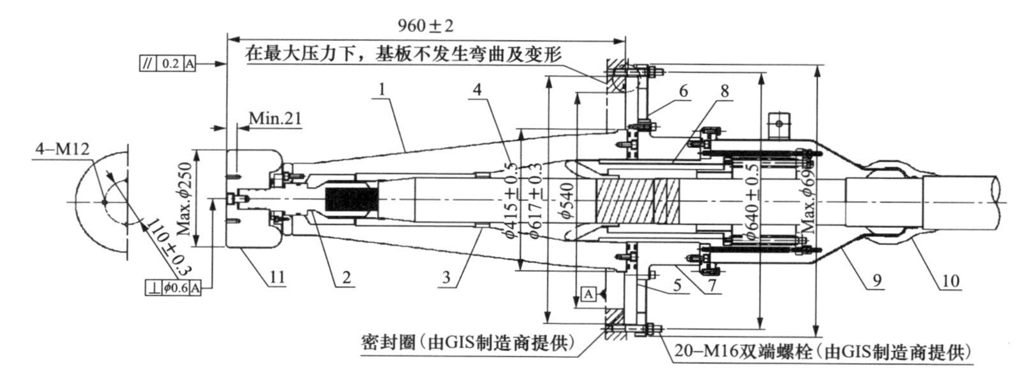

图 4-4　GIS 终端的典型结构（单位：mm）

1—套管；2—导体；3—制动环；4—应力锥；5—法兰；6—固定环；7—绝缘筒；8—弹簧装置；9—保护金具；10—防蚀层；11—上部金具

电缆终端的性能要求如下：

（1）终端的结构和电缆所连接的电气设计的特点必须相适应，设计终端和 GIS 终端应具有符合要求的接口装置，与连接金具必须相互配合，GIS 终端应具有与 SF_6 气体完全隔离的密封结构。

（2）在易燃、易爆等不允许有火种场所的电缆终端，应选用无明火作业的热缩型等构造类型。

（3）终端尾管必须有接地用接地端子。

（4）220kV 及以上 XLPE 电缆选用的终端结构，应通过该终端与电缆连成整体的预鉴定试验考核。

（5）在多雨且污秽或盐雾较重地区的电缆终端，宜具有硅橡胶或复合式套管。

（6）电缆终端的机械强度，应满足安置处引线拉力、风力和地震作用的要求。直埋于土壤的接头宜加设保护盒，保护盒应做防腐处理并能承受路面荷载的压力。110kV 及以上高压电缆户外终端的机械强度应满足使用环境的风力和地震等级的要求，并能承受与它连接的导线 2kN 的水平拉力。

广州 500kV 楚庭户外电缆终端选用瓷套式电缆终端（预制应力锥或电容锥），GIS 终端选用干式绝缘橡胶应力锥 GIS 终端。

2. 电缆中间接头

电缆中间接头用于电缆间的连接，实现电缆的电气导通、绝缘、密封等。

中间接头在铜保护壳应有置中措施，中间接头与铜壳之间填充有良好阻燃性能及散热性能的阻燃防水混合物。接头铜外壳应有绝缘外护层，外护层绝缘水平不应低于电缆外护套的绝缘水平，其防火等级要求应与电缆相匹配。

根据功能不同，电缆中间接头的主要分为直通接头、绝缘接头、分支接头。

按照绝缘类型和结构类型，电缆中间接头的装置类型分为绕包式（高压已淘汰）、整体预制式（如图 4-5 所示）、组合预制式（如图 4-6 所示）。

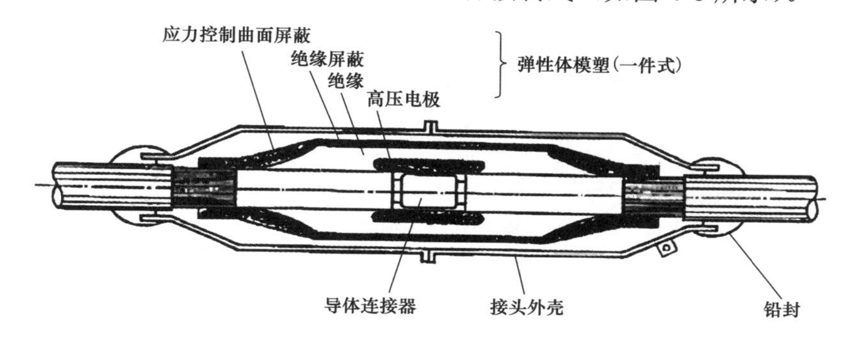

图 4-5　整体预制式中间接头

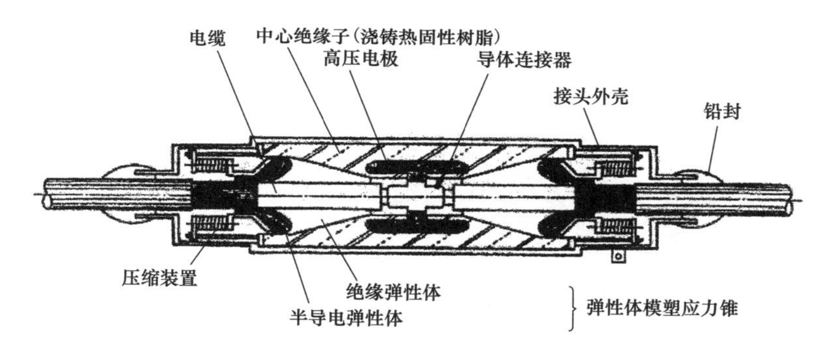

图 4-6　组合预制式中间接头

500kV 中间接头常采用整体预制式（如图 4-7 所示）及组合预制式接头。

电缆中间接头的结构应满足电缆电压等级、绝缘类型、安装环境和设备可靠性要求。电缆中间接头的性能要求如下：

（1）电缆中间接头要把电缆的主要部分（如导体、导体屏蔽、绝缘、绝缘屏蔽、金属护套和外护层）连接起来。电缆导体连接应具有良好的导电性能和机械强度。具有钢丝铠装的电缆，必须维持钢丝铠装的纵向连续且具有足够的机械强度。

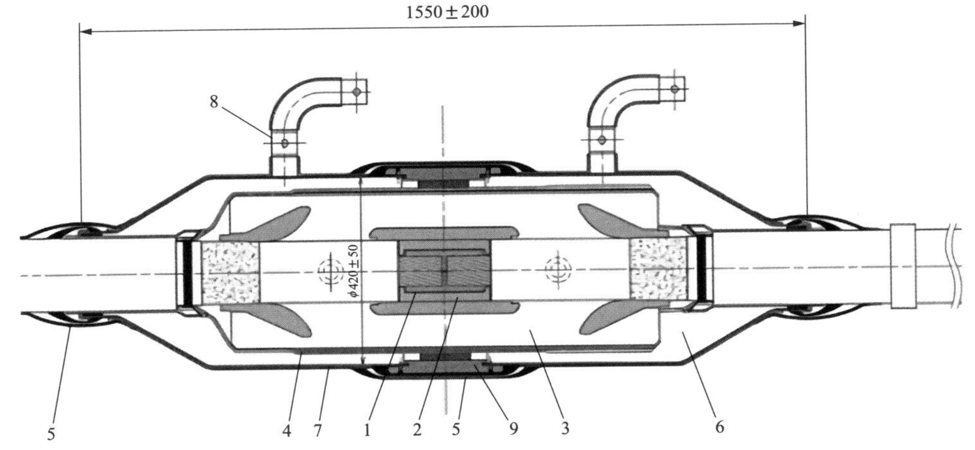

图 4-7　整体预制式中间接头（单位：mm）

1—导体；2—屏蔽罩；3—橡胶绝缘本体；4—屏蔽层；5—防蚀层；6—防水混合物；
7—保护铜壳；8—接地座；9—绝缘筒

（2）电缆中间接头应具有与电力本身相同的绝缘强度和防潮密封性能，其密封套还应具有防腐蚀性能。

（3）直埋安装的接头应有加强保护盒，保护盒内填充无需加热处理的防水材料。

（4）隧道内接头应结合运行经验，根据现场具体情况采用有效的防水措施。

（5）电缆中间接头应具有外包防水层。

（6）220kV 及以上 XLPE 电缆选用的接头，应由该型接头与电缆连接成整体的预鉴定试验考核。

（7）接头的额定电压及其绝缘水平，不得低于所连接电缆额定电压及其要求的绝缘水平。绝缘接头的绝缘环两侧耐受电压，不得低于所连接电缆护层绝缘水平的 2 倍。

广州 500kV 楚庭电缆中间接头选用组合预制式橡胶绝缘件绝缘接头。

3. 接地箱

电缆接地箱根据接地方式的不同，可分为直接接地箱、保护接地箱、交叉互联接地箱。直接接地箱内部含有连接铜排、铜端子等，用于电缆护层的直接接地，内部无需安装电缆护层保护器；保护接地箱和交叉互联接地箱内含有电缆护层保护器、连接铜排、铜端子等，用于电缆护层的保护接地；交叉互联接地箱用于高压单芯电力电缆的金属护套的交叉互联，限制护套和绝缘接头绝缘

段两侧冲击电压的升高，控制金属护套的感应电压，减少或消除护层上的环形电流，提高电缆的输送容量，防止电缆外护层击穿，确保电缆的安全运行。

接地箱的技术要求如下：

（1）带电部分对箱体的绝缘水平不低于电缆非金属外护套的绝缘水平。采用高强度的不锈钢材料做外壳，以保证箱体有足够的机械性能。

（2）接地箱的密封性能应能满足长期浸泡在水中的要求，箱体防水等级为IP68。密封圈应能在额定负荷下长期使用。

（3）接地箱铜排截面积不低于对应接地线或同轴电缆的截面积。

护层保护器是串联在金属护套和大地之间，用来限制在系统暂态过程中金属护套过电压的装置。护层保护器参数选择应满足下列要求。

（1）可能最大冲击电流作用下护层电压保护器的残压与电缆金属护套冲击耐压之比应小于 1.4。

（2）系统短路时产生的最大工频感应过电压，在可能长的切除故障时间内，护层保护器应能耐受。保护器在最大冲击电流作用 20 次而不损坏。

4．同轴电缆和接地线

同轴电缆用于电缆金属护套交叉互联接线时，电缆金属护套与交叉互联接地箱的连接。接地线用于电缆金属护套直接接地或保护接地时，电缆金属护套与接地箱、接地箱与接地点的连接。

同轴电缆和接地箱性能要求如下：

（1）导体截面应满足短路电流产生的热机械性能要求。

（2）同轴电缆内外导体间以及外导体对地绝缘水平不应低于电缆非金属外护层的绝缘水平。

（3）接地线导体对地绝缘水平不应低于电缆非金属外护层的绝缘水平。

（4）导体的绝缘材料采用 XLPE 材料，外护套绝缘材料采用与电缆外护套相同的材料。

广州 500kV 楚庭电缆同轴电缆和接地线导体截面积选用 500mm^2。

4.1.2　电缆附件技术要求

1．电缆终端

（1）电缆户外终端绝缘套采用瓷套，每批产品色泽应一致。

（2）电缆户外终端由附件生产厂家配齐出线端子。

（3）电缆终端内应采用与应力锥材料、交联聚乙烯材料特性相适应的绝缘油。

（4）瓷套应符合 GB/T 772—2005《高压绝缘子瓷件 技术条件》的要求，厂家应提供瓷套的抗拉、抗弯曲、抗压以及密封等性能指标的相关出厂试验报告。

（5）户外终端必须具有使终端的底座与支架相绝缘的底座绝缘子，其安装方式宜设计成在需要更换该绝缘子时不需吊起或拆卸终端。

（6）GIS 终端尾管与电缆之间应密封，特别是填充绝缘剂的终端应保证尾管处密封，在长期运行中不发生泄漏，厂家应采取措施避免绝缘剂漏入电缆金属护套内部。

（7）GIS 终端与 GIS 组合电器的连接尺寸应符合 GB/T 22381—2017《额定电压 72.5kV 及以上气体绝缘金属封闭开关设备与充流体及挤包绝缘电力电缆的连接 充流体及干式电缆终端》的规定。

（8）内部填充绝缘剂的 GIS 终端、户外终端应在终端尾管部位安装检测油压和能够补油的接口。

（9）GIS 终端顶部应密封良好，应能长期耐受 0.75MPa 的 SF_6 气体压力。

（10）GIS 终端连接金具表面应有合适的镀层。

（11）终端尾管及接地线鼻应采用铜材质，终端尾管与接地线连接应采用双孔型结构，采用螺栓连接。铜尾管应有外绝缘，绝缘耐压水平与电缆护套一致。

（12）终端内填充绝缘剂时，厂家应采取措施尽量降低绝缘剂的含水量。如有可能，应提供绝缘剂的各种气体含量和水分含量的控制指标。

（13）电缆终端尾管、接头铜套与电缆金属套的连接应采用封铅方式，并加装铜编织线连接。

2. 电缆中间接头

（1）厂家提供接管内径与电缆线芯外径的配合尺寸及压缩比要求，并提供接管压接的型式试验报告。

（2）接头应有密封保护铜外壳，铜外壳应有绝缘外护层，外护层绝缘水平不应低于电缆外护套的绝缘水平。

（3）接头密封性能应能满足长期浸泡在水中的要求。

（4）绝缘接头在金属屏蔽断开处绝缘水平应符合 GB/T 22078.1—2008《额定电压 500kV（U_m=550kV）交联聚乙烯绝缘电力电缆及其附件　第 1 部分：额定电压 500kV（U_m=550kV）交联聚乙烯绝缘电力电缆及其附件——试验方法和要求》附录 D 的规定。

（5）环氧套管应无杂质、气孔，内外表面应光滑无缺陷，表面不应留有注模缝，绝缘件与预埋金属件应结合良好，无裂纹、变形等异常现象，每批产品色泽应一致，厂家应提供环氧套管的相关出厂试验报告。

（6）应力锥应无气泡、烧焦物及其他有害杂质，内外表面应光滑，无伤痕、裂痕、突起物，绝缘与半导电界面应接合良好，无裂纹、突起和剥离现象，出厂前应对应力锥进行检测。接头在铜保护壳应有置中措施，接头置中措施不影响电性能和散热性能。

3. 接地箱

（1）接地箱采用耐腐蚀性材料外壳，应满足机械强度要求。

（2）接地箱密封性能应能满足长期浸泡在水中的要求。

（3）护层过电压限制器应采用无间隙氧化锌材料，通流容量应能满足系统的要求，外绝缘采用硅橡胶，绝缘外套与阀片采用密封黏接。

（4）接地箱内部连接用铜排表面应镀锡，铜排截面积不低于对应接地线或交叉互联线的截面积。

（5）接地箱外壳外应有连接方式示意金属铭牌，还应有警示标志牌。

4. 同轴电缆和接地线

（1）接地线截面应能满足相应的通流能力，导体结构采用圆形紧压导体结构，绝缘采用 XLPE 材料，厚度参考 GB/T 12706.2—2020《额定电压 1kV（U_m=1.2kV）到 35kV（U_m=40.5kV）挤包绝缘电力电缆及附件　第 2 部分：额定电压 6kV（U_m=7.2kV）到 30kV（U_m=36kV）电缆》要求，外护层采用 PVC 材料，接地线采用 A 类阻燃外护套阻燃。

（2）同轴电缆内外绝缘应采用 XLPE 材料，厚度参考 GB/T 12706.2—2020《额定电压 1kV（U_m=1.2kV）到 35kV（U_m=40.5kV）挤包绝缘电力电缆及附件　第 2 部分：额定电压 6kV（U_m=7.2kV）到 30kV（U_m=36kV）电缆》要求，外

护层采用 PVC 材料，同轴电缆采用 A 类阻燃外护套阻燃。

（3）同轴电缆、接地电缆的绝缘性能不得低于电缆外护套的绝缘水平。

4.1.3 电缆附件安装要点——界面控制

电缆附件核心部件（应力锥、环氧绝缘件等绝缘部件）均为工厂预制，单个部件按照 IEC 62067:2022《额定电压 150kV（U_m=170kV）以上至 500kV（U_m=550kV）挤压绝缘电力电缆及其附件——试验方法和要求》及国家标准要求在出厂前进行耐压试验及局部放电试验，保证其生产质量，且需要在施工作业现场进行组装成完整产品。

影响界面电气强度的主要因素：①界面的光滑度；②界面的接触压力；③界面处的电场分布；④温度和湿度变化；⑤界面润滑剂。

在施工环节，针对以上影响因素进行管控，保证界面的介电强度。

1. 界面的光滑度与接触压力对界面电气强度的影响

界面残存气隙会降低界面电气强度。为减少气隙的残存，工艺上通过提高电缆绝缘表面的光滑度和增加界面接触压力实现。

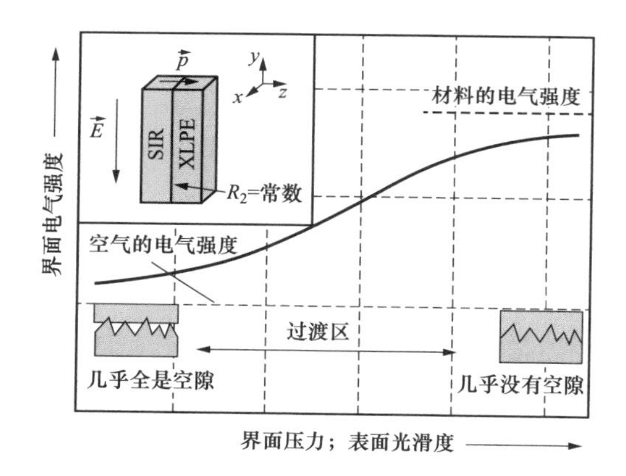

图 4-8 界面电气强度与压力和表面光滑度的关系

由图 4-8 可知，随着界面压力表面光滑度的上升，界面的电气强度也随之提高，直至接近材料本身的介电强度。

电缆绝缘表面的光滑度主要受电缆屏蔽剥除的方法和打磨工艺的影响。在 500kV 电压等级作业，电缆绝缘打磨工艺是通过砂纸进行的。按照 240 号—400 号—600 号—1000 号的顺序打磨，每次更换砂纸后需保证表面不再残留上道工序的砂纸痕迹。在 1000 号砂纸打磨完成后，检查绝缘表面，以满足下一步的模塑镜面处理。

电缆与应力锥的界面压力设定实际与其材料本身的弹性模量相关。材料弹性模量较小，即比较柔软可以很好地填充界面微小空隙，则不需要太大的界面压力即可保证界面的电场强度。行业内常用的硅橡胶，一般界面压力设定大于

0.05MPa 即可保证界面电气强度。而另一种材料三元乙丙则相对需要较大的压力使材料产生形变填充空隙，故其界面压力一般维持在 0.2MPa 以上。

较大的界面压力可以有效提高界面电气性能，但是在实际设计中还要考虑与其配合的 XLPE 材料在不同工况下的机械性能。如果采用较大的压力，会导致电缆本体产生有害形变，即常说的竹节情况（如图 4-9 所示），故一般界面压力不超过 0.6MPa。

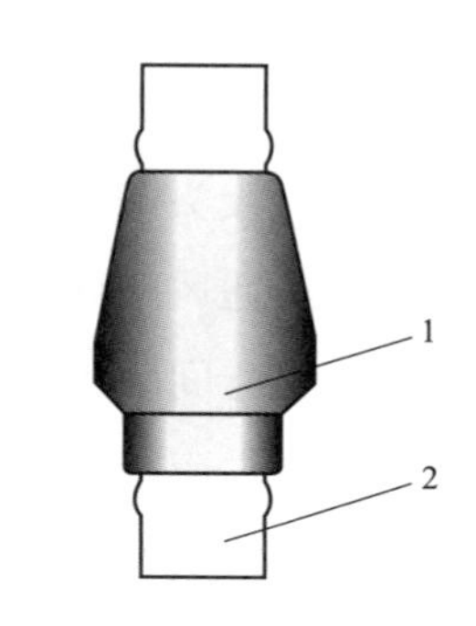

图 4-9　应力锥压力造成电缆绝缘的“竹节”现象

1—应力锥；2—电缆绝缘

2. 润滑剂与界面电气强度关系

润滑剂可以降低界面的摩擦力，方便安装；另外，具备良好绝缘性能的润滑剂可以提高界面的初始击穿强度。但从长期来看，润滑剂存在迁移的情况。即使润滑剂在初期填充了部分空隙，在其迁移后，空隙也会暴露形成气隙，进而引发局部放电等问题。故为保证长期运行的稳定性，需要防止气隙的形成，而不能单纯依靠界面的润滑剂。

3. 电场设计

在不改变界面电气强度的情况下，可以通过优化电场分布设计，降低界面的电场强度，进而提高界面的安全裕度。

4.2　安装前检查及准备

4.2.1　检查事项

电缆附件安装前，应对周边施工作业环境进行检查。电缆附件安装室外作业时，应避免在雨天、雾天、大风天气及湿度 70%以上的环境下进行。

1. 安装环境确认事项

附件安装环境包含直埋、隧道、地上、塔杆、竖井、接头井等多种类型，不同作业环境下的安装条件要求不同。

（1）户外终端施工是否具备搭建脚手架的地基条件，地基是否进行预处理，近海地区要考虑抗风设计。

（2）中间接头运输通道确认，判断现场运输路线及不同条件下的运输方式。

（3）中间接头现场安装位置及支架尺寸确认。

（4）GIS 终端对接尺寸确认，是否满足 IEC 62271-209:2019《高压开关设备和控制设备　第 209 部分：额定电压大于 52kV 的气体绝缘金属封闭开关设备的电缆连接　充液和挤压绝缘电缆　充液电缆和干式电缆终端》的规定。

（5）GIS 终端安装空间，确定安装方式、是否进行吊仓、空间是否足够，如果后撤，电缆后方的空间是否足够。

（6）中间接头在隧道、工井、直埋等环境中，需要考虑排水，隧道或工井内部还要考虑通风条件是否满足。

（7）施工时间限制，例如由道路或铁路交通引发的时间限制。

（8）电力供应情况，是否具备供电条件，如有供应，判断安装设备功率要求与供电系统的功率是否匹配。

2. 电缆检查事项

（1）电缆外护套通过直流耐压试验 10kV/min。

（2）电缆端部密封情况，有无破损、受潮等不良迹象。

（3）电缆外护套的绝缘电阻测试。

4.2.2　设备及材料准备

电缆附件在安装前，需进行施工设备及材料的转运保管工作。

（1）转运前应先实地勘测规划转运路线，确定吊装孔、吊装机具等吊装方案及转运方案，避免转运过程中的损伤。

（2）在运行电缆隧道、共同沟进行作业时，应提前对电缆及管道等设施进行防护。

（3）对于转运后的设备及材料应置于干燥位置并做好覆盖及标识，若地面存在较为潮湿情况，应采取必要措施（垫高或悬空），避免设备及材料受潮。

（4）转运过程中，对设备及材料应轻拿轻放，避免暴力分拆、野蛮作业行为。

4.2.3　施工工器具

在电缆附件安装过程中不同工作环节涉及不同的工器具，组装过程所需工器具见表 4-1。

表 4-1 工 具 列 表

编号	名称	式样	照片
1	力矩扳手	10～20N·m	
2	力矩扳手六角转接套筒	M8～M10	
3	力矩扳手六角转接头	M8～M10	
4	呆扳手	12～17号	
5	水平尺	600mm及以上	
6	螺钉旋具	一字	
7	压缩模具	六角压缩模具，对角尺寸98mm，模宽60mm	

续表

编号	名称	式样	照片
8	液压压接机	200t	
9	电动液压泵	200t	
10	电热带	最高温度可到 160℃	
11	活动扳手	—	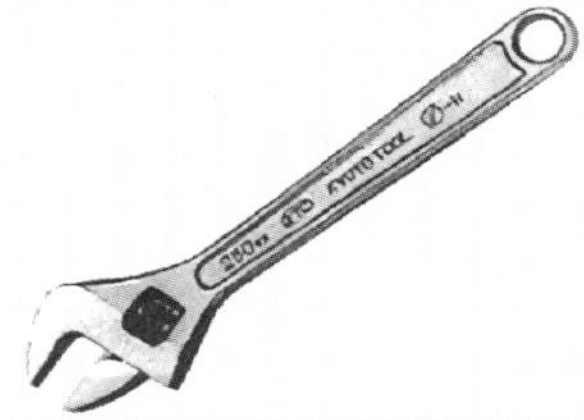
12	热风枪	工业用，1000W 以上	

续表

编号	名称	式样	照片
13	绝缘剥除器	—	
14	电锯	—	
15	温度控制器	150℃	
16	液化气喷火枪	—	
17	L 型角钢或角铝	—	
18	直尺	无磁性	

续表

编号	名称	式样	照片
19	剪刀	圆头	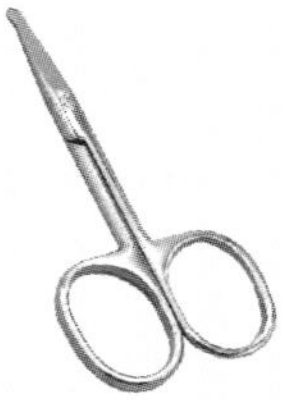
20	尘埃粒子计数器	—	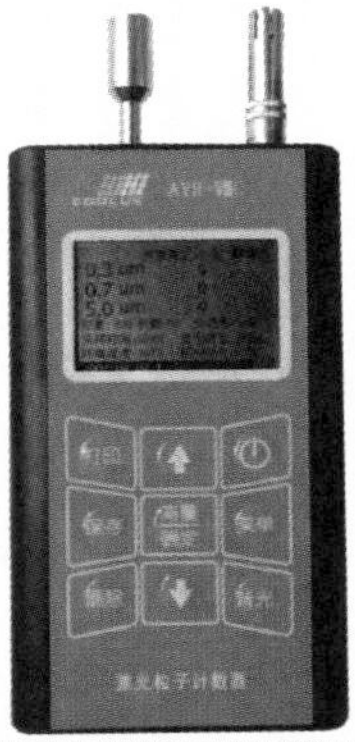
21	粗糙度检测仪	—	
22	手扳葫芦	—	

续表

编号	名称	式样	照片
23	空气净化器	—	
24	钢丝刷	—	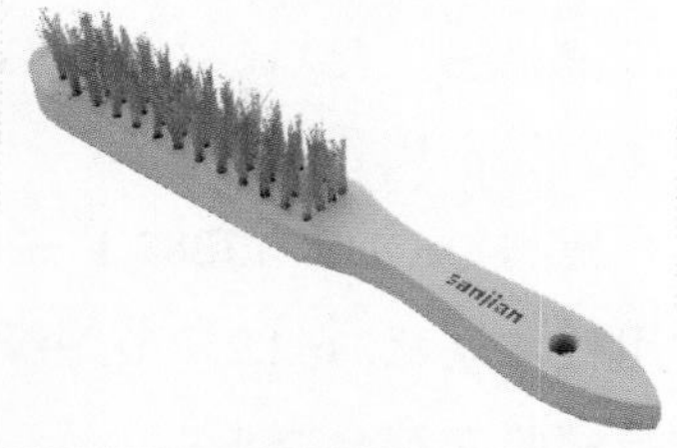
25	玻璃片	—	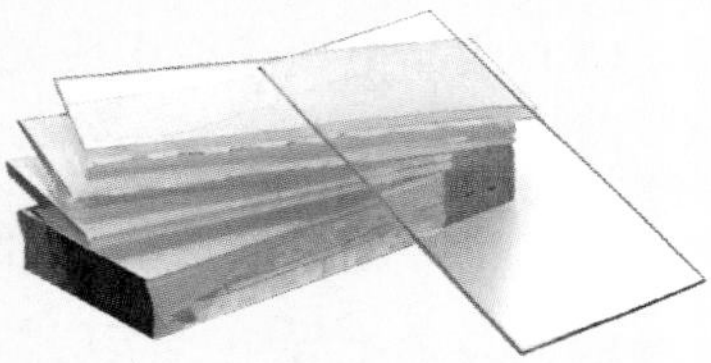
26	钢丝钳	—	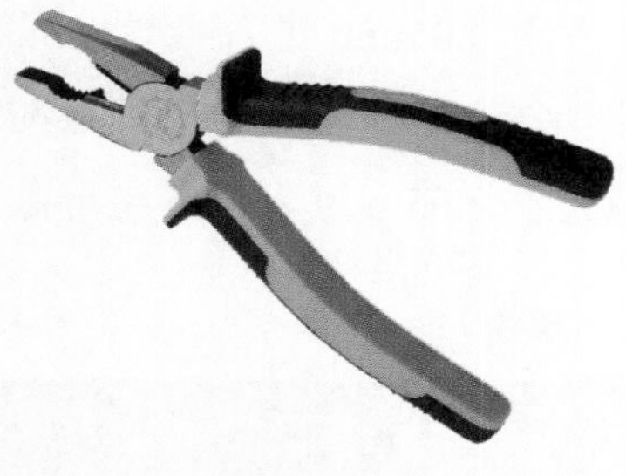

4.2.4 施工安全危险源辨识

辨识现场作业危险源，便做好相关标识，施工前对作业人员进行安全技术交底，使人员知悉周边危险源及对应策略。

（1）现场需具备消防设施（灭火器），电源具备漏电保护装置。

（2）作业过程人员需配备安全设备（作业区域需佩戴安全帽，登高需佩戴安全带，脚穿安全鞋）。

4.3 环境控制措施

4.3.1 环境控制标准

1. 空气洁净度管控条件

超高压电缆生产过程中对异物的管控严格，避免异物进入导致电场畸变，进而影响电缆的电气性能。

根据 JEC-3408:2015《特高压（11～500kV）交联聚乙烯电缆及连接部的高压试验法》表 G.6 中 500kV 电压等级的产品规定异物允许大小为 50μm，见表 4-2。

根据 Q/GDW 13282.1—2019《500kV 电力电缆系统采购标准　第 1 部分：通用技术规范》6.2.2.7 节绝缘层微孔、杂质和半导电屏蔽层与绝缘层界面微孔、突起试验应符合要求：

（1）成品电缆绝缘中应无大于 0.02mm 的微孔。

（2）成品电缆绝缘中应无大于 0.075mm 的不透明杂质。

（3）半导电屏蔽层与绝缘层界面应无大于 0.02mm 的微孔。

（4）导体半导电屏蔽层与绝缘层界面应无大于 0.05mm 进入绝缘层的突起和大于 0.05mm 进入半导电屏蔽层的突起。

（5）绝缘半导电屏蔽层与绝缘层界面应无大于 0.05mm 进入绝缘层的突起和大于 0.05m 进入半导电屏蔽层的突起。

表 4-2　JEC-3408 异物允许尺寸

额定电压（kV）	绝缘厚度（mm）	气隙（μm）	异物（μm）	半导电突起（μm）
77	10	60	250	100
110	14	50	200	100
154	17	40	200	100
154	19	40	200	100
275	23	30	100	70
500	27	20	50	50

参照以上要求，对安装环境中的空气尘埃粒子进行管控，降低异物进入产品内部的概率。产品管控的标准参照 GB 50073—2013《洁净厂房设计规范》7 级进行管理，相关管理要求见表 4-3。

表 4-3　　空气洁净度等级及浓度限值

标准空气洁净度等级	大于或等于要求粒径的最大浓度限值（pc/m³）					
	0.1μm	0.2μm	0.3μm	0.5μm	1μm	5μm
GB 50073 7 级	—	—	—	352 000	83 200	2930

通过对空气洁净度的管理，可以使空气中的尘埃粒径分布降低，大量减少 5μm 尘埃颗粒数量。

2. 空气温湿度检测

（1）空气相对湿度宜小于等于 70%。

（2）温度宜控制在 0～35℃。

4.3.2 控制措施

环境控制解决方案主要由模块化环境控制设备、电缆附件安装洁净棚、集成式送回风系统、集成照明系统、洁净棚环境数据实时监控存储系统组成，如图 4-10 所示。

模块化环境控制设备设计为分段模块式组合形式，集成温湿度和洁净度控制、通风系统正压控制，采用智能控制程序综合管理环境状态。设备特性为可反复快速拆装，循环使用，拆卸的零部件能通过隧道井口上下起吊，能在隧道内迅速运输及快速安装。

电缆附件安装洁净棚在开发满足隧道环境使用环境的充气膜材料技术方面，本项目研发了材料强度高、机械质地柔软、使用温度范围广、防水透气保温、质量轻、柔韧性及透光性好，并且化学性质稳定、表面完全惰性且具有防火性能的聚四氟乙烯（PTFE）复合膜。PTFE 复合膜是在超细玻璃纤维织物上，涂以聚四氟乙烯树脂而成的材料。PTFE 复合膜最大的特性就是耐久性、耐撕裂、防静电、耐酸碱、自洁性和防火可达 B 级。使用该材料搭建的环境系统，接头区域的环境控制：温度保持在 20～28℃，相对湿度保持在 75%以下，工作区域洁净度达到 7 级净化要求（悬浮粒子浓度：粒径 0.5μm 小于等于 352 000pc/m³），

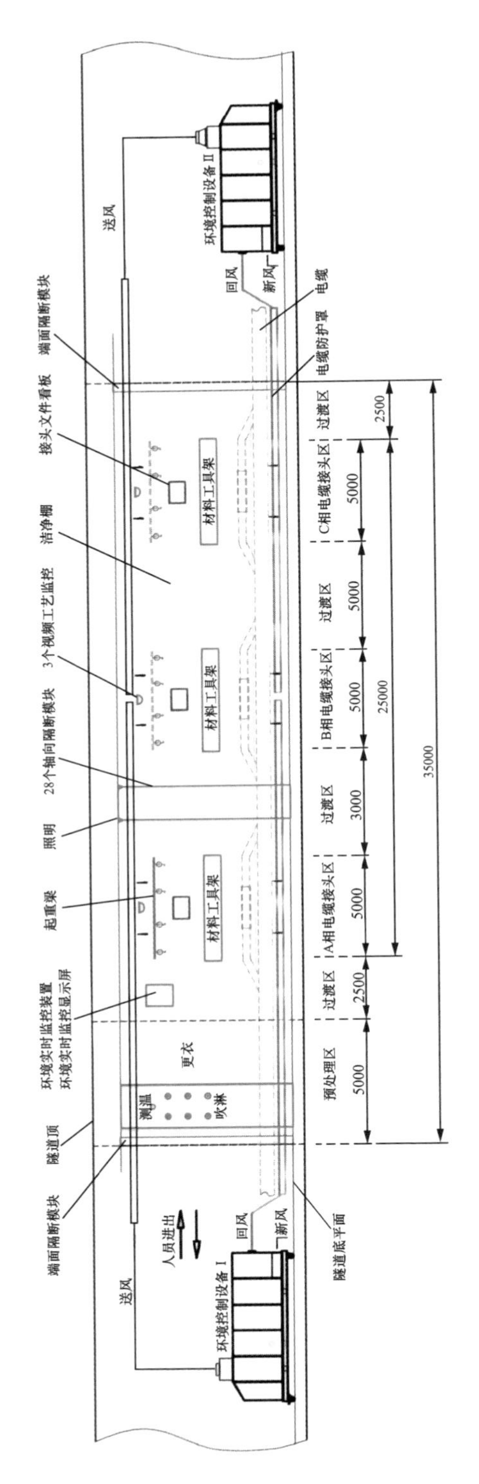

图 4-10 500kV 电缆接头环境净化系统（单位：mm）

可以满足 500kV 电缆中间接头的施工要求。南网楚庭项目现场实例如图 4-11 所示。

图 4-11　南网楚庭项目现场实例

本次项目相较于前期产品在系统的信息化管理方面有了显著提升，实现了电缆附件安装环境中温湿度在线实时监测，环境中尘埃粒子计数在线实时监测并对实时数据进行数据存储。南网楚庭环境管控系统环境参数智能监控画面如图 4-12 所示，南网楚庭环境管控系统参数实时监控及存储页面如图 4-13 所示。

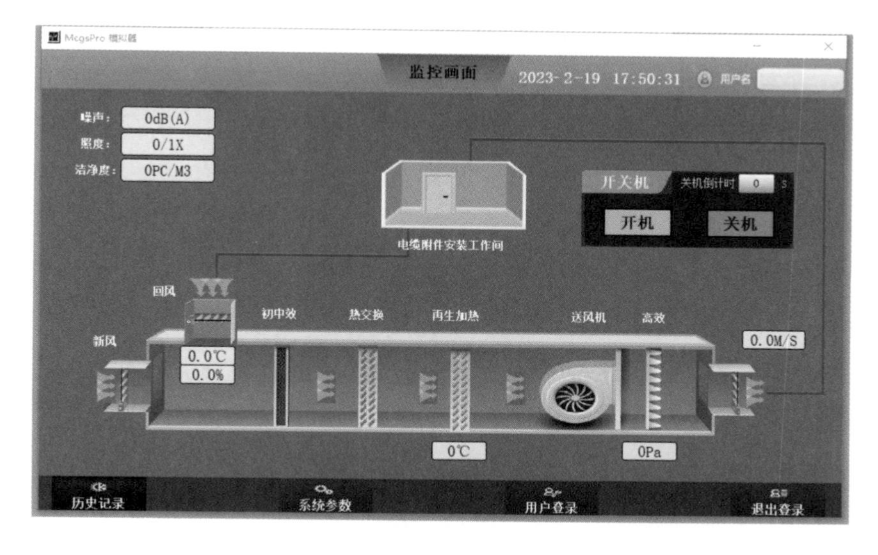

图 4-12　南网楚庭环境管控系统环境参数智能监控画面

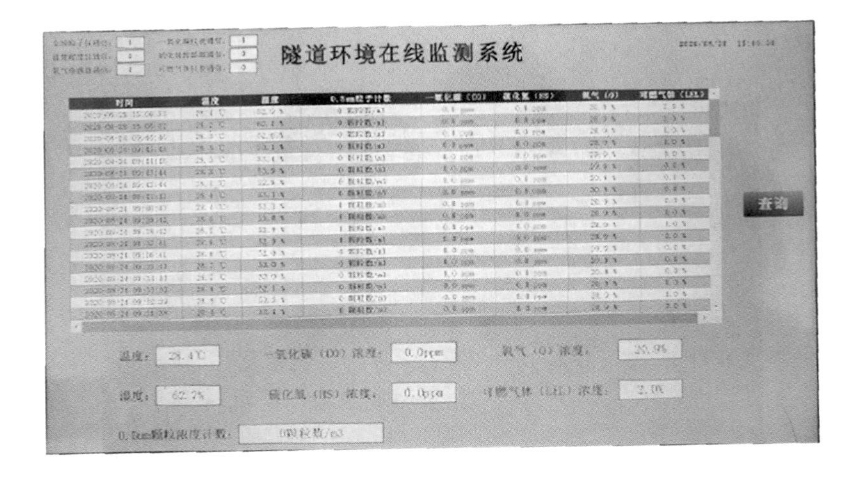

图 4-13　南网楚庭环境管控系统环境参数实时监控及存储页面

4.3.3　洁净棚安装方案及比选

1. 接头洁净棚的安装方案

（1）方案 1。用钢管在整个接头区域搭建脚手架，在脚手架周围挂上塑料薄膜，把整个接头区域密闭起来，大致需要 2t 钢管。当一个接头点的接头工作完成后，由工人把这些钢管运到下一个接头点去。用来密封的塑料薄膜是不能反复利用的，每次更换接头点，都必须更换新的塑料薄膜。

（2）方案 2。用充气膜做成一个整体的接头房间，在接头前，使用鼓风机不断向充气膜内充气，使得充气膜膨胀，充气膜覆盖整个接头区域，形成密闭空间。连续充气式充气膜的原理类似于超市门口的充气拱门，在接头的过程中要保持鼓风机的常开，保持气膜内的气压。

（3）方案 3。使用带气阀的充气膜搭建接头棚，鼓风机通过气阀对充气膜进行充气，充气完毕后，关上气阀，使充气膜在一定的时间内能保持应有的状态。保压式充气膜的原理类似于吹气式的救生圈。一旦发现充气膜内气体不足，通过气阀对充气膜进行补气。

2. 选型论证

针对以上方案，从密闭性、稳定性、操作性、利用率、经济性 5 个方面比对选型，见表 4-4。

表 4-4　　洁净棚方案优缺点比选

方案	内容	密闭性	稳定性	操作性	利用率	经济性
1	采用钢管搭建接头棚	塑料薄膜大小有限，接缝较多，密闭性一般	稳定性能好，基本不会发生变化	（1）大量的钢管需要从隧道工作井上下，在隧道内搬运也不方便；（2）搭、拆钢管都需要 1 天的时间	（1）钢管可反复使用；（2）塑料薄膜每个接头点都要更换，浪费较大	所有材料都是公司现有，单价较低
2	采用连续充气式充气膜搭建接头棚	密闭性好	（1）充气膜就算破损，只要不严重也不影响正常使用；（2）鼓风机一停，就会迅速漏气	（1）充气膜较轻，便于打包运输；（2）充气膜充放气都十分方便快速；（3）鼓风机需要常开，噪声较大，对工作人员精神有较大影响	充气膜和鼓风机都可反复使用	充气膜需要特制，价格较高
3	采用保压式充气膜搭建接头棚	密闭性好	（1）充气膜使用一段时间后，会出现气体不足的情况，可用鼓风机补气；（2）充气膜一旦破损就会迅速漏气	（1）充气膜较轻，便于打包运输；（2）充气膜充放气都十分方便快速；（3）鼓风机不需要常开，无噪声，补气也十分方便	充气膜和鼓风机都可反复使用	充气膜需要特制，价格较高

根据 3 个方案优缺点对比，对方案评分见表 4-5。

表 4-5　　方　案　评　分

方案	内容	评价指标					总得分	评估
		密封性	稳定性	操作性	利用率	经济性		
1	采用钢管搭建接头棚	2	5	1	2	4	14	普通
2	采用连续充气式充气膜搭建接头棚	4	3	3	5	3	18	普通
3	采用保压式充气膜搭建接头棚	4	3	5	5	3	20	最优

经以上比选，可知方案 3（采用保压式充气膜搭建接头棚）最具备优势。

4.4　施工工艺

500kV 楚庭项目电缆附件产品包括两个厂家，共计 6 种产品，分别有不同的施工工艺流程，以下选择有代表性的中间接头、户外终端及 GIS 终端各一种安装工艺进行介绍。

4.4.1 中间接头安装

中间接头的安装流程见表 4-6。

表 4-6　　安　装　流　程

步骤	工艺流程	安装环境要求
1	电缆处理	洁净室外，无洁净度要求
2	洁净室搭建	—
3	绝缘屏蔽层硫化	洁净室内，洁净度万级
4	零件插入	洁净室内 （应力锥、环氧本体插入环节需保证洁净度万级）
5	导体连接管压缩	洁净室内 （保证应力锥及环氧本体已防护）
6	零件安装	洁净室内，洁净度万级，应力锥弹簧锥托安装到位后可不再控制洁净度
7	防腐蚀处理	洁净室外，无洁净度要求

1. 电缆处理环节

（1）电缆预切断。使用电缆校直机矫直电缆，根据现场支架位置选定电缆中心。将待安装的两端电缆摆放至预置位置，从临时断点锯除多余电缆，如图 4-14 所示。按现场要求确定电缆长端、短端方向。

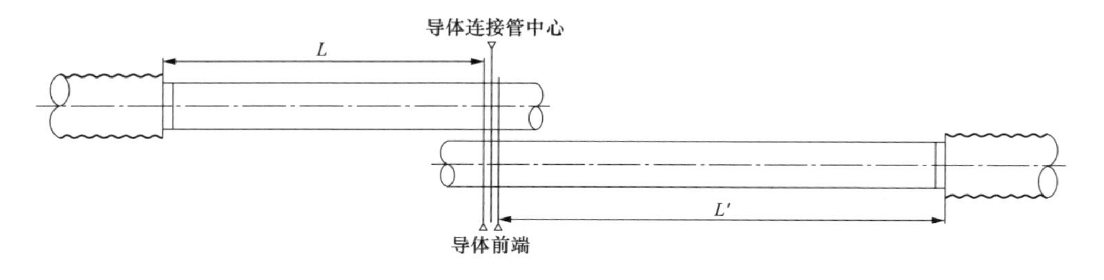

图 4-14　电缆预切断

（2）底铅处理。

1）预切断电缆，在图纸规定底铅区域去除外护套。

2）使用硬脂酸、纸巾等清洁金属护套，去除金属护套外的沥青。根据图

纸要求确认底焊区域，推荐长度大于等于 290mm（如图 4-15 所示）。

3）底焊处理时间：在金属护套剥离前，进行底焊处理。从距金属护套 90mm 处进行底铅处理，推荐宽度大于等于 180mm（如图 4-15 所示）。

4）在外护套断口位置（距离底铅边缘 100mm）布置热电偶进行测温，上下位置各布置 1 个热电偶。使用铅条打底焊，底焊完成后，底铅的厚度约为填满波谷后加上 2～4mm，底铅收口要平滑。

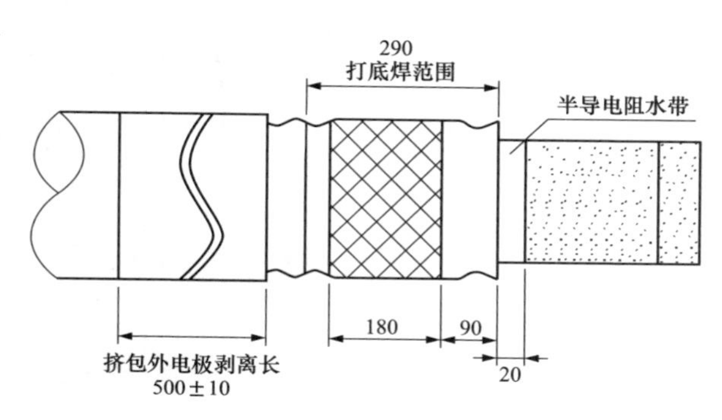

图 4-15　底焊处理（单位：mm）

5）按照图纸尺寸去除电缆外护套及金属护套（如图 4-16 所示），注意金属护套切割时，避免损伤电缆绝缘屏蔽。仔细检查电缆绝缘屏蔽在去除金属护套过程中是否被损伤，如有损伤，且损伤影响到产品运行性能时请重新开剥电缆，将该隐患去除。

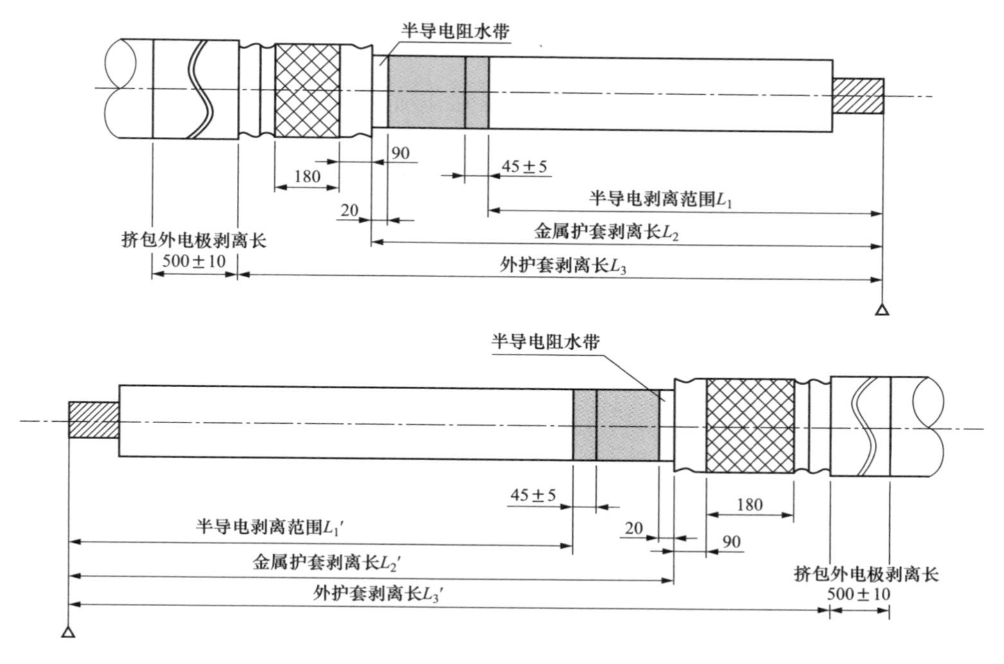

图 4-16　剥离金属护套及去除挤包外电极（单位：mm）

（3）加热校直处理。

1）电缆加热校直，缠绕加热带，如图 4-17 所示。

图 4-17　电缆加热

2）电缆绝缘温度：80、85、90℃，时间分别为 0.5、0.5、8h 以上，如图 4-18 所示。

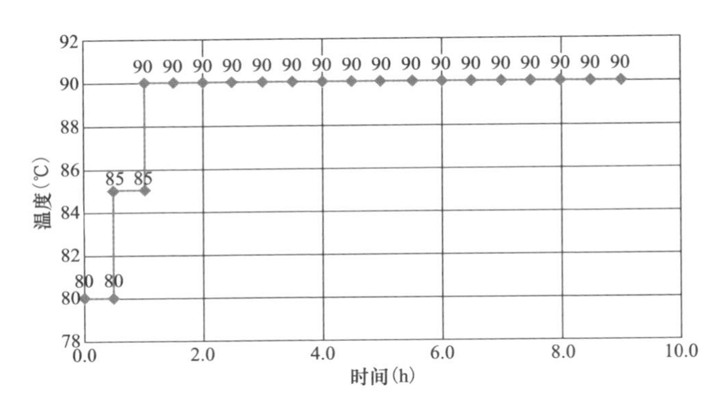

图 4-18　绝缘部分温度曲线

外护套温度：60、65、70℃，时间分别为 0.5、0.5、8h 以上，如图 4-19 所示。

3）加热完成后，使用角钢或半圆管沿轴向固定电缆，固定电缆与角钢之间的间隙采用柔软材料衬垫。让电缆冷却到环境温度，时间不少于 8h。直线度测量示意图如图 4-20 所示，直线度测量实物图如图 4-21 所示。

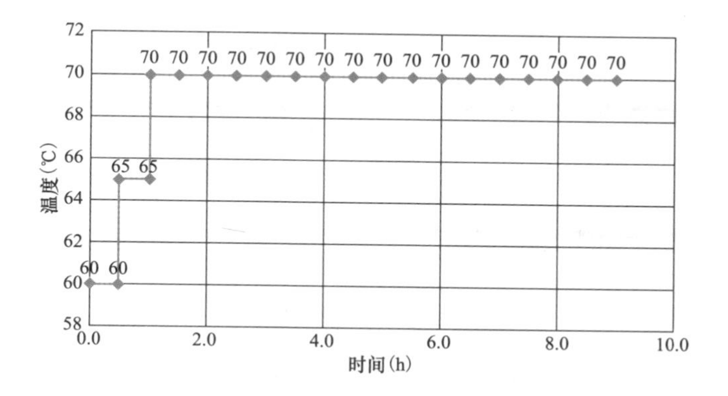

图 4-19　外护套部分温度曲线

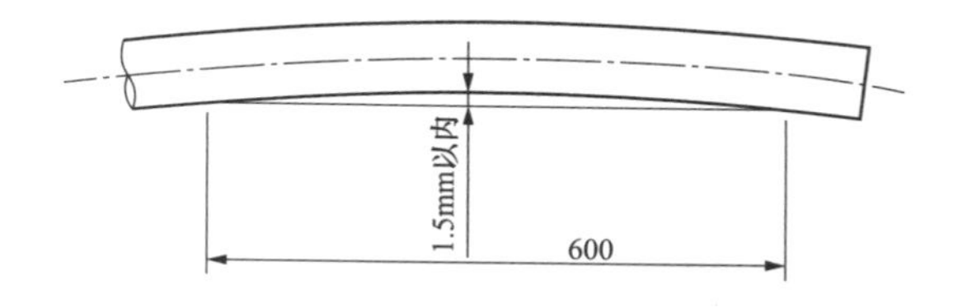

图 4-20　直线度测量示意图

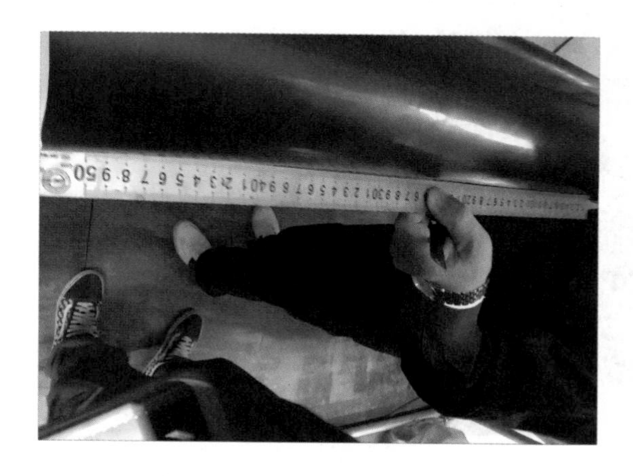

图 4-21　直线度测量实物图

（4）绝缘体打磨。

1）剥离半导电阻水缓冲层。剥离半导电阻水缓冲层到皱纹铝护套前端，推荐保留 20mm±5mm 长度。按照图纸剥离绝缘屏蔽层，推荐外导斜坡长 45mm±5mm。注意：处理半导电层时千万不要损伤绝缘，打磨过半导的砂纸不能再打磨绝缘，如图 4-22 所示。

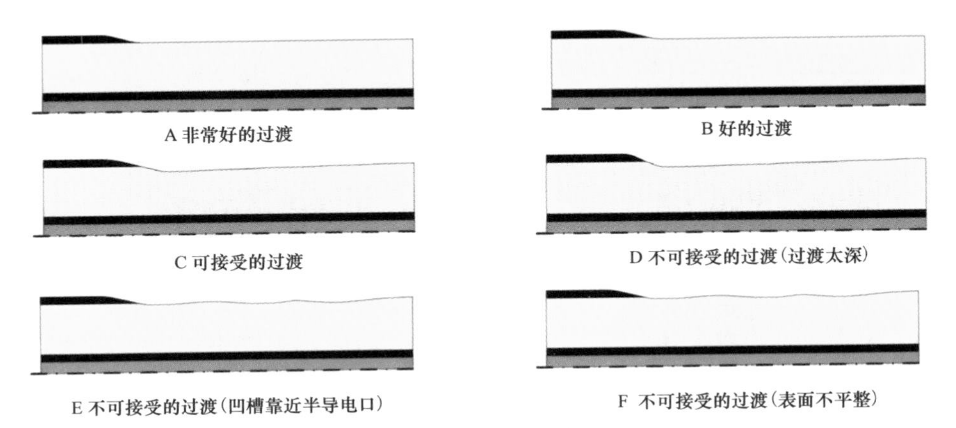

图 4-22　半导电屏蔽端口处理

2）使用砂纸 240 号—400 号—600 号—1000 号对电缆绝缘进行打磨处理（后一次打磨后保证无上一次砂纸打磨痕迹），然后使用清洁巾和酒精擦拭绝缘打磨部位，如图 4-23 所示。注意擦拭过电缆半导电部位的清洁巾，不能再用来擦拭电缆绝缘部位。打磨后的表面粗糙度需满足下一步硫化工艺。

图 4-23　绝缘部分打磨

3）打磨后的绝缘体外径满足安装图要求（不同材质应力锥过盈不同，以楚庭项目某电缆附件为例，绝缘体精加工外径大于应力锥内径 1～2.5mm）。按照安装图（如图 4-24 所示）测量打磨之后的绝缘体的外径（d_1、d_2、d_3）。按照安装图（如图 4-25 所示），将 X、Y 径向及轴向测量数值差值在规定数值以内，控制在绝缘体精加工外径范围内。

2. 洁净室搭建

安装空调及空气净化器等设备，并固定牢靠。采用塑料布搭建一次及二次洁净室，划分部件堆放区域及换衣区域等。进行空气净化，使用尘埃粒子计数器进行测量，保证达到万级净化环境要求（每立方米洁净室内 0.5μm 颗粒物小于等于 352 000 个）。

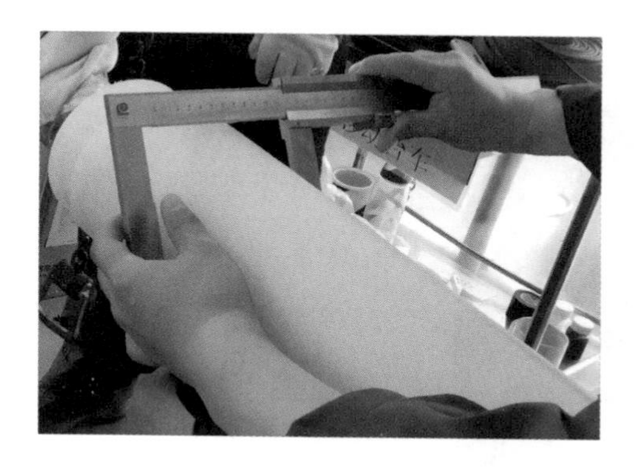

图 4-24　绝缘外径测量

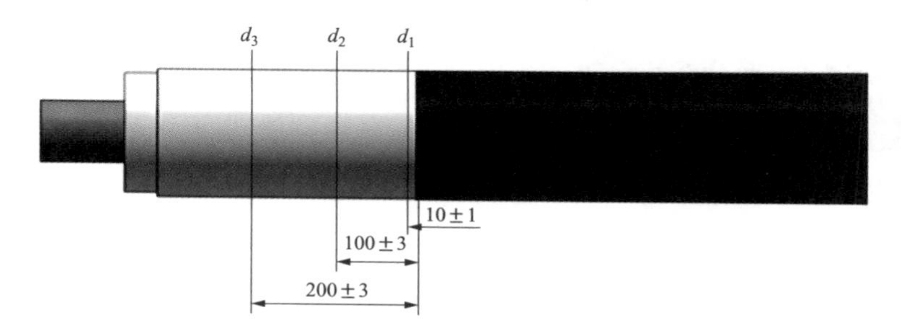

图 4-25　电缆绝缘体测量位置（单位：mm）

3. 绝缘屏蔽层硫化

（1）确认电缆端部开始的尺寸，缠绕半导电 PE 带（1/2 覆盖、1 个往复），如图 4-26 所示。

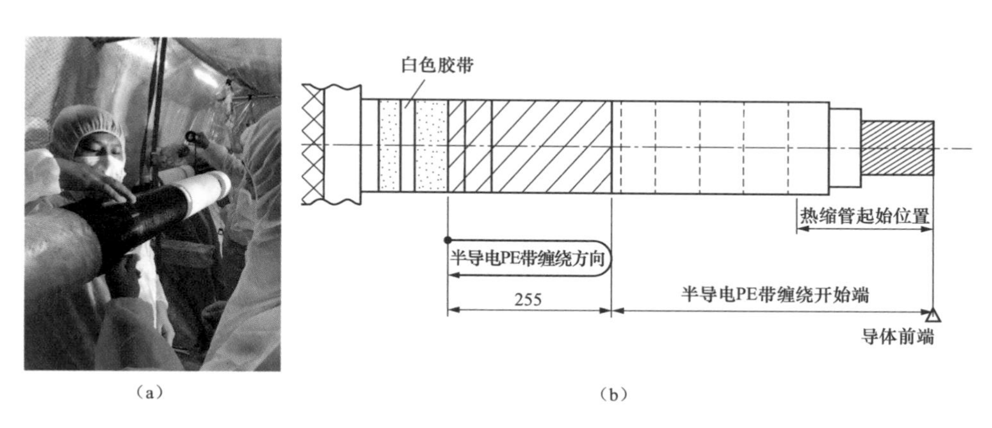

图 4-26　半导电 PE 带缠绕（单位：mm）

（a）缠绕实物图；（b）缠绕示意图

图 4-27　硫化热缩管收缩

（2）热缩套管内面没有异物、灰尘及褶皱等。将热缩管套入电缆，使用热风枪从绝缘前端向半导电侧收缩。注意热缩管两端部保持张口，不要缩紧，如图 4-27 所示。

（3）管外表面缠绕锡纸，然后缠绕电热带（单方向），并放置热电偶及温控器，再次缠绕锡纸。开始加热，控制热电偶的温度在设定温度范围内。

（4）记录热电偶温度计的温度，当温度到达设定值并保持稳定后，开始计时 45min。加热完毕后，自然冷却到 50℃以下。

（5）在未去除模塑热缩管前，采用手电照射检查电缆绝缘模塑效果。确认良好后剖除热缩管。测量硫化后的电缆绝缘体外径（d_1、d_2、d_3）并记录。

4. 零部件插入

（1）导体精确切断。

1）按安装图，以模塑前端位置为基准返测切断电缆，并记入确认表。

2）沿垂直面锯断电缆，断面应平齐。

3）如果切断面倾斜时，以导体前端为基准，切面倾斜最长位置不得超过最短位置 2mm。再次测量模塑前端距离导体切断位置尺寸，必须满足图纸要求。

（2）安装治具准备。

1）将接头安装治具固定在电缆支架上。

2）测量治具水平度，保证水平。

3）将环氧件吊装至安装治具的橡胶滚轮上，并使用绑扎带固定。

4）在安装治具滑轨上移动，查看移动位置能否满足电缆安装尺寸要求。

（3）送入非核心部件。

1）在洁净室外将保护金具焊接部位打底铅处理。

2）保持电缆的保鲜膜保护状态，送入以下部件：

a. 非绝缘侧：热缩管→保护金具 B→压缩装置→压缩金具→密封圈。

b. 绝缘侧：热缩管→保护金具 A→压缩装置→压缩金具→密封圈→绝缘筒法兰→绝缘筒→密封圈。

（4）送入应力锥部件。

1）确认应力锥与电缆绝缘体表面无异常，使用浸泡无水酒精（纯度 99.5%以上）的清洁巾从绝缘体开始到半导体侧清扫，如图 4-28 和图 4-29 所示。

2）在电缆绝缘体表面和应力锥的内面薄涂一层硅油后，将非绝缘侧应力锥插入到电缆规定的尺寸位置。

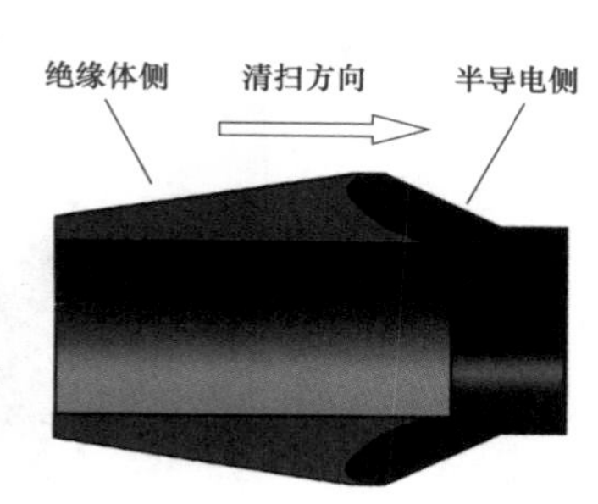

图 4-28　应力锥清扫方向

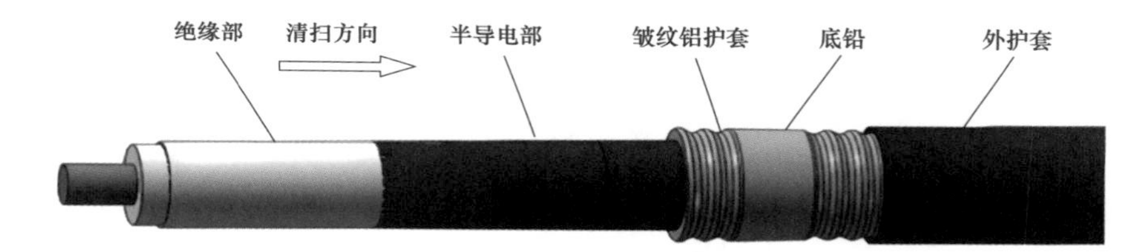

图 4-29　电缆绝缘体清扫方向

3）绝缘侧应力锥插入后，露出电缆前端空间，足够放置制动环即可。

4）从电缆金属护套端口向应力锥方向，卷缠保鲜膜，防止涂抹的硅油受到污染。

5）清洁制动环及应力锥绝缘表面，制动环与应力锥的接触面上涂抹硅脂。

6）将制动环与应力锥贴紧，多余出来的硅脂须用纸巾清洁干净。

（5）送入环氧件部件。注意防护环氧件表面，防止安装中异物混入。绝缘侧：环氧件与应力锥接触内表面及应力锥绝缘部分外表面薄涂一层硅油；非绝缘侧：环氧件与应力锥接触内表面薄涂一层硅油，应力锥外表面暂不涂抹。涂抹后，密封环氧件 2 端，部件插入准备如图 4-30 所示。

图 4-30　部件插入准备

拆除绝缘侧密封，套入环氧件，将

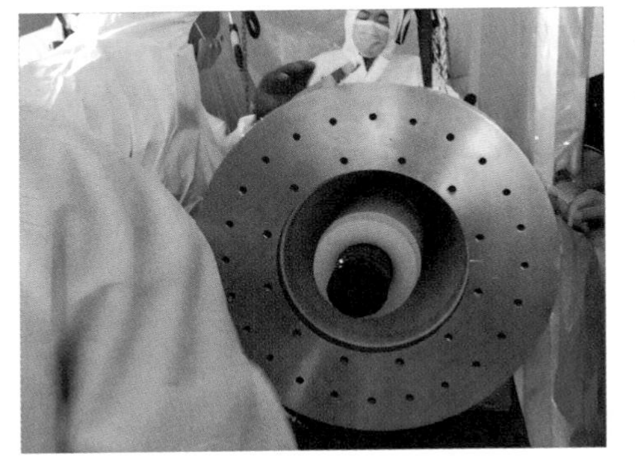

图 4-31 环氧件插入

环氧件移动（同步推动应力锥）至设定位置，露出电缆导体及绝缘（露出长度满足压接空间要求），如图 4-31 所示。

环氧件移动到位后，将绝缘筒与环氧件使用螺栓临时连接，并采用压缩金具临时固定应力锥。

5. 导体连接管压缩

（1）去除导体外保护用 PVC 胶带及分割导体内的绝缘纸。将电缆导体两端插入导体连接管，使之接触到导体连接管的底部。用油笔在导体上作标记（导体连接管的端部）。推荐采用 200t 的压钳，压模宽度为 60mm，对角尺寸 98mm，压缩时压模以导体标记线（刀痕）为界限。

（2）调整导体连接管，保证其定位销与内部电极定位槽均为水平状。同时调整压钳横向水平，压缩导体连接管，如图 4-32 所示。为避免导体连接管的轴线偏离电缆的轴线，对导体连接管单侧各进行 1 次压缩。

（3）对比压缩前后标记与导体连接管的位置，确认没有出现插入不足的现象。检查两端外导端间的距离，确认满足安装图的要求。用锉刀和砂纸去除压缩后导体连接管表面的毛刺和铜屑等，保持清洁。

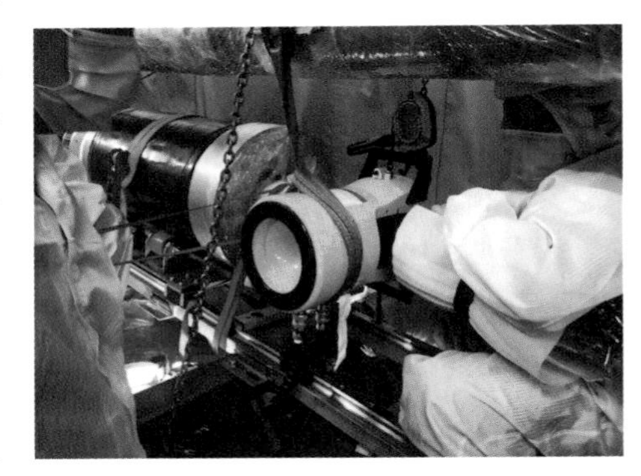

图 4-32 导体连接管压缩

（4）将电缆压接直线度确认治具固定在导体连接管处，使用深度尺或钢板尺（直尺端部采用带材包覆）测量尺寸，两侧平行偏心测量差值不大于规定值。

（5）测量并记录连接中心到电缆绝缘前端尺寸值，应与图纸相符，测量完成后去除标记。

（6）安装内部电极接触子及切口槽螺栓，并在电缆上做好切口槽螺栓位于电缆轴向角度位置标记，方便后续环氧件的安装。导体与绝缘两侧间隙需要采

用胶带进行填充处理。

导体压接完成后如图 4-33 所示。

6. 零件安装

（1）去除环氧件非绝缘侧临时防护，清理两侧露出电缆表面绝缘，涂抹适量硅油。将非绝缘侧应力锥向导体方向推动，至电缆绝缘露出长度约等于制动环长度。清理应力锥外表面（如图 4-34 所示），应力锥绝缘部分薄涂一层硅油并包覆保鲜膜。

图 4-33　导体压接完成后的处理

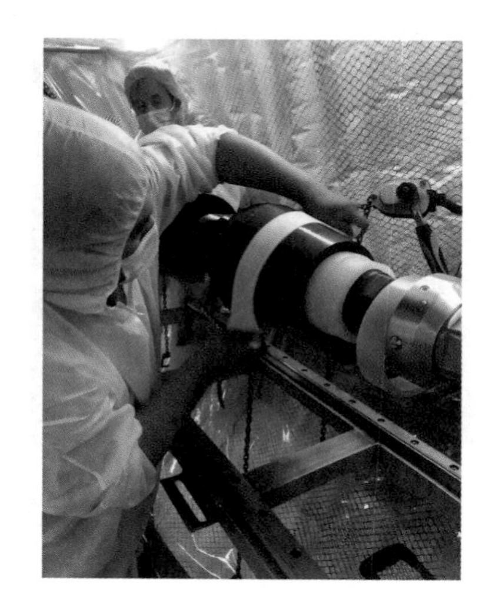

图 4-34　应力锥表面清理

（2）确认环氧件上标记与电缆标记位置重合，使用滑动工具将环氧件移至连接中心，保证切口槽螺栓顺利划入中心导体设定的凹槽内。

（3）从标记胶带处确认环氧件的位置，绝缘侧及非绝缘侧均需要测量。

（4）松弛绝缘侧临时固定的压缩金具，将环氧件转动 90°，并对电缆中心位置确认。

（5）安装非绝缘侧压缩金具，弹簧设定为 155mm，将应力锥顶进环氧件内。绝缘侧压缩金具压缩至 155mm。

（6）更换完成后，再将电缆及接头缓慢放下，下落至环氧件与本体夹具接触即可，两侧电缆为悬吊状态。

（7）拆除环氧件两侧压缩金具。将绝缘侧绝缘筒拆除，安装绝缘侧及非绝缘侧的偏心检查治具，并测量尺寸，调整电缆，保证在偏心要求范围内，电缆偏心测量如图 4-35 所示。

（8）按照图纸要求，对绝缘侧电缆进行屏蔽缠绕处理，如图 4-36 所示。缠绕半导电 C 带、屏蔽金属网、黏性 PVC 带。

图 4-35　电缆偏心测量

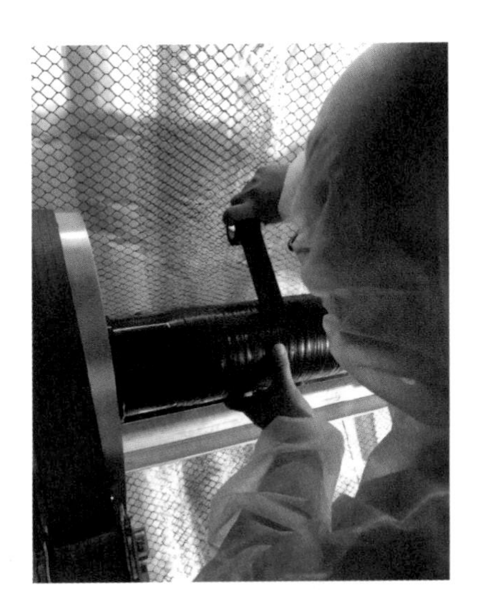

图 4-36　绝缘侧屏蔽处理

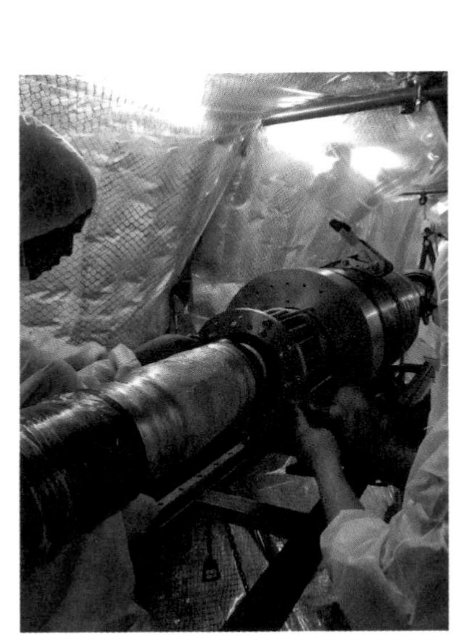

图 4-37　安装压缩金具

（9）清扫环氧件法兰面和密封圈。涂抹薄薄一层硅脂到密封圈上，并将其固定到环氧件绝缘侧法兰密封圈槽中。清理绝缘筒内外表面，用螺栓安装绝缘筒至环氧件固定位置。清理绝缘筒法兰，检查密封面及密封槽情况，涂抹硅脂临时固定密封圈，使用螺栓固定至绝缘筒上。安装绝缘侧及非绝缘侧的压缩金具如图 4-37 所示。

（10）将压缩装置连接轴安装至环氧件（非绝缘侧）、绝缘筒法兰（绝缘侧）上，送入压缩金具，使之触及应力锥，依次对称且均匀地拧紧螺母。

（11）压缩金具安装后，需要过压缩，过压缩是将连接轴的螺母全部均等的紧入到底座至指定弹簧长，保持2h；之后，均等地退回螺母至弹簧长。

（12）按照图纸要求连接编组线，金属屏蔽布带铜丝与屏蔽金属网缠绕在金属护套上，预先进行焊接牢固（焊接范围不小于编组线连接范围），再将编组线置于其焊接位置以上，一起焊接到金属护套上，如图4-38所示。

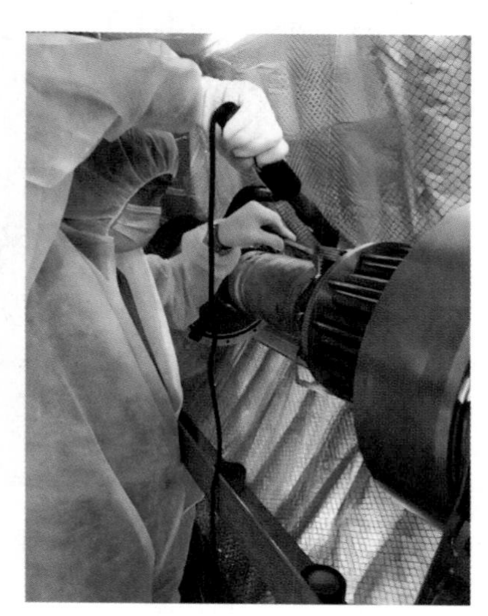

图4-38　压缩金具编组线连接

7. 防腐蚀处理

（1）清洁保护金具的法兰面和密封圈。薄涂一层硅脂到密封圈上，将其压入保护金具的密封槽中。

（2）套上保护金具，使之与压缩金具结合。用手拧入螺栓，以规定力矩对角均匀上紧螺栓。

（3）在绝缘侧保护金具法兰位置缠绕CR橡胶带，外径与绝缘筒基本一致。清洁绝缘筒表面及防蚀衬垫内外表面，防止异物残留。从电缆侧移动防蚀衬垫至绝缘筒，开口朝下进行密封，缠绕PVC固定。

（4）在外护套断口位置（距离底铅边缘100mm）布置热电偶进行测温。用喷枪加热封铅部位，同时加热铅锡焊条，将熔融状态下的封铅锡焊条堆积贴服于封铅部位。封铅部位长约120mm（铜壳60mm，金属护套60mm），封铅致密性应良好，不应有杂质、气泡，铅封圆周方向的厚度要均匀，且单侧封铅厚度不应小于12mm，外形应以苹果状为佳。整个封铅过程的温度控制在120℃以下（尽量控制在110℃以下），避免温度过高造成对电缆线芯的损伤。

（5）用镀锡软铜线将镀锡软铜编组线扎紧并焊接至金属护套底铅上，然后反折，将编组线另一端扎紧并焊接在保护金具上。中间预留编组线弯折平铺于封铅表面。编组线两端焊接位置需提前打底焊。封铅时不应损伤电缆绝缘，封铅作业持续时间应尽量控制在30min左右，如图4-39所示。

（6）检查外护套表面状态，清理残留异物。按照图纸要求缠绕带材，移动热缩套管，使其按照尺寸覆盖保护金具与电缆外护套。整体吊起接头至适合高度，移动热缩管至收缩位置。安装完成后，使用接头夹具固定至托架上，如图 4-40 所示。

图 4-39　套管尾部铅封处理

图 4-40　安装完成后的状态

4.4.2　户外终端安装

户外终端的安装流程见表 4-7。

表 4-7　户外终端安装流程

步骤	工艺流程	安装环境要求
1	电缆处理	洁净室外，无洁净度要求
2	导体引出棒压缩	洁净室外，无洁净度要求
3	绝缘体打磨	洁净室外，无洁净度要求
4	零部件插入	洁净室内
5	绝缘屏蔽层硫化	洁净室内，洁净度万级
6	应力锥插入	洁净室内，洁净度万级
7	部件安装	洁净室内，洁净度万级
8	防腐蚀处理	洁净室外，无洁净度要求

1. 电缆处理

（1）测量套管长度，记入安装图纸；将电缆竖起，用电缆支架等固定工具

将电缆预固定。电缆竖起固定时，请注意电缆的弯曲半径不要小于电缆的许可弯曲半径。在留有余长 500mm 的位置切断电缆，电缆的切断位置是以支架的上边缘为基准点的。按照图纸要求剥离电缆的外护套，如图 4-41 所示。

图 4-41 去除外护套

（2）使用硬脂酸、纸巾等清洁金属护套，去除金属护套外的沥青。

（3）根据图纸要求确认底焊区域：推荐长度大于等于 260mm。底焊（前端底焊位置用于金属屏蔽金属网焊接）处理时间：在金属护套剥离前，进行底焊处理。从距金属护套 60mm 处进行底铅处理，推荐宽度大于等于 180mm。

（4）在外护套断口位置（距离底铅边缘 100mm）布置热电偶进行测温。

（5）按要求剥离金属护套记入确认表。金属护套断口两端分开，进行喇叭口处理，使用锉刀等工具对金属护套末端进行打磨，并用砂纸等将喇叭口的尖端毛刺打磨平滑，防止划伤电缆。考虑后续部件套装，喇叭口最大外径应小于等于波峰外径。按照安装图（如图 4-42 所示）去除电缆外护套上的石墨层（长 500mm），对刮除石墨层的外护套表面均匀打毛处理，用保鲜膜将去除石墨层的部分进行包覆保护。

（6）电缆加热校直同 4.4.1 中加热校直处理，如图 4-43 所示。

2. 导体引出棒压缩

（1）从电缆的前端按规定的尺寸加工导体出口，如图 4-44 所示。

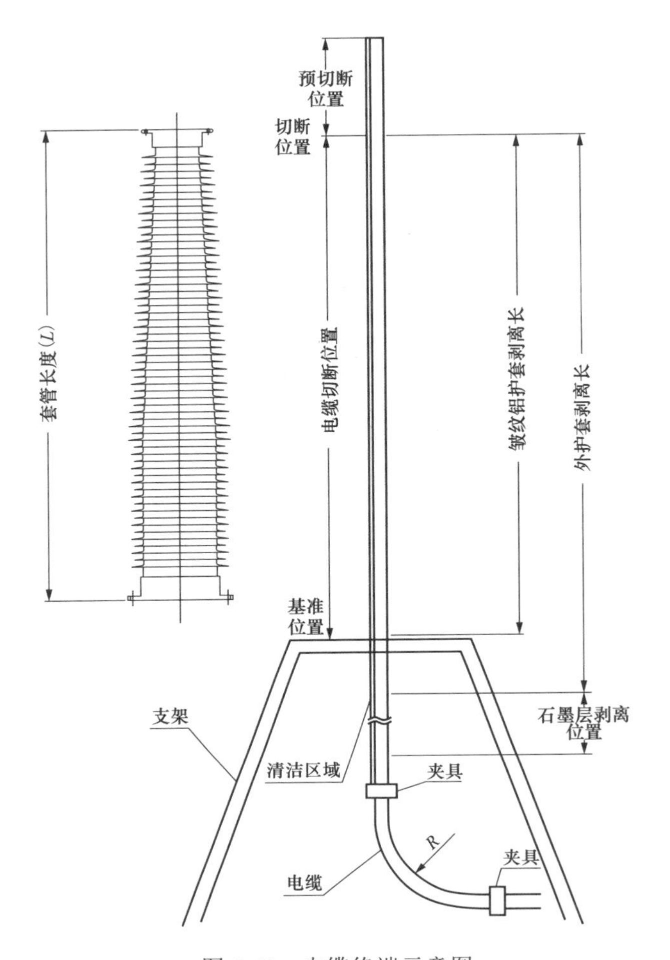

图 4-42　电缆终端示意图

图 4-43　电缆加热校直

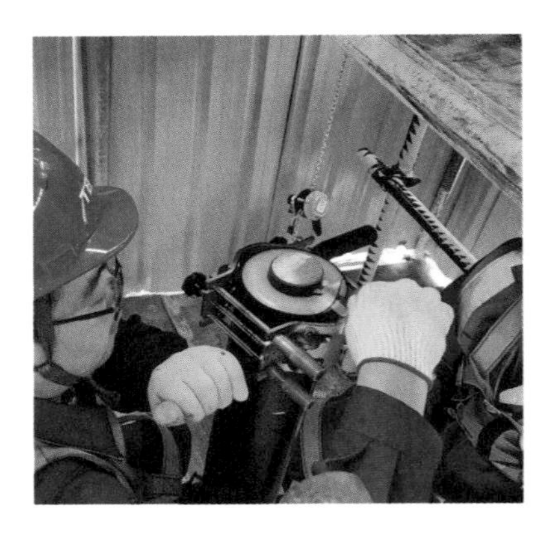

图 4-44　电缆导体出口加工

（2）去除分割导体内的绝缘纸。确认压接前导体引出棒竖直状态，确认导体引出棒与导体的配合度。

（3）使用钢刷顺时针方向刷导体表面，去除表面氧化层；将电缆导体插入导体引出棒，使之接触到导体引出棒的底部，如图4-45所示；用油笔在导体上（导体引出棒的端部）做标记。

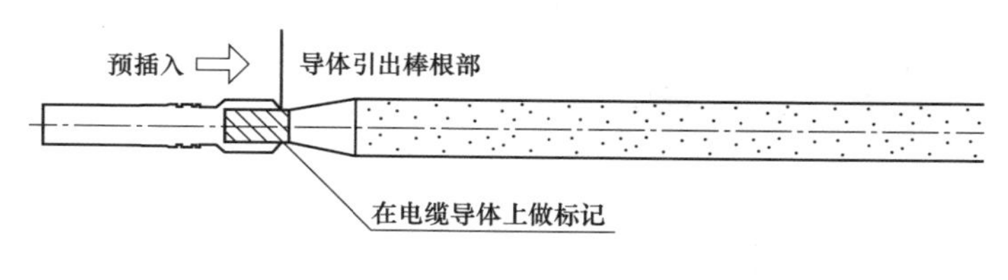

图4-45　电缆导体插入

（4）压缩导体引出棒，压模位置在标记压接线以下，不得超出导棒尾端，如图4-46所示。根据压缩前后标记与导体引出棒的位置，确认没有出现插入不足的现象。推荐采用200t压钳，压模宽度为60mm，控制在压接区域内，压缩1次即可。

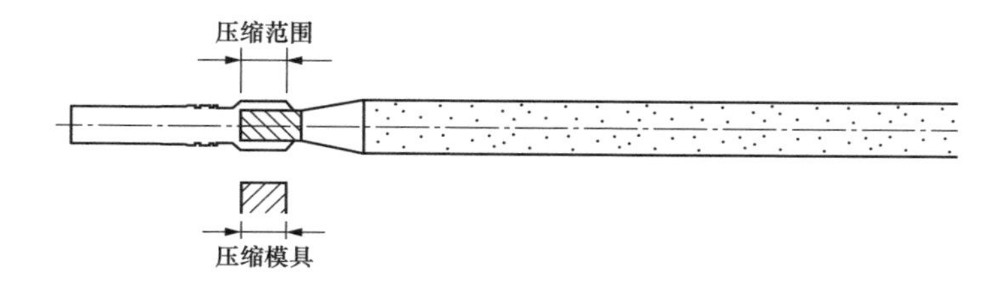

图4-46　导体压缩

（5）用锉刀和砂纸去除压缩后导体引出棒表面的毛刺和铜屑等，保持清洁。压接完成后，采用绝缘自黏带填充导体与绝缘间隙，并采用PVC带进行固定。

3. 绝缘体打磨

（1）电缆绝缘精加工区域以上位置的外屏蔽剥离采用电缆剥除刀。

（2）测量外半导前端距离导体引出棒前端的尺寸，确认其在误差范围之内。确认外半导层剥离后的绝缘体外径符合安装图的要求。使用玻璃对绝缘体外径进行处理。

图 4-47 电缆绝缘打磨

（3）使用砂纸 240 号—400 号—600 号—1000 号对电缆绝缘进行打磨处理（后一次打磨后保证无上一次砂纸打磨痕迹），然后使用清洁巾和无水酒精擦拭。注意擦拭过电缆半导电部位的清洁巾，不能再用来擦拭电缆绝缘部位。打磨后的表面粗糙度需满足下一步硫化工艺，确认打磨后的绝缘体外径满足组装图要求，电缆绝缘打磨如图 4-47 所示。

（4）按照组装图测量打磨之后的绝缘体的外径（d_1、d_2、d_3），记入确认表，确认应力锥上标记的内径并记录。按照安装图，将 X、Y 径向及轴向测量数值差值不超过规定数值，控制在绝缘精加工外径范围内。

4. 零部件插入

（1）在洁净室外先用钢刷打磨保护铜壳尾端，在保护金具铅封部位打底铅处理，将支持瓷座安装在架台上。

（2）进行内部屏蔽处理。卷缠半导电 C 带，卷缠屏蔽金属网，屏蔽金属网不可分段搭接，在金属护套端部进行扎紧处理，再进行点焊，不少于 3 个焊点，并提前在金属护套端部做好底焊，屏蔽金属网需捆扎固定。卷缠黏性 PVC 带（拉紧但不需要拉伸），依次插入热缩管，保护金具，密封圈和压缩金具、法兰。插入应力锥托，安装环氧座下部金具。法兰安装如图 4-48 所示。

图 4-48 法兰安装

5. 电缆模塑

搭建洁净室，进行空气净化，使用尘埃粒子计数器进行测量，保证达到万级净化环境要求（每立方米洁净室内 0.5μm 颗粒物小于等于 352 000 个）。参考 4.4.1 中间接头安装中第三部分——绝缘屏蔽层硫化工艺。

6. 应力锥插入

（1）确认应力锥与电缆绝缘体表面无异常，使用浸泡无水酒精（纯度99.5%以上）的清洁巾从绝缘体开始到半导体侧清扫。使用热风枪干燥应力锥与电缆绝缘表面。

（2）在电缆绝缘体表面和应力锥的内表面薄涂一层硅油后，将应力锥插入到电缆规定的尺寸位置，如图4-49所示。提前组装环氧座与环氧座连接金具。

（3）将组装后的环氧座通过吊环螺栓套入电缆，并通过螺栓与环氧座下部金具固定，如图4-50所示。

图4-49 应力锥插入

图4-50 环氧座安装

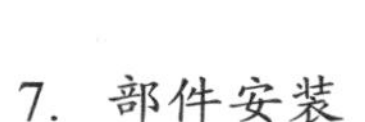

7. 部件安装

（1）将压缩装置用内六角平端紧定螺钉安装至下部法兰上，送入压缩金具，使锥托触及应力锥，如图4-51所示。

图4-51 压缩金具安装

（2）依次对称且均匀的拧紧螺母，使弹簧保持在一定长度。将套管安装到下部法兰上，如图4-52所示。

（3）电缆位置确认：按照图纸确认

导体引出棒顶端至套管上表面的尺寸，向套管内部注入绝缘油，如图 4-53 所示。

（4）将上部金具和密封圈固定到套管上。将紧固金具固定到上部金具上，将导体固定金具固定在紧固金具上。确认导体引出棒的露出长度满足组装图的要求，拧紧防松螺母，用内六角固定螺栓固定防松螺母。

图 4-52　吊装瓷套管

图 4-53　注入绝缘油

（5）确认保护金具的下缘与标记位置间的距离满足组装图的要求。导体引出棒顶端至导体固定金具上表面距离尺寸满足设计要求。安装上部屏蔽金具和密封圈，如图 4-54 所示。安装连接组合件及下部屏蔽金具，如图 4-55 所示。

图 4-54　安装上部屏蔽金具

图 4-55　安装下部屏蔽金具

（6）清洁保护金具的法兰面和密封圈。薄涂一层硅脂到密封圈上，将其压入到保护金具的密封槽中。套上保护金具，使之与下部法兰接合。用手拧入六角螺栓，以规定力矩对角均匀上紧螺栓。

8. 防腐处理

（1）用喷枪加热底铅封铅部位，预先在其表面涂覆一层新底铅，同时加热铅锡焊条，将熔融状态下的封铅锡焊条堆积贴服于封铅部位。

（2）铅封部位长约 120mm（铜壳 60mm，金属护套 60mm），铅封致密性应良好，不应有杂质、气泡，铅封圆周方向的厚度要均匀，且单侧铅封厚度不应小于 12mm，外形应以苹果状为佳。铅封时不应损伤电缆绝缘，铅封作业持续时间应尽量控制在 30min 左右。下部铅封处理如图 4-56 所示。

图 4-56　下部铅封处理

（3）缠绕绝缘自黏带及防水带，并收缩热缩管。

4.4.3 GIS 终端安装

GIS 终端的安装流程见表 4-8。

表 4-8　GIS 终端产品安装流程

步骤	工艺流程	安装环境要求
1	电缆处理	洁净室外，无洁净度要求
2	导体引出棒压缩	洁净室外，无洁净度要求
3	绝缘屏蔽层硫化	洁净室内，洁净度万级
4	应力锥插入	洁净室内，洁净度万级
5	电缆安装	洁净室内，洁净度万级，应力锥弹簧锥托安装到位后可不再控制洁净度
6	套管安装	洁净室外，无洁净度要求

1. 电缆处理

（1）电缆预切断。

1）清洁电缆表面，检查电缆无异常，用电缆矫直器矫直电缆。

2）垂直安装：将电缆竖起，并用固定夹预固定；水平安装：将电缆水平放置，根据电缆最终固定位置与 GIS 开关仓体位置确定安装基准，然后将电缆回撤至仓体外进行电缆处理，并临时固定。

3）电缆竖直或横向固定时，弯曲部分应在电缆的允许弯曲半径范围以内。先以套管法兰上沿为基准点测量判定电缆实际切断位置，然后以电缆实际切断位置为基准，再加 500mm 余长切断电缆。根据安装图规定位置剥离电缆的外护套。

（2）底铅处理。使用硬脂酸、纸巾等清洁金属护套，去除金属护套外的沥青。根据图纸要求标记底焊区域。底焊处理时，在金属护套剥离前，进行底焊处理。

（3）金属护套上剥离。按安装图剥离金属护套，按照图纸要求保留铜丝屏蔽带，并反折固定在金属护套上。金属护套断口两端分开，进行喇叭口处理，使用锉刀等工具对金属护套末端进行打磨，并用砂纸等将喇叭口的尖端毛刺打磨平滑，防止划伤电缆。按照安装图去除电缆外护套上的挤包外电极或石墨层（推荐长度 500mm）。用保鲜膜将去除挤包外电极的部分进行包覆保护。

（4）电缆加热校直。同 4.4.1 中加热校直处理，如图 4-57 和图 4-58 所示。

图 4-57　电缆加热

图 4-58　电缆校直

2. 导体引出棒压缩

（1）按照组装图的要求，以电缆端部为基准处理导体连接口。绝缘体端部过渡处切削为铅笔头状，导体出口加工如图 4-59 所示，导体端部铅笔头剥离尺寸如图 4-60 所示。

图 4-59 导体出口加工

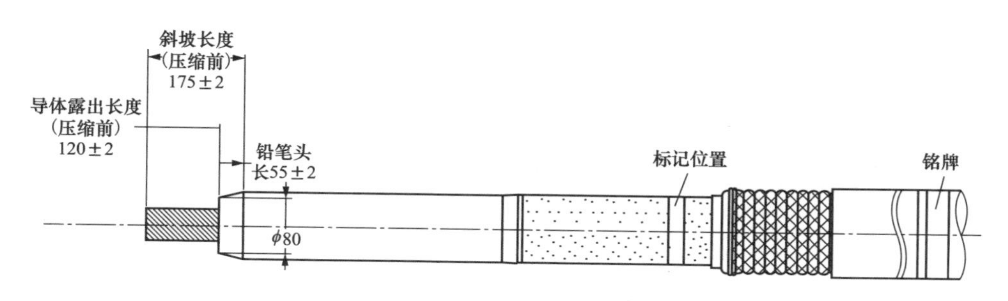

图 4-60 导体端部铅笔头剥离尺寸（单位：mm）

（2）使用玻璃对绝缘体外径进行处理。使用砂纸 240 号—400 号—600 号—1000 号对电缆绝缘进行打磨处理（后一次打磨后保证无上一次砂纸打磨痕迹），然后使用清洁巾和无水酒精擦拭，注意擦拭过电缆半导电部位的清洁巾，不能再用来擦拭电缆绝缘部位。打磨后的表面粗糙度需满足下一步硫化工艺，确认打磨后的绝缘体外径满足组装图要求，电缆绝缘打磨如图 4-61 所示。

（3）确认打磨后的绝缘体外径满足安装图要求。按照组装图所示测量打磨之后绝缘体的外径（d_1、d_2、d_3），记入确认表。确认应力锥上标记的内径并记录。

图 4-61　电缆绝缘打磨

（4）按照安装图，将 X、Y 径向及轴向测量数值差值不超过规定数值，控制在绝缘精加工外径范围内，电缆绝缘体精加工如图 4-62 所示。

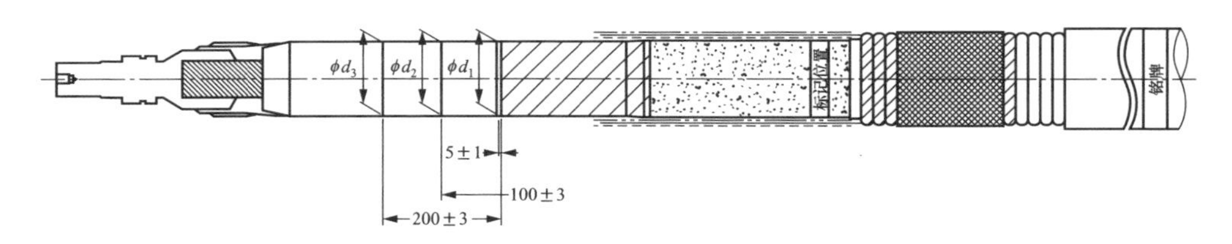

图 4-62　电缆绝缘体精加工（单位：mm）

（5）去除分割导体内的绝缘纸。确认压接前导体引出棒竖直状态；使用钢刷顺时针方向刷导体表面，去除表面氧化层；将电缆导体插入导体引出棒，使之接触到导体连接管的底部。用油笔在导体上（导体引出棒的端部）作标记。压缩导体引出棒，压模位置在标记压接线以下，不得超出导棒尾端。根据压缩前后标记与导体引出棒的位置，确认没有出现插入不足的现象。

（6）采用 200t 压钳，压模宽度为 60mm，控制在压接区域内，压缩 1 次即可。根据压缩前后标记与导体引出棒的位置，确认没有出现插入不足的现象。

（7）用锉刀和砂纸去除压缩后导体连接管表面的毛刺和铜屑等，保持清洁。压接完成后，用 PVC 带包覆导体部分，防止金属粉末掉出。导体与绝缘间隙填充如图 4-63 所示。

3. 绝缘屏蔽层硫化

搭建洁净室，进行空气净化，使用尘埃粒子计数器进行测量，保证达到万级净化环境要求（每立方米洁净室内 0.5μm 颗粒物小于等于 352 000 个），参考 4.4.1 中绝缘屏蔽层硫化工艺。

测量绝缘体外径（d_1、d_2、d_3）并记录，绝缘外径测量位置如图 4-64 所示。X、Y 径向及轴向测量数值差值不超过规定数值，控制在绝缘精加工外径范围内。

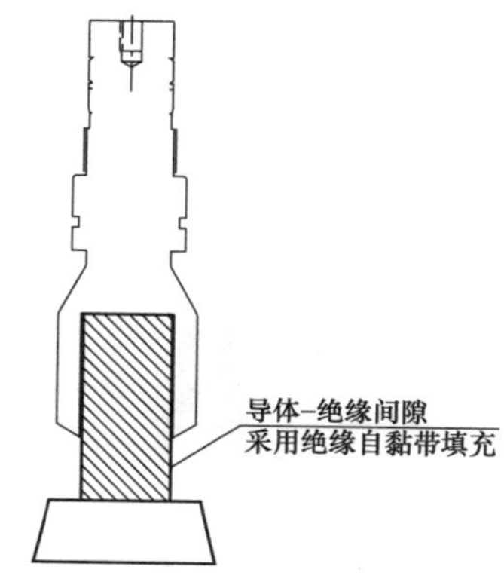

图 4-63　导体与绝缘间隙填充

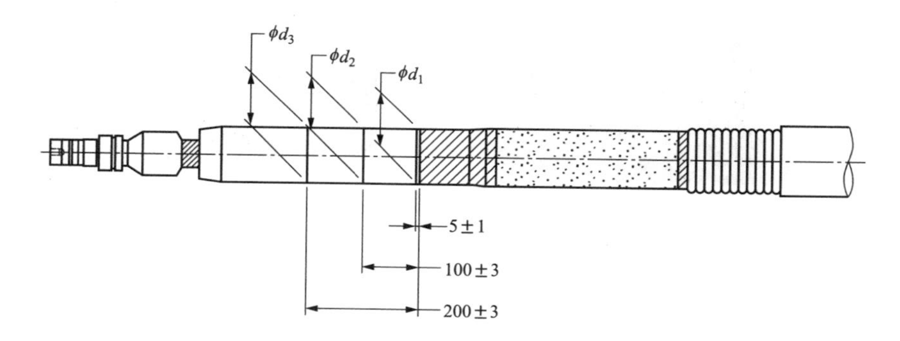

图 4-64　绝缘外径测量位置（单位：mm）

采用绝缘自黏带填充导体与绝缘间隙，并采用 PVC 带进行固定。进行内部屏蔽处理，根据图纸要求，在距离导体引出棒上端规定的位置处缠绕尺寸验证用白色黏性 PVC 带。用防潮罩对电缆进行临时防护。

4. 应力锥插入

确认环境符合万级洁净要求，再检查应力锥与电缆绝缘体表面无异常，使用浸泡无水酒精（纯度 99.5%以上）的清洁巾从绝缘体开始到半导体侧清扫。在电缆绝缘体表面和应力锥的内表面薄涂一层硅油后，将应力锥插入到电缆规定的尺寸位置，如图 4-65 所示。

5. 电缆安装

在导体引出棒上安装密封圈，终端竖直安装时将吊环螺栓安装在套管固定法兰侧面 4 个螺纹孔上，此处作为吊装点，用套管固定法兰将环氧套管组合件（出厂前，环氧套管、法兰、绝缘筒和中间法兰已组装完成）安装到电缆上，GIS 套管吊装如图 4-66 所示。

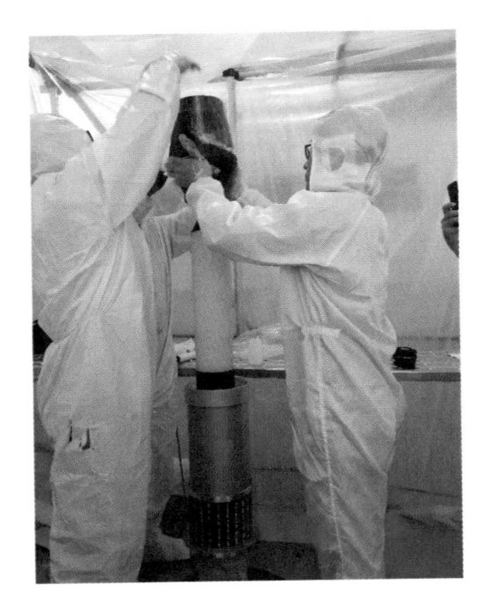

图 4-65　应力锥安装

图 4-66　GIS 套管吊装

终端水平安装时将螺栓安装在与开关柜配合的黄铜法兰侧面螺纹孔上，此处作为吊装点，缓慢将环氧套管组合件（出厂前，环氧套管、法兰、绝缘筒和中间法兰已组装完成）安装至电缆上。

在套管另一侧观察导体引出棒的前端，径直插入电缆。一旦导体引出棒露出头来，抓住导体引出棒的前端移动电缆到指定位置。测量导体引出棒前端到环氧套管前端的距离，确认其在组装图要求范围内。

6. 套管安装

（1）检查 GIS 开关柜底部密封面和密封圈表面。清扫 GIS 终端表面，以保证其表面清洁。配合 GIS 厂家安装至气仓内部。

（2）调整电缆置于压缩金具法兰同轴心，测量压缩金具法兰与电缆间隙确定，保证 *X*、*Y* 方向 4 处测量偏差在规定值以内，建议采用夹具固定电缆。

（3）压缩金具安装后，需要过压缩，过压缩是将内六角平端紧定螺钉的螺母全部均等地紧入底座至弹簧长一定长度，保持 2h；之后，均等地退回螺母至要求值。

（4）按照图纸要求连接 2 根编组线，将编组线一侧压接端子安装在压缩金具上。编组线焊接侧使其处于松散状态，将导体用焊锡在编组线焊接面打底焊。

清洁保护金具的法兰面和密封圈。薄涂一层硅脂到密封圈上，将其压入保护金具的密封槽中。套上保护金具，使之与压缩金具接合。用手拧入六角螺栓，以规定力矩对角均匀上紧螺栓。

铅封处理如图 4-67 所示，铅封部位长约 120mm（铜壳 60mm，金属护套 60mm），铅封致密性应良好，不应有杂质、气泡，铅封圆周方向的厚度要均匀，且单侧铅封厚度不应小于 12mm，外形应以苹果状为佳。缠绕绝缘自黏带及防水带，并收缩热缩管。

4.5　关键工艺质量控制研究

4.5.1　底铅贴铅与戳铅温度试验

底铅处理可分为贴铅和戳铅两种，贴铅将铅融化在铅布上，然后用铅布将半融状态的铅块整体贴在金属护套表面；戳铅将铅条端部融化，然后将端部按在金属护套表面。

图 4-67　铅封处理

1. 贴铅工艺

在金属护套剥离前，使用硬脂酸、纸巾等清洁金属护套，去除金属护套外的沥青，然后进行底焊处理。根据图纸要求确认金属护套底焊区域 180mm±10mm。底焊区域包含尾管铅封和屏蔽金属网焊接的底焊范围。

工艺要求：刷三，要求钢刷方向一致，同时为顺时针或逆时针，至金属护套表面去除氧化层；涂二，底焊涂层要均匀。使用铅条将皱纹铝护套波谷处进行填平处理，底铅的厚度为填满波谷后加 2～4mm。

2. 戳铅工艺

（1）在金属护套剥离前，使用硬脂酸、纸巾等清洁金属护套，去除金属护套外的沥青，然后进行底焊处理。

（2）根据图纸要求确认底焊区域大于等于 290mm，从距金属护套 90mm 处进行底铅处理，宽度大约 180mm。使用铅条打底焊，底焊完成后，底铅的厚度约为填满波谷后加 2～4mm，底铅收口要平滑。

（3）工艺流程：外护套两端端口采用 PVC 包扎，防止沥青加热流出；刷三，要求钢刷方向一致，顺着波纹方向同时为顺时针或逆时针，至金属护套表面刷亮；涂二，底铅涂层要均匀，收口要平滑。

工艺要求：底铅制作不允许采用油性抹布或硬脂酸冷却，避免出现夹渣分层。底铅处理温度控制在 120℃以下（尽量控制在 110℃左右），温度测量位置位于底铅边缘处（距外护套 100mm 位置），时间小于等于 30min（底铅时间包含戳铅及封铅 2 个环节，其中封铅环节时间不应超过 15min）。

改进后，对监测位置（距外护套 100mm 位置）及温度（要求 120℃，尽量控制在 110℃左右）进行规定，通过温度控制保证铅封作业对电缆烫伤的影响，如图 6-68 所示。

（a）

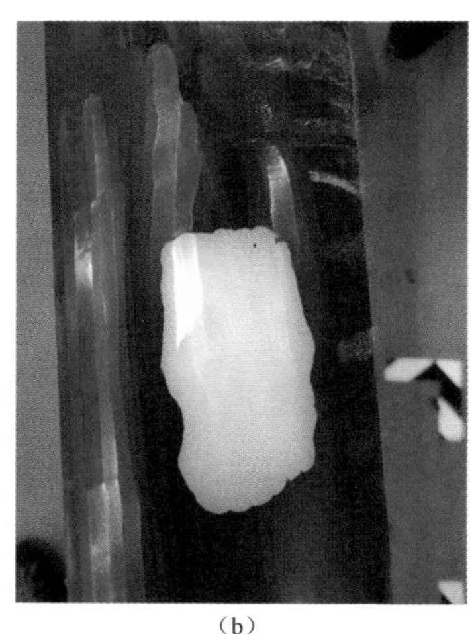
（b）

图 4-68　贴铅与戳铅处理后电缆烫伤情况（一）

（a）贴铅外屏蔽烫伤；（b）刮除绝缘外屏蔽未见变色

（c）

（d）

图4-68 贴铅与戳铅处理后电缆烫伤情况（二）
（c）戳铅外屏蔽状态；（d）刮除绝缘外屏蔽未见变色

对比了贴铅与戳铅法温度控制，通过电缆解剖发现戳铅法对电缆的烫伤相对较轻，故在后续培训中均采用戳铅法搪底铅，搪铅温度和作业时间按照新工艺要求全程监控，并按照三刷两涂流程用钢刷将铝焊料刷涂透彻，确保铝焊料表面毛化效果和底铅贴附牢固。

4.5.2 加热校直试验

由于电缆附件在安装过程中，对电缆本身直线度要求较高，故在安装前进行相关的加热校直的验证工作。加热工艺如下：

（1）电缆绝缘温度为80、85、90℃，时间为0.5、0.5、8h以上。

（2）外护套温度为60、65、70℃，时间为0.5、0.5、8h以上。

热电偶分布情况如图4-69所示。

具体加热温度曲线如图4-70所示。

具体试验情况如图4-71所示。

经实际厂内测试，该加热条件的设定，可以满足直线度要求。

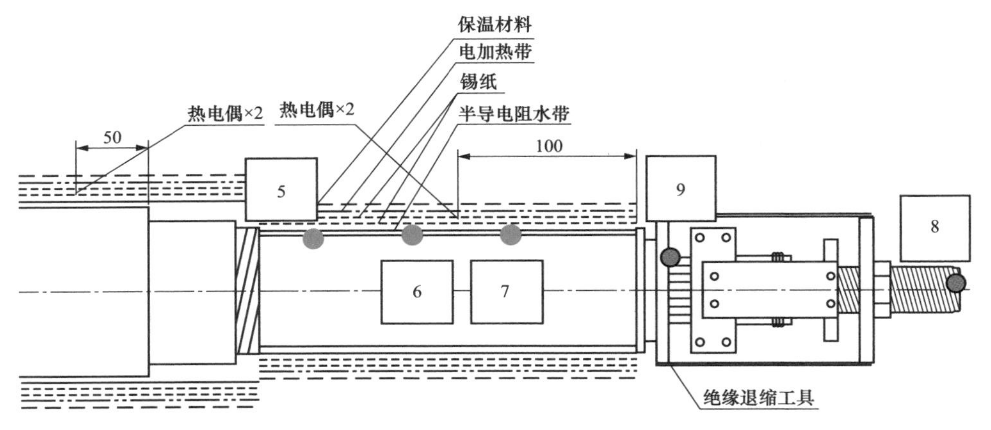

图 4-69　热电偶分布情况（单位：mm）

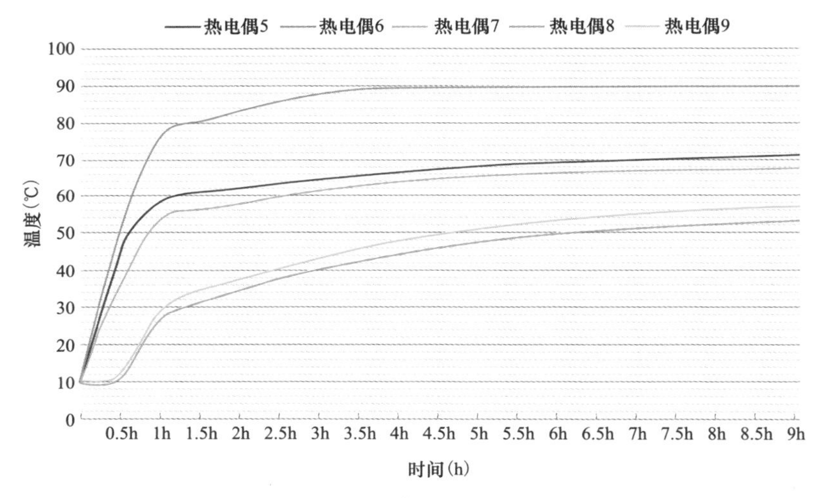

图 4-70　电缆加热温度曲线

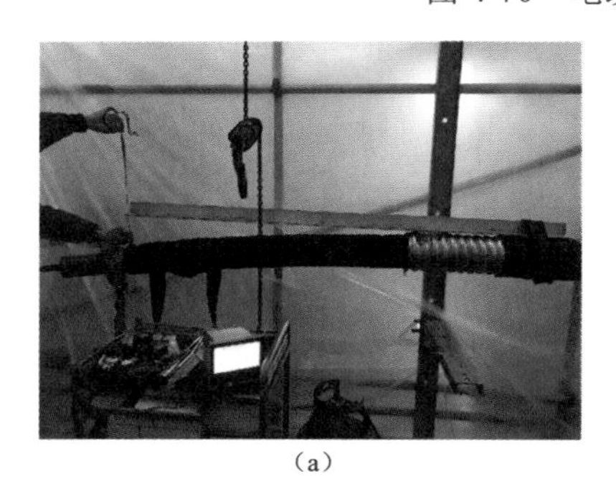
（a）

（b）

图 4-71　电缆加热校直验证（一）

（a）电缆初始状态；（b）加热带紧密缠绕

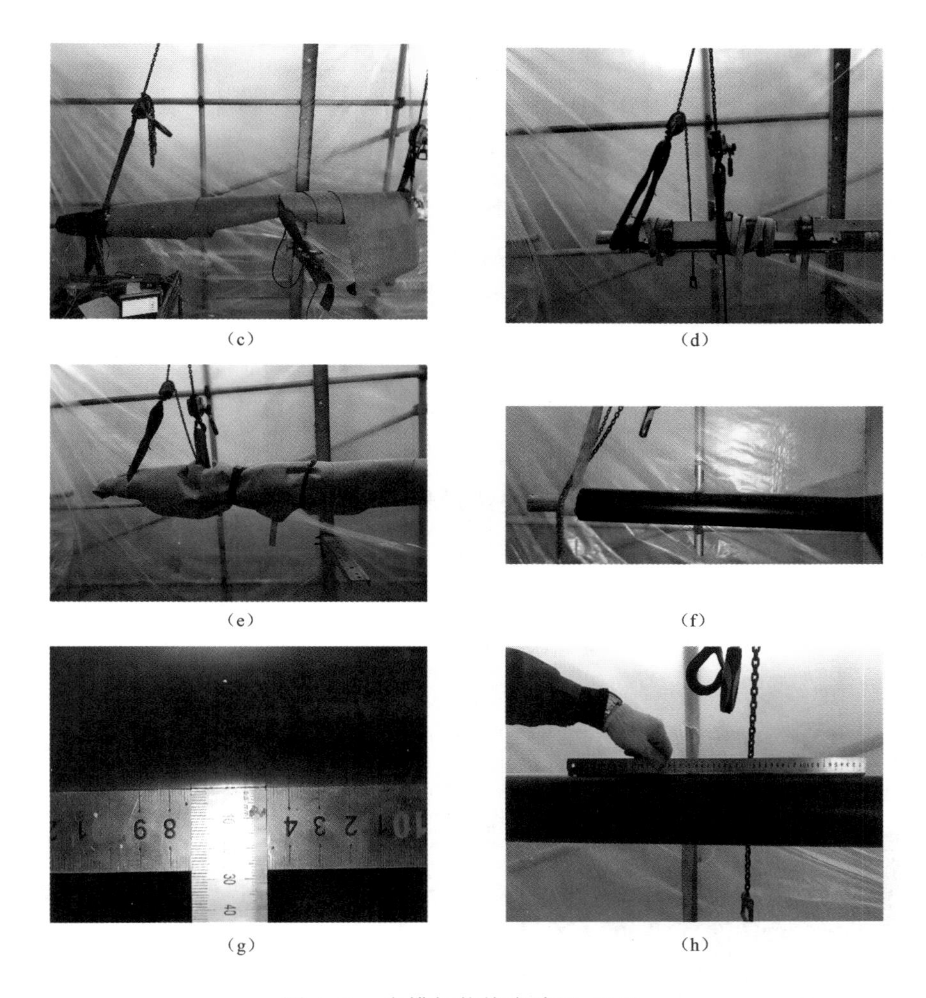

图 4-71　电缆加热校直验证（二）

（c）加热带外缠绕保温毯；（d）电缆采用角铝固定；（e）角铝外侧缠绕保温毯；（f）角铝拆除后；（g）直线度测量；（h）24h 后直线度测量

4.6　验收要点及实例

4.6.1　验收要点

电缆附件安装验收主要关注以下几个方面：

（1）应加强附件安装施工的过程验收，关键尺寸控制及核心工序处理满足工艺要求。

（2）各关键部件及附件整体外观良好、无损伤。

（3）终端尾管以下及中间接头两侧电缆应保持直线并固定牢靠。

（4）附件接地及密封处理良好，金属护套接地方式符合设计规定。

（5）变电站内终端及隧道内中间接头的防火、防爆措施满足设计要求。

（6）附件名称牌、相色带等标识齐全、清晰。

（7）金属护套电气接线图、附件质量合格证明、附件安装记录等资料应齐全。

4.6.2 工程实例及整改建议

以下为部分附件安装验收过程中发现的常见问题：

（1）接地线过长垂至地面并未有效保护（如图 4-72 所示）：在安装同轴电缆时，未有效控制长度，导致同轴电缆过长垂至地面，且未有效保护，可能会造成同轴电缆护层破损，影响其绝缘性能。处置建议：将同轴电缆抬起置于电缆层支架上且进行固定，或者在同轴电缆与地面之间垫胶皮进行保护。

（2）中间接头接地线未与地极连接（如图 4-73 所示）：在护层直接接地的位置，接地线未与地极有效连接，甚至是完全断开，可能导致金属护层电压过高，损坏电缆外护层或避雷器，带来人身风险，甚至酿成火灾。处置建议：及时恢复接地线连接，确保连接良好。

图 4-72 接地线过长垂至地面并未有效保护

图 4-73 中间接头接地线未与地极连接

（3）加温校直时感温线在半导电层留下压痕（如图 4-74 所示）：加温校直

过程中，感温线直接包裹在电缆外半导电层表面，电缆绝缘受热变软膨胀后，感温线在半导电层留下压痕，影响后续半导电剥削工序。处置建议：缠绕感温线时，感温线与电缆接触位置衬垫高温带，如图 4-75 所示。

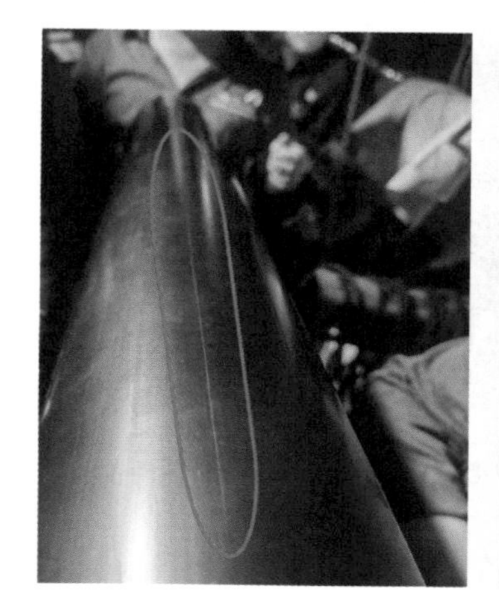

图 4-74　加温校直时感温线在半导电层留下压痕

图 4-75　缠绕感温线时衬垫高温带

（4）硫化后主绝缘上存在黑点（如图 4-76 所示）：硫化工艺后，发现靠近断口的绝缘上有明显的黑点，若不处理，投入运行后，该处会出现电场畸变集中的现象，可能产生局部放电甚至引发击穿故障。处置建议：应仔细检查绝缘表面，用玻璃将黑点、杂质等去除后打磨抛光干净，严重时应重新进行电缆预处理及硫化工艺；后续施工过程中加强环境控制，硫化前套装热缩管时注意加强管内壁及绝缘外表面的清洁，以减少颗粒污染物的进入。

图 4-76　硫化后主绝缘上存在黑点

（5）电缆偏离尾管中心（如图 4-77 所示）：安装接头铜壳后，出现电缆不居中于铜壳的现象，电缆明显偏向铜壳一侧，说明接头部位的电缆未按规定敷设成直线，导致应力锥界面压力不均，引起后续运行中局部放电，甚至导致击穿事故。处置建议：封铅之前将电缆调整至尾管中心，用垫铅均匀填充缝隙，调整接头两侧电缆与接头本体至一条直线上，最后做封铅处理。

图 4-77　电缆偏离尾管中心

（6）环氧件端部有磕碰（如图 4-78 所示）：在接头托架安装过程中，环氧件端部与角钢发生磕碰产生局部受损，可能导致接头密封不良或环氧件开裂。处置建议：检查受损部位是否与密封圈接触导致影响密封性能，同时应对环氧件进行探伤检查判断有无开裂问题。

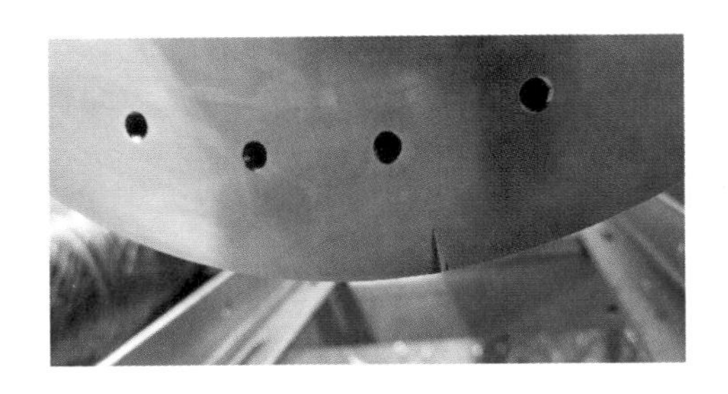

图 4-78　环氧件端部有磕碰

（7）硫化后绕包半导电带处存在气泡或空隙（如图 4-79 所示）：热缩管收缩时速度不均产生气泡，导致硫化加热时半导电 PE 带不能与主绝缘充分交联，在半导电层形成气泡或者空隙。处置建议：硫化加热时，热风枪口始终垂直于电缆表面，环绕电缆匀速移动，如有气泡应及时挤压排出。

（8）硫化时外半导电层压痕（如图 4-80 所示）：硫化时热缩套的末端边缘勒紧受热软化的电缆，导致电缆外半导电层出现凹痕。处置建议：硫化时热缩

管的末端应搭接在阻水带（如图 4-81 所示）或 PVC 带上，不能搭接在半导电位置，同时热缩管末端与电缆间应保留一定缝隙，不能全部缩紧。

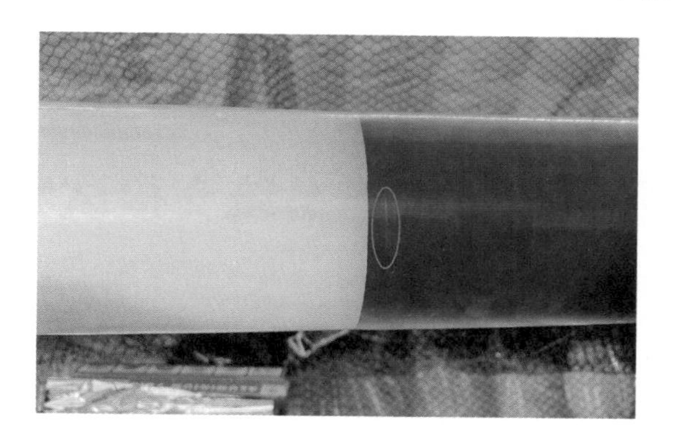

图 4-79　硫化后绕包半导电带处存在气泡或空隙

图 4-80　硫化时外半导电层压痕

图 4-81　热缩管搭接至阻水带上

第5章 电缆系统交接试验

电缆线路在完成敷设、附件安装、附属设备安装后，建设单位为了向运行单位验证电缆线路的可靠性，需对整个电缆系统的绝缘水平进行检验，判断电缆线路是否满足送电的要求，就需要对电缆系统进行交接试验。

5.1 交接试验概述

5.1.1 交接试验目的

电缆系统交接试验的目的主要是检验电缆线路的安装质量，验证电缆线路的电气性能是否达到设计要求，并确定其是否符合安全运行的要求。此外，交接试验还能够及时发现和消除电缆及附件在施工过程中可能出现的损伤，从而确保电缆系统的正常运行。

交接试验的目的不是检验电缆制造质量和附件制造质量的好坏，制造质量的检验已经在型式试验和出厂试验中进行。

在运输、搬运、存放、敷设、安装和回填过程中，电缆都可能受到意外伤害。电缆有坚固的外护套，当外护套完好无损时，绝缘是不会受到损害的，通过施工后的外护套耐压试验可以进行检查。对于高压电缆，接头和终端的安装必须由受到严格培训和训练的装配工人按照成功的工序进行施工，土建施工也要有完善的施工程序。

有效的质量保证体系永远都是高压电缆施工安装和交接的基础，这套程序至少应包括以下内容：

（1）仔细检查电缆通道建设、敷设施工、电气安装环节是否能避免对电缆造成伤害。

（2）安装和施工人员是否有足够的经验。

（3）不同单位的部门之间的协调是否充足良好。

（4）以往的施工经验。

5.1.2　交接试验项目

1. 交接试验的标准

用于 500kV 电压等级的高压电缆竣工试验的标准（以最新版本为准）有：

（1）GB 50150—2016《电气装置安装工程　电气设备交接试验标准》。

（2）GB/T 22078.1—2008《额定电压 500kV（U_m=550kV）交联聚乙烯绝缘电力电缆及其附件　第 1 部分：额定电压 500kV（U_m=550kV）交联聚乙烯绝缘电力电缆及其附件——试验方法和要求》。

（3）DL/T 1253—2013《电力电缆线路运行规程》。

（4）IEC 62067:2022《额定电压 150kV（U_m=170kV）以上至 500kV（U_m=550kV）挤压绝缘电力电缆及其附件——试验方法和要求》。

2. 交接试验主要项目

根据以上相关标准、规程、规范的要求，500kV 电缆线路的交接试验主要包括以下几个项目：

（1）主绝缘及外护层绝缘电阻测量。

（2）带分布式局部放电检测的主绝缘交流耐压试验。

（3）外护套直流电压耐压试验。

（4）交叉互联系统试验。

（5）线路参数试验。

（6）接地系统试验。

（7）核相试验。

5.2　电缆主绝缘绝缘电阻测量

5.2.1　试验目的

电缆绝缘电阻的测量是检查电缆是否老化、受潮、脏污或存在局部缺陷，以及耐压试验中暴露出来的绝缘缺陷。绝缘电阻下降表示绝缘受潮或发生老化、劣化，可能导致电缆击穿和烧毁。绝缘电阻的测量只能有效地检测出整体受潮和贯穿性缺陷，对局部缺陷不敏感。

5.2.2 试验依据

本试验依据 GB 50150—2016《电气装置安装工程　电气设备交接试验标准》、GB/T 22078.1—2008《额定电压500kV（U_m=550kV）交联聚乙烯绝缘电力电缆及其附件　第1部分：额定电压500kV（U_m=550kV）交联聚乙烯绝缘电力电缆及其附件——试验方法和要求》、DL/T 1253—2013《电力电缆线路运行规程》开展。

5.2.3 试验原理

绝缘电阻测试原理是施加电压测量稳态漏电流，然后将电压除以电流（$R=U/I$）。

绝缘电阻可以用绝缘电阻表来测量，该仪器可以通过内置直流发电机或更高电压的电池供电。绝缘电阻表也称为或兆欧表，该设备是一个包含发生器的高电阻欧姆表，包括三个连接：线路端子（L）、接地端子（E）和保护端子（G）。这三个端子在图5-1中用L、E和G表示。

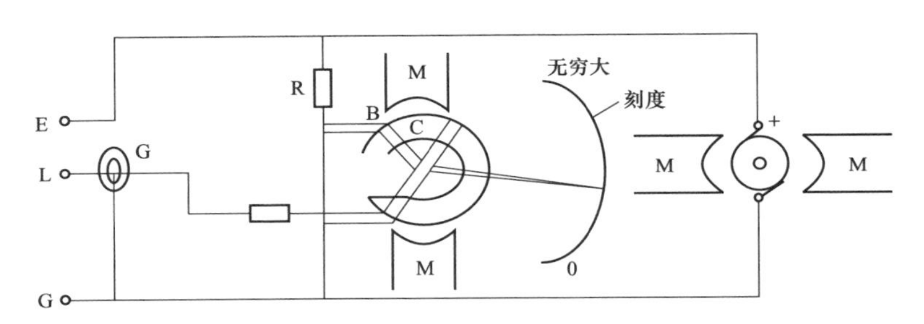

图5-1　绝缘电阻测试仪电路图

5.2.4 试验步骤

1．准备工作

（1）测量绝缘电阻是测量电缆芯对外皮的绝缘电阻，通常用2500V及以上电压的绝缘电阻表测量，也可用5000V绝缘电阻表。测量充电时间需满足GB/T 3048.5—2007《电线电缆电性能试验方法　第5部分：绝缘电阻试验》的规定，不少于1min且不超过5min，通常推荐1min读数。对电缆的主绝缘测量绝缘电阻时，应在每一相上进行。非被试相导体、金属屏蔽应一起接地。

（2）确保被试验电缆GIS终端已经插至GIS气室内，但不能连接其他变电

设备。拆除 GIS 室内的线路电压互感器及避雷器的导电杆，一次接线断开接地开关，拉开进线 GIS 间隔隔离开关。电缆仓气室的微水试验应合格。

（3）户外电缆终端需解除架空跳线、避雷器跳线的连接。

（4）用干燥、清洁的清洁布擦去户外电缆终端表面的污垢，以减少表面泄漏，同时检查电缆终端有无缺陷。

2. 测试步骤

因为现今电缆专业大部分采用电动绝缘电阻表测量电缆绝缘，以下步骤以电动绝缘电阻表为例：

（1）检测电动绝缘电阻表电池是否满足测量要求。

（2）开启绝缘电阻表电源，转动电压选择旋钮，选择需要的测试电压。对于 500kV 电缆，主绝缘绝缘电阻测量选择 2500V 及以上电压。

（3）开启绝缘电阻表电源，按下测试按钮，这时绝缘电阻表指示灯发亮，仪表内置蜂鸣器间歇性明胶，代表绝缘电阻表高压输出端子（L）有高压输出。

（4）紧接着进行空载测试，在高压试验笔悬空情况下，检测绝缘电阻表指针，其应指向无穷大（∞）位置。再将高压试验笔接地，检测绝缘电阻表指针指向 0 位置，证明绝缘电阻表良好。

（5）测试时先将被测电缆的金属屏蔽层接到绝缘电阻表的接地端子（E），为了避免电缆绝缘表面泄漏电流的影响，应利用绝缘电阻表上的屏蔽端子（G），把表面泄漏完全撇开到绝缘电阻表的指示之外。

（6）开启绝缘电阻表电源，按下测试按钮，将高压试验笔触碰电缆线芯，绝缘电阻表指针读数值上升，读取并记录下 1min 时的绝缘电阻值。

（7）对于有自动放电功能的绝缘电阻表，松开测试按钮，仪表停止测试，等候几秒钟，不要把高压测试笔从测试电缆移开，这时仪表将会自动释放测量电缆中的残存电荷。

（8）对其他两相电缆进行主绝缘绝缘电阻测量，重复以上（5）～（7）步骤执行。

5.2.5　安全要求

（1）绝缘电阻表“L”端引线和“E”端引线应具有可靠的绝缘。

（2）测量前和测量后均应对电缆进行充分放电。

（3）分相进行主绝缘绝缘电阻测量时，另两相电缆应短路接地。

（4）电缆不接试验设备的另一终端需派人看守，不准他人靠近、接触被测试电缆，并与测试端试验人员保持通信联系。

（5）如果电缆终端表面泄漏电流较大，可采用屏蔽措施，屏蔽线接于绝缘电阻表“G”端。

（6）测试过程及放电时均须戴绝缘手套。

5.2.6 试验结果分析

根据 Q/CSG 1205019—2018《电力设备交接验收规程》规定要求，主绝缘一般应大于 1000MΩ。但其他标准均没有规定主绝缘的电阻值，说明主绝缘的电阻值是一个参考值。

根据 GB 50150—2016《电气装置安装工程　电气设备交接试验标准》规定要求，耐压试验前后，绝缘电阻测量应无明显变化。

正常情况下，同一回路的电缆线路三相的绝缘电阻值不应相差太大。

5.3 电缆主绝缘交流电压耐压试验

5.3.1 试验目的

交流耐压试验是鉴定电力设备绝缘强度最严格、最有效和最直接的试验，它对判断电力设备能否继续可靠安全运行具有决定性的意义，也是保证设备绝缘水平、避免发生绝缘事故的重要手段。

5.3.2 试验依据

GB/T 22078.1—2008《额定电压 500kV（U_m=550kV）交联聚乙烯绝缘电力电缆及其附件　第 1 部分：额定电压 500kV（U_m=550kV）交联聚乙烯绝缘电力电缆及其附件——试验方法和要求》中规定需经购买方和承包方协商同意施加交流电压。根据实际试验条件，规定了三种试验标准，即施加 320kV 或 493kV（1.7U_0）交流电压，试验 1h，电压波形应基本为正弦波形，频率应为 20～300Hz。在不具备试验条件或有特殊规定时，作为代替，可施加 290kV（U_0）交流电压，时间为 24h。

GB 50150—2016《电气装置安装工程　电气设备交接试验标准》中规定，35kV 及以上电压等级的交联电缆采用 20～300Hz 交流耐压试验，并给出了不

同电压等级交联电缆的耐压标准，见表 5-1。

表 5-1　GB 50150—2016 推荐的橡塑电缆 20～300Hz 耐压试验参数

额定电压 U/U_0（kV）	推荐现场试验电压（U_0倍数）	耐压时间（min）
290/500	$1.7U_0$（或 $1.1U_0$）	60

2018 年，南方电网公司发布的 Q/CSG 1205019—2018《电力设备交接验收规程》中推荐橡塑电力电缆交接验收时，优选 20～300Hz 交流耐压试验，试验电压和时间符合表 5-2 规定。不具备试验条件时可用施加正常系统相对地电压 24h 方法替代。耐压试验前后应进行绝缘电阻测试，测得值应无明显变化。

表 5-2　Q/CSG 1205019—2018 推荐的橡塑电缆 20～300Hz 耐压试验参数

额定电压 U/U_0（kV）	推荐现场试验电压（U_0倍数）	耐压时间（min）
290/500	$1.7U_0$（或 $1.1U_0$）	60

统计国内 2010 年至 2020 年，长距离的 500kV 超高压橡塑绝缘交联电缆线路的交接耐压试验 6 回，均采用变频谐振耐压方式。有最高试验电压为 $1.7U_0$ 的，也有跟电缆供应商协商，试验电压定为 $1.4U_0$ 的。试验时间均为 1h。

本试验依据 GB 50150—2016《电气装置安装工程　电气设备交接试验标准》、Q/GDW 11316—2018《高压电缆线路试验规程》要求开展，即采用试验电压 $1.7U_0$（493kV），耐压时间 60min。

5.3.3　试验原理

由于电缆的电容量较大，采用传统的工频试验变压器很笨重、庞大，且大电流的工作电源在现场不易取得，因此一般都采用串联谐振交流耐压试验设备，其输入电源的容量显著降低，质量减轻，便于使用和运输。

主要采用调频式（20～300Hz）串联谐振试验设备，可以得到更高的品质因数（Q 值），并具有自动调谐、多重保护以及低噪声、灵活的组合方式（单件质量大为下降）等优点。变频串联谐振耐压试验装置是运用串联谐振原理，利用励磁变压器激发串联谐振回路，调节变频控制器的输出频率，使回路电感（L）和试品（C）串联谐振，谐振电压即为加到试品上电压。

5.3.4 交流耐压试验的典型示范案例

以 500kV 广南—楚庭交联聚乙烯电缆工程为例，电缆的线路参数见表 5-3，相关的试验仪器设备参数见表 5-4。

表 5-3 500kV 广楚电缆线路参数表

试验对象	广楚甲线	广楚乙线
电缆截面积（mm^2）	2500	2500
电缆长度（km）	19.6	19.6
电容量（μF/km）	0.195	0.194
总电容（μF）	3.822 0	3.802 4
电阻值（Ω/km）	0.007 2	0.007 2
电感值（mH/km）	0.403	0.403
耐压值及时间（kV/h）	493	493

表 5-4 主绝缘耐压试验仪器列表

序号	名称	规格	数量
1	变频电源	1200kW	2 台
2	励磁变压器	1250kVA/11kV/113A	2 台
3	电抗器	260kV/25H/68A	12 台
4	电容分压器	520kV/1000pF	1 台

交流耐压试验在 500kV 广南站采用变频串联谐振方式，试验接线原理图如图 5-2 所示。

电缆单位长度电容量取 0.195μF/km，电缆总电容量约 3.822μF。可采用 12 台 320kV/25H/68A 电抗器按图 5-2 连接，总电抗值为 8.333H。电容分压器电容量 1000pF，试验电压为 1.7U_0（493kV）。根据被试电缆及仪器设备的相关参数，进行匹配计算，具体如下。

（1）谐振频率为

$$f = \frac{1}{2\pi\sqrt{LC}} = 28.20\text{Hz}$$

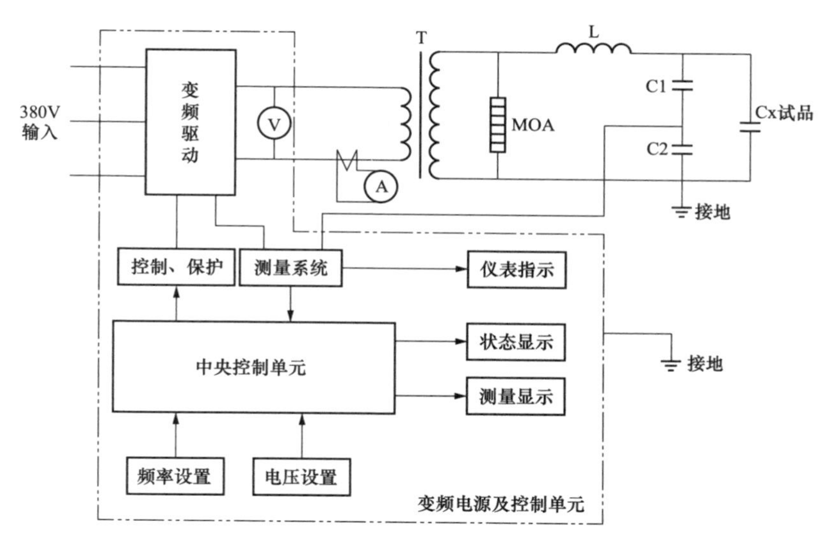

图 5-2　变频串联谐振耐压交接试验接线原理图

（2）耐压电压 493kV 时试品最大电流为

$$I = U\sqrt{\frac{C}{L}} = 334\text{A}$$

（3）试验电压下要求的最大试验容量为

$$S\text{=}UI\text{=493kV×334A=164 662kVA}$$

（4）流过单台电抗器的电流

$$I\text{=334A/6=55.7A<68A（额定电流）}$$

在 55.7A 的试验电流下，电抗器额定电流 68A，试验时达到额定电流的 81.9%，且电抗器为环氧树脂外壳，热量较难外散，故每相电缆试验完成后需进行 24h 散热，解决电抗器温升问题。

（5）单台励磁变压器高压输出电流（采用 5500V 挡）为

$$I\text{=164 662kVA/2/493kV=167A<227A（额定电流）}$$

（6）单台励磁变压器低压输入电流为

$$I\text{=5.5kV/500V×167A=1837A<2500A（额定电流）}$$

（7）单台变频电源输出电流为

$$I\text{=1837A<2400A（额定电流）}$$

2 台变频电源并联满载输出条件下，试验时单台变频电源电流 1837A 小于额定电流 2400A，变频电源电流不平衡在可控范围，不影响试验。

（8）整套谐振系统的品质因数假设为 120，单台变频电源输出电压为

$$U=（493kV/120）/（5.5kV/500V）=374V<500V（额定电压）$$

（9）三相 380V 总电流为

$$I=164\ 662kVA/120/380V/\sqrt{3}=2085A$$

（10）三相 380V 总功率为

$$P=2085A\times380V\times\sqrt{3}=1373kW$$

（11）供电电源需求。根据需求计算，试验用 10kV 箱式变压器供电，考虑 1.5 倍裕度，配置 2 台 1250kVA 箱式变压器并联使用满足要求。

现场试验时电源分三路输出端子（每路三相），其中一路给现场试验场地用电使用，其中两路给 2 台变频电源使用，在变频电源端用 120mm² 的电缆 A—A、B—B、C—C 短接起来，如图 5-3 所示。

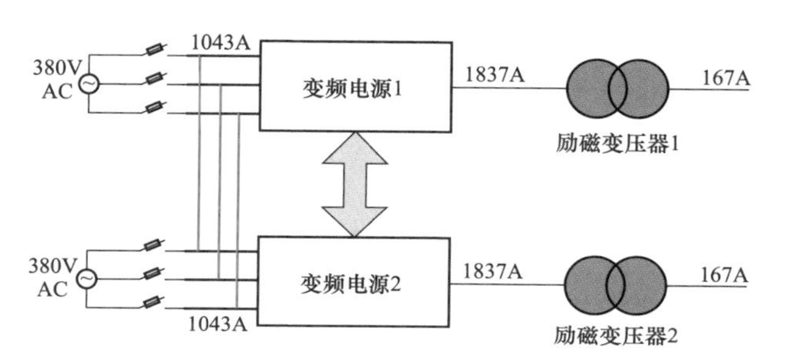

图 5-3　供电电源连接示意图

考虑到 2 台箱式变压器变低并联运行的工况，2 台箱式变压器额定电压都是（10±2×2.5%/0.4）kV，2 台箱式变压器的阻抗电压都是 5.85%，且高压侧为统一电源，现场箱式变压器送电后，测量两路电源对应相序的电压差分别为 A—A：0.1V、B—B：0.2V、C—C：0.1V，2 台箱式变压器可以并联运行。

（12）容升效应分析。为防止电缆超长，电压容升效应而过电压，在前期 500kV 楚庭侧电缆终端筒内已安装快速瞬态过电压（VFTO）及过电压监测装置。结合设备厂内监造，完成出厂验收，在现场电缆交接试验过程中开展 VFTO 及过电压监测。电缆容升模型图如图 5-4 所示。

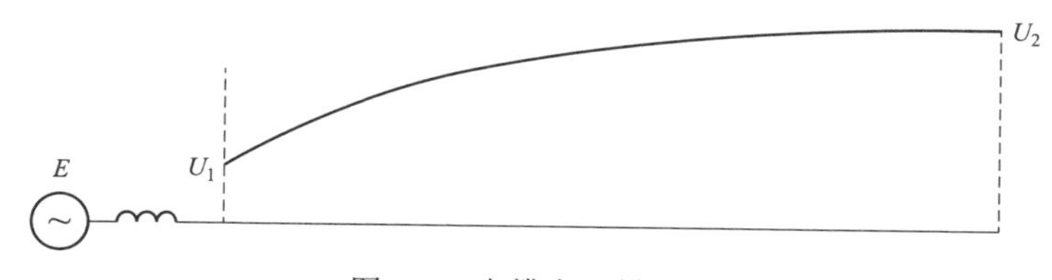

图 5-4　电缆容升模型图

线路容升计算公式为

$$U_2 = U_1 / \cos(2\pi f\ L\sqrt{L_0 C_0}) \tag{5-1}$$

式中：U_1 为源端电压；U_2 为末端电压；L 为线路长度；f 为试验电压频率；L_0 为电缆单位长度电感值；C_0 为电缆单位长度电容值。

电缆的相关参数见表 5-5。

表 5-5　电缆相关参数表

参数	数值
试验频率（Hz）	26.94
电缆长度（km）	19.6
电容量（μF/km）	0.195
电感值（mH/km）	0.403

根据公式计算可知，当源端电压 U_1=493kV 时，末端电压 U_2=493.21kV，容升率为 0.042%，不会造成线路末端过电压。

结合以上对谐振频率、励磁变压器、电抗器、供电电源等参数的计算，变频串联谐振耐压试验装置的现场连接情况如图 5-5 和图 5-6 所示。

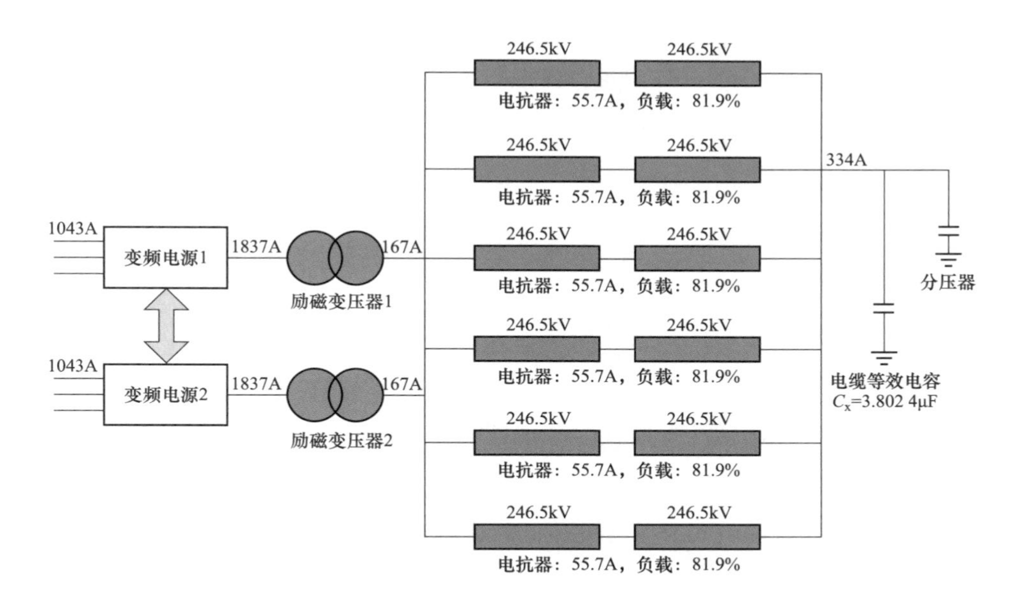

图 5-5　耐压设备现场连接示意图

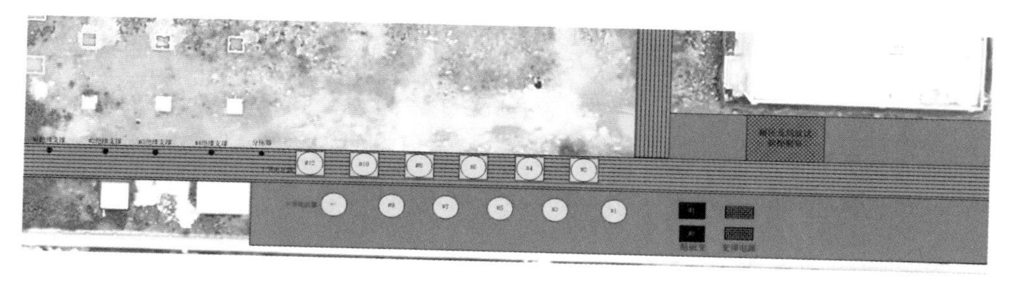

图 5-6 耐压试验现场布置

试验前，应进行电缆核相。采用绝缘电阻表测试，在对侧把对应相分别接地与断开进行相序核对。此外，应确认是否已满足试验条件：①电缆头完成制作，外护套经试验合格，外护套可靠接地；②空气湿度小于 80%；③相关加压气室充 SF_6 后静置 24h，微水小于 250μL/L。

5.3.5 试验流程

1. 试验步骤

（1）进行设备空升，确保试验设备无问题。

（2）测量电缆绝缘电阻。

（3）非试验相电缆短接接地。

（4）通过加压导线将电抗器与电缆终端连接。

（5）仪器自动调谐，到达谐振频率。

（6）均匀平稳升压。

（7）耐压通过后测量绝缘电阻，与耐压前比较不应变化过大。

（8）拆线时，必须先在电缆上挂接地线，才能进行。

2. 技术控制措施

（1）试验电压误加过高会造成试验设备及被试品的损害。本试验使用的电压测量装置应经过校准，并有校准报告，确保测量无误。

（2）试验时应密切注意监视，并保证调压装置处于零位，做到零起升压，升压过程平稳均匀。

（3）加压导线保持足够安全距离，确认连接牢固，加压导线外加装防晕罩。

（4）接线过程中派专人监护，时刻与旁边带电线路保持安全距离。

（5）试验时应加强对电源、变频柜、励磁变压器以及试验回路的检查和监

视，发现有异常时必须立即停止试验。

（6）试验中若无异常，则继续升压至试验电压，达到耐压时间后迅速降压至零位，切断电源并挂接地线。

5.3.6　安全要求

（1）开始工作前工作负责人向工作班组成员进行技术交底，交代工作内容、工作范围。

（2）加压设备四周设围栏，并悬挂“止步，高压危险”标示牌，试验过程中有专人监视，禁止无关人员靠近。

（3）吊车吊装设备时应注意道路两旁的过往车辆，占用车道需挂标志牌，吊车接地线。

（4）加压导线与引线、构架和其他物品保持 5m 以上安全距离，与 500kV 带电设备保持 8m 以上安全距离。

（5）工作开始前检查被试设备是否已具备试验条件，确认所有外护套、交叉互联箱已经进行试验并且试验合格，确认各交叉互联箱及外护套的接地线、连线已可靠连接。

（6）升压过程，电缆中间井安排专人看守，禁止无关人员触碰。

（7）试验现场附近如果有其他施工正在进行，而且影响到试验安全时，不得开始试验，应协调相关单位要求其暂停工作，必须确认符合安全要求时才能开始试验。

（8）登高作业必须佩戴安全带，必须将安全带扣在工作位置旁牢固、结实的固定物上，遵循高挂低用原则。

（9）使用梯子前检查梯子是否完好，必须有人扶梯。

（10）试验开始时，通知附近作业人员，派专人把守，操作人员应大声告知各在场人员与对侧人员，得到回应，方可开始和升压，如有异常应立即断电。

（11）试验时应密切监视变频柜、励磁变压器的状况，如有异常情况应立即停止升压，紧急情况下应立即跳开电源开关。

（12）试验中断、更改接线或结束后，必须切断电源，挂上接地线，防止感应电伤人。

（13）试验过程，注意环保，尽量不损坏绿化设施，试验结束后，清理现场。

（14）工作人员与 500kV 带电设备保持 6m 以上的安全距离。

5.4 电缆分布式局部放电试验

5.4.1 试验意义

局部放电主要指的是电力设备的绝缘系统由于部分被击穿而在绝缘弱点发生的电气放电现象。在高压电缆发生局部放电时，放电位置处的介质温度会逐渐升高，而温度的升高不仅会使绝缘材料产生热裂解，同时还会增大介质的损耗和电导，最终可能会使绝缘体发生破坏，甚至会造成绝缘击穿现象，因此局部放电严重影响了电力设备的绝缘性能与使用寿命。局部放电检测试验被认为是最有效的电缆绝缘缺陷诊断方法之一，同时也是 IEC、CIGRE 等国际电力权威机构一致推荐的重要方法。

5.4.2 试验项目

试验项目主要包括电缆终端局部放电试验、电缆中间接头局部放电试验、电缆本体局部放电试验。

5.4.3 试验依据

本试验依据 DL/T 2324—2021《高压电缆高频局部放电带电检测技术导则》、Q/GDW 11400—2015《电力设备高频局部放电带电检测技术现场应用导则》、Q/GDW 11223—2014《高压电缆状态检测技术规范》、Q/CSG 1206007—2017《电力设备检修试验规程》开展。

5.4.4 试验原理

当电力设备发生局部放电时，通常会在接地引下线或其他地电位连接线上产生脉冲电流。通过高频电流传感器检测流过接地引下线或其他地电位连接线上的高频脉冲电流信号，实现对电力设备局部放电的带电检测，示意图如图 5-7 所示，电缆分布式耐压同步局部放电测试系统如图 5-8 所示。

5.4.5 试验步骤

（1）按要求开展试验前检查：检测仪器是否在有效期内，电量是否充足，现场交流电源是否满足要求。

（2）按要求安装高频电流传感器和相位信息传感器，如图 5-9～图 5-12 所示。

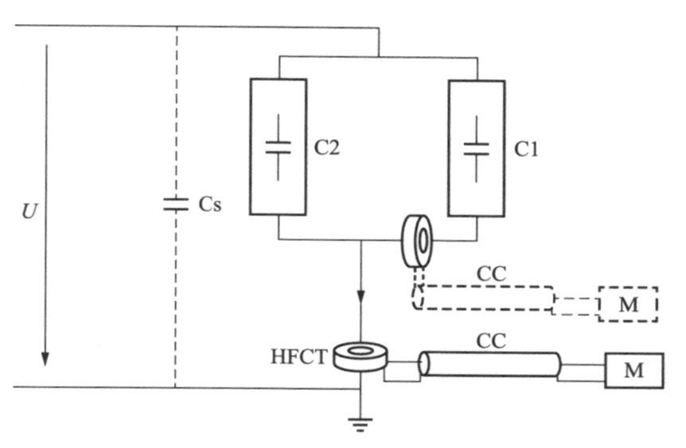

图 5-7　电力设备高频法局部放电检测示意图

U—高压源；Cs—杂散电容；C1、C2—电力设备；HFCT—高频电流传感器；CC—连接电缆；M—高频法局部放电带电检测仪

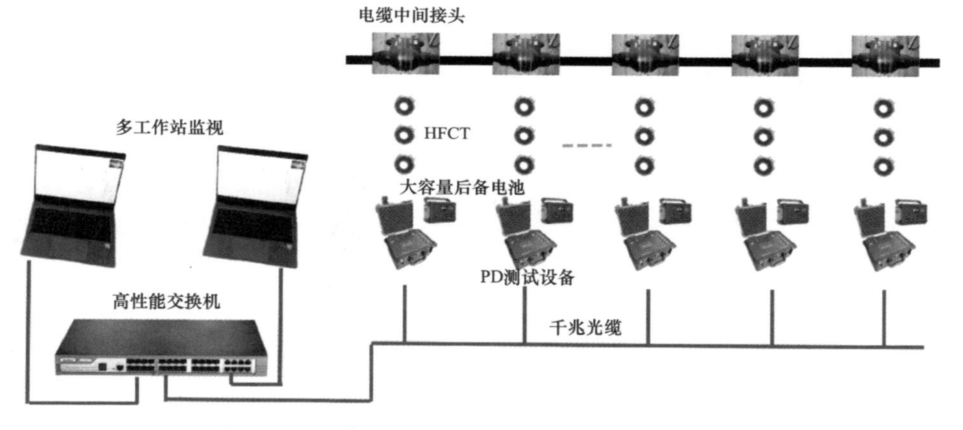

图 5-8　电缆分布式耐压同步局部放电测试系统

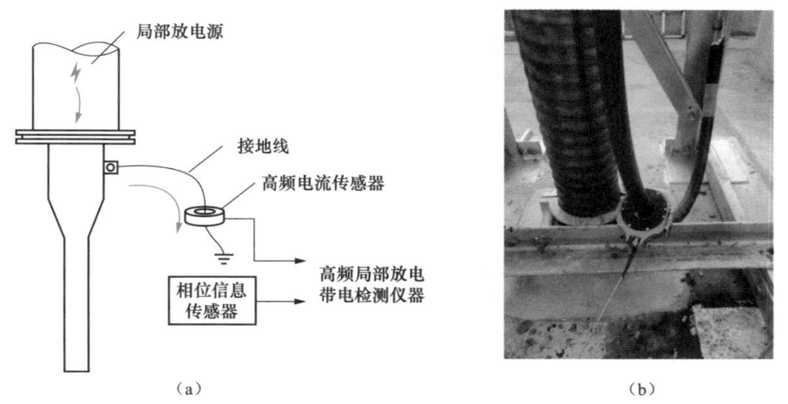

图 5-9　经电缆终端接地线安装传感器的高频局部放电检测

（a）原理图；（b）实物图

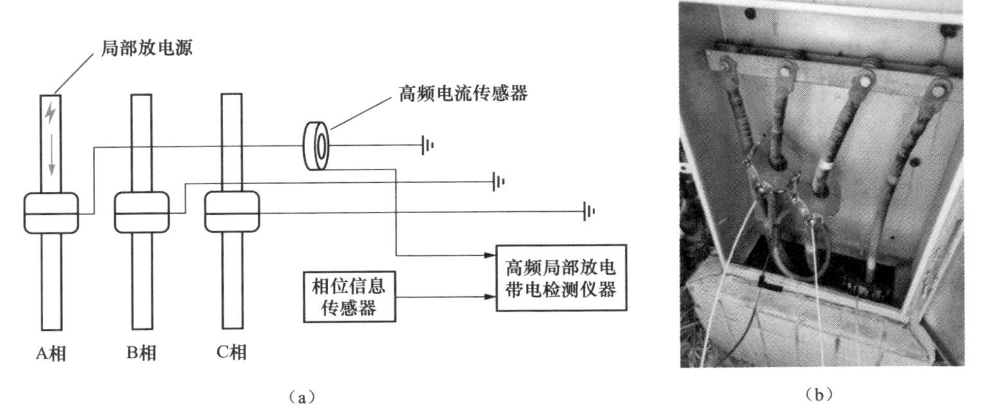

图 5-10　经电缆中间接头接地线安装传感器高频局部放电检测

（a）原理图；（b）实物图

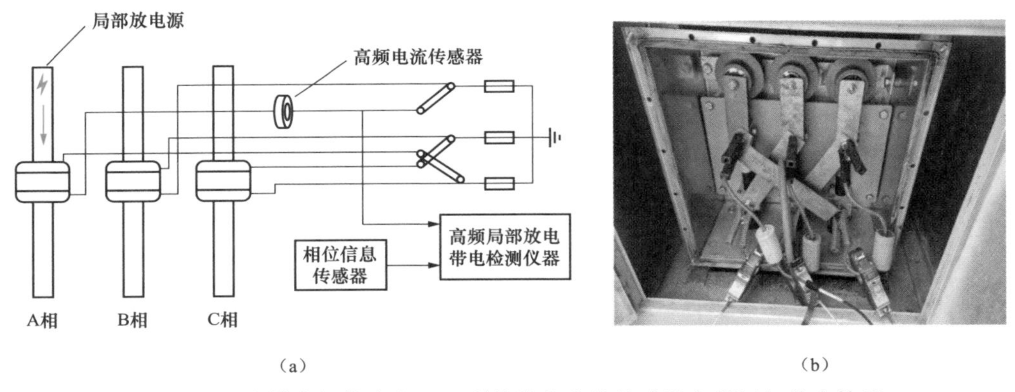

图 5-11　经电缆中间接头交叉互联接地线安装传感器高频局部放电检测

（a）原理图；（b）实物图

（3）背景噪声测试。

（4）干扰信号处理。

（5）相位校正。

（6）如存在异常信号，应通过多次测量同时对附近有连接的设备检测，对异常信号来源进行查找。

（7）对异常信号，可通过不同仪器或不同检测方法进行综合分析。

5.4.6　安全要求

（1）应严格执行 Q/CSG 1205056.2—2022《中国南方电网有限责任公司电

力安全工作规程　第 2 部分：高压输电》。

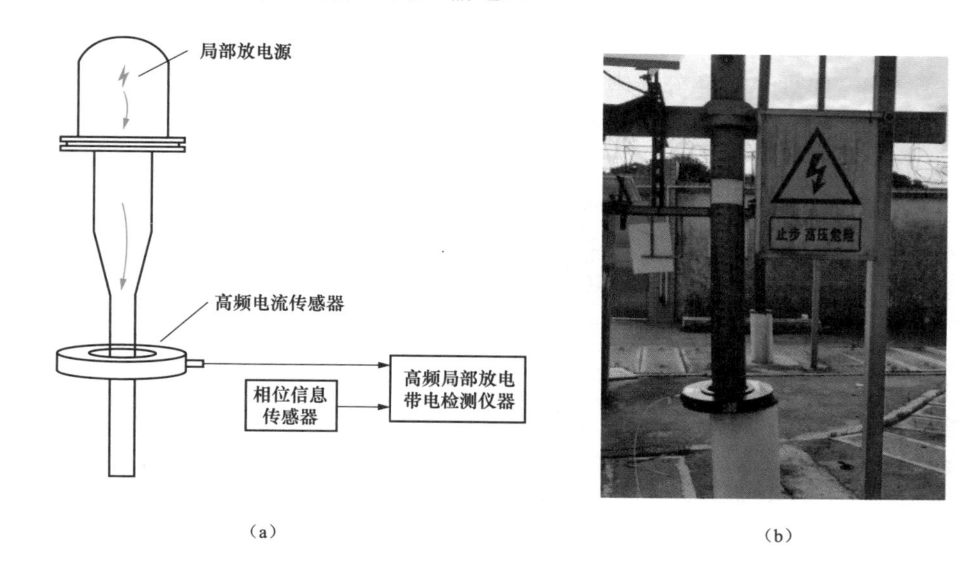

(a)　(b)

图 5-12　经电缆本体安装传感器的高频局部放电检测
(a) 原理图；(b) 实物图

（2）应严格执行发电厂、变电站巡视的要求。

（3）试验至少由两人进行，并严格执行保证安全的组织措施和技术措施。

（4）应有人监护，监护人在试验期间应始终行使监护职责，不得擅离岗位或兼职其他工作。

（5）应确保操作人员及测试与电力设备的高压部分保持足够的安全距离。

（6）应避开设备防爆口或压力释放口。

（7）试验中，设备的金属外壳应良好接地。

（8）雷雨天应暂停试验工作。

（9）被试验的电缆设备上无其他作业。

5.4.7　试验结果分析

（1）相同安装部位同一类设备局部放电信号的横向对比。

（2）同一设备历史数据的纵向对比。

（3）若检测到有局部放电特征的信号，当放电幅值较小时，判定为异常信号；放电特征明显，且幅值较大时，判定为缺陷信号。

（4）对检测到的缺陷和异常信号，要结合测试经验和其他试验项目测试结果对设备进行危险性评估。

5.4.8 典型高频局部放电图谱特征

典型高频局部放电图谱特征详见表 5-6。

表 5-6　　典型高频局部放电图谱特征

类型	测试结果	图谱特征	放电幅值	说明
正常	无典型放电图谱	没有放电特征	没有放电波形	按正常周期进行
异常	具有局部放电特征且放电幅值较小	放电相位图谱工频（半工频）相位分布特征不明显	小于 500mV 大于 100mV，并参考放电频率	异常情况缩短检测周期
缺陷	具有典型局部放电的检测图谱且放电幅值较大	放电相位图谱具有明显的工频（半工频）相位特征	大于 500mV，并参考放电频率	缺陷应密切监视，观察其发展情况，必要时停电检修；通常频率越低，缺陷越严重

5.5 电缆接地系统试验

电缆接地系统试验包括外护层绝缘电阻测量、外护套直流耐压试验、过电压限制器试验、交叉互联系统校核试验。

5.5.1 外护层绝缘电阻测量

1. 试验目的

电缆外护层绝缘电阻的测量是检查电缆在敷设、接头安装、电缆回填等阶段电缆外护层是否受到意外伤害、接头密封是否绝缘、是否有对地有缺陷以及耐压试验中暴露出来的外护层绝缘的缺陷。

电缆外护套破损的原因大致有：敷设过程中外护层与电缆沟沟体、电缆管管体等物体摩擦；敷设过程中受拉力过大或弯曲过度；电缆回填阶段的伤害；运行中由于各类施工等直接外力作用；终端或中间接头受内部应力、自然拉力、电动力作用；白蚁吞噬；化学物质腐蚀等。

2. 试验依据

本试验依据 GB 50150—2016《电气装置安装工程　电气设备交接试验标准》、GB/T 22078.1—2008《额定电压 500kV（U_m=550kV）交联聚乙烯绝缘电

力电缆及其附件　第1部分：额定电压500kV（U_m=550kV）交联聚乙烯绝缘电力电缆及其附件——试验方法和要求》、DL/T 1253—2013《电力电缆线路运行规程》开展。

3. 试验原理

绝缘电阻测试原理是施加电压测量稳态漏电流，然后将电压除以电流（$R=U/I$）。

测量外护层绝缘电阻是测量电缆金属护层对外皮的绝缘电阻，采用500V绝缘电阻表。测量充电时间需满足GB/T 3048.5—2007《电线电缆电性能试验方法　第5部分：绝缘电阻试验》的规定，不少于1min，不超过5min，通常推荐1min读数。

4. 试验步骤

（1）解除测试段电缆外护套两端与其他设备的连接。

（2）检测电动绝缘电阻表电池是否满足测量要求。

（3）开启绝缘电阻表电源，转动电压选择旋钮，选择需要的测试电压。对于外护层绝缘电阻测量选择500V电压。

（4）开启绝缘电阻表电源，按下测试按钮，这时绝缘电阻表指示灯发亮，仪表内置蜂鸣器间歇性明胶，代表绝缘电阻表高压输出端子（L）有高压输出。

（5）紧接着进行空载测试，在高压试验笔悬空情况下，检测绝缘电阻表指针应指向无穷大（∞）位置。在将高压试验笔接地，检测绝缘电阻表指针应指向0位置，证明绝缘电阻表良好。

（6）测试时先将被测电缆的金属屏蔽层接到绝缘电阻表的接地端子（E），为了避免电缆绝缘表面泄漏电流的影响，应利用绝缘电阻表上的屏蔽端子（G），把表面泄漏完全撇开到绝缘电阻表的指示之外。

（7）开启绝缘电阻表电源，按下测试按钮，将高压试验笔触碰电缆线芯，绝缘电阻表指针读数逐上升，读取并记录下1min时的绝缘电阻值。

（8）对于有自动放电功能的绝缘电阻表，松开测试按钮，仪表停止测试，等候几秒钟，不要把高压测试笔从测试电缆移开，这时仪表将会自动释放测量电缆中的残存电荷。

（9）对其他两相电缆进行外护层绝缘电阻测量，重复以上（6）～（8）步骤执行。

5. 安全要求

（1）绝缘电阻表“L”端引线和“E”端引线应具有可靠的绝缘。

（2）测量前后均应对电缆外护套充分放电。

（3）对电缆外护层绝缘电阻测试分相进行时，另两相电缆应短路接地。

（4）电缆外护套不接试验设备的另一终端需派人看守，不准他人靠近、接触被测试电缆，并与测试端试验人员保持通信联系。

（5）测试结束放电时、每次换接线时均需戴绝缘手套。

（6）对电缆的外护层绝缘测量绝缘电阻时，应分相进行。

（7）试验时必须将护层过电压保护器断开。

6. 试验结果分析

根据 GB 50150—2016《电气装置安装工程　电气设备交接试验标准》规定要求，橡塑电缆外护层的绝缘电阻不低于 0.5MΩ·km。

5.5.2 外护套直流耐压试验

1. 试验目的

电缆外护套直流电压试验是检查电缆在电缆敷设、固定、接头安装、填埋等环节是否对外护套造成了意外伤害或接头存在缺陷。外护套没有破损，就能保障水分不会进入电缆内部，是保障电缆长期安全稳定运行的第一道屏障。

2. 试验依据

本试验依据 GB 50150—2016《电气装置安装工程　电气设备交接试验标准》、GB/T 22078.1—2008《额定电压 500kV（U_m=550kV）交联聚乙烯绝缘电力电缆及其附件　第 1 部分：额定电压 500kV（U_m=550kV）交联聚乙烯绝缘电力电缆及其附件——试验方法和要求》、DL/T 1253—2013《电力电缆线路运行规程》开展。

3. 试验原理

外护套直流耐压试验与用绝缘电阻表测量绝缘电阻完全相同，也是施加电压测量稳态漏电流而得到绝缘值。但直流耐压试验中所用的直流电源是由高压整流设备供给，试验电压较高，并可借助调压器调节直流电压，比较容易发现绝缘缺陷。在升压过程中，可以随时监视泄漏电流值的大小，以了解被试电缆外护套的绝缘情况。由于微安表的量程可以根据泄漏电流的大小进行选择转换，

所以泄漏电流值的读数比绝缘电阻表更精确。良好的电缆绝缘，其泄漏电流应与试验电压近似为线性关系，而当电缆绝缘有缺陷或受潮时，其泄漏电流值将随试验电压的升高急剧增长，破坏了伏安特性的线性关系。因此，直流耐压试验较用绝缘电阻表测量绝缘电阻试验更容易发现绝缘的缺陷，是电缆试验中的重要项目。

4. 试验步骤

（1）试验前，工作负责人要根据工作票许可制度得到工作许可人的许可，到达工作现场后要核对电缆线路名称和工作票所列各项安全措施，均正确无误后才能开工。

（2）在试验地点周围要做好防止外人接近的措施，另一端应设置围栏并挂上标志牌，如果另一端是上杆或是锯断电缆处，应派专人看守。

（3）根据电缆线路的电压等级和试验规程的试验标准，确定直流试验电压并选择相应的试验设备。

（4）按试验接线图连接好试验设备，试验负责人在正式合闸加压前要检查试验接线是否正确、接地是否可靠、仪表指针是否在零位，在确认无误后才可以进行加压试验。

（5）加压后要检查电压表和微安表指示是否正常，如有异常应查出并消除原因后才可继续升压试验。升速度要均匀，为1～2kV/s，并根据充电电流的大小，调整升压速度。

（6）加到标准试验电压10kV后，根据标准时间的先后读取泄漏电流值，做好试验记录，作为判断电缆绝缘状态的依据。

（7）电缆试验应逐相进行，一相电缆加压时，另外两相电缆导体、金属屏蔽层和铠装层应接地。每相试验完毕，应将调压器退回到零位，然后切断电源。

（8）对于交叉互联系统，直流耐压试验在交叉互联系统的每一段上进行，试验时将电缆金属护层的交叉互联连接断开，被试段金属护层接直流试验电压，互联箱中另一侧的非被试段电缆金属护层接地，绝缘接头外护套、互联箱段间绝缘夹板、引线同轴电缆连同电缆外护层一起试验。

5. 安全要求

（1）被试相导体要经放电棒充分放电并直接接地，然后才可以调换试验引线。在调换试验引线时，人不可直接接触未接接地线的电缆金属护套，避免金属护套上的剩余电荷对施工人员造成危害。

（2）试验时必须事先将护层电压限制器断开，并在互交叉互联箱中将另一侧的三段电缆金属套全部接地，使绝缘接头的绝缘环部分也同时进行试验。

（3）电缆外护套不接试验设备的另一终端需派人看守，不准他人靠近、接触被测试电缆，并与测试端试验人员保持通信联系。

（4）测试结束放电时、每次换接线时均需戴绝缘手套。

（5）试验时必须将护层过电压保护器断开。

6. 试验结果分析

根据 IEC 60229:2007《电缆　带特殊保护功能挤出外套的试验》中的要求，在每段电缆金属护层或金属屏蔽与地之间施加直流电压 10kV，加压时间 1min，交叉互联系统对地绝缘部分不应击穿，试验前后绝缘电阻值无明显变化。

为使试验有效，外护套外表面必须与地良好接触，外护套上导电层有助于达到此要求。

对电缆的外护套直流电压试验时，应在每一相上分别进行。

根据 GB 50150—2016《电气装置安装工程　电气设备交接试验标准》标准的要求，电缆的泄漏电流具有下列情况之一者，电缆绝缘可能有缺陷，应找出缺陷部位，并予以处理：

（1）泄漏电流很不稳定。

（2）泄漏电流随试验电压升高急剧上升。

（3）泄漏电流随试验时间延长有上升现象。

5.5.3　过电压限制器试验

1. 试验目的

过电压保护器串接在电缆金属护层和大地之间，用于限制金属护层的雷电过电压、操作过电压和接地故障时的高电压冲击，是过电压保护装置，避免电缆外护层过电压损坏。

2. 试验依据

本试验依据 GB 50150—2016《电气装置安装工程　电气设备交接试验标准》、GB/T 22078.1—2008《额定电压 500kV（U_m=550kV）交联聚乙烯绝缘电力电缆

及其附件　第 1 部分：额定电压 500kV（U_m=550kV）交联聚乙烯绝缘电力电缆及其附件——试验方法和要求》、DL/T 1253—2013《电力电缆线路运行规程》开展。

3. 过电压限制器工作原理

电缆护层保护器安装在电缆金属护层与地之间，正常情况下，流过保护器的电流很小，是微安级；当电缆护层出现过电压时，保护器电阻变小，电流增大，释放电缆护层上的电荷，保护电缆正常安全运行。

4. 试验步骤

测试过电压限制器的绝缘电阻时，应将过电压限制器两端的连接全部拆除后，用 1000V 绝缘电阻表测量过电压限制器的两端的绝缘电阻，其绝缘电阻值不应小于 10MΩ。

5. 安全要求

（1）本试验应在互联密封之前进行。

（2）测量前过电压限制器两端的连接全部拆除，且测试时两端不接触其他任何物体。

（3）测试时需戴绝缘手套。

6. 试验结果分析

根据 GB 50150—2016《电气装置安装工程　电气设备交接试验标准》规定要求，过电压限制器的绝缘电阻不应小于 10MΩ 为合格。

5.5.4 交叉互联系统校验

1. 校验目的

交叉互联系统是单芯高压电缆采用的接地方式，目的是减小接地环流，其方法是接地回路通过三相单芯电缆的金属护层进行交叉连接，使其总感应电压相互抵消，从而减小接地环流。

如果交叉互联系统接线有误，会造成电力电缆运行过程中环流过大，从而造成电缆金属护套过热，加速电缆绝缘性能的老化，容易引起电缆故障。所以在送电之前必须对交叉互联系统进行校验，以判断安装接线是否正确。

2. 校验依据

本试验依据 GB 50150—2016《电气装置安装工程　电气设备交接试验标准》、GB/T 22078.1—2008《额定电压 500kV（U_m=550kV）交联聚乙烯绝缘电

力电缆及其附件　第 1 部分：额定电压 500kV（U_m=550kV）交联聚乙烯绝缘电力电缆及其附件——试验方法和要求》、DL/T 1253—2013《电力电缆线路运行规程》开展。

3. 校验项目

（1）校验各交叉互联箱的连接片安装是否一致。

（2）校验各交叉互联箱的内芯、外芯的连接方向是否一致。

（3）校验各交叉互联箱的 A、B、C 相位排列是否一致。

（4）校验各交叉互联箱内芯与外芯之间绝缘是否满足要求。

（5）检验各交叉互联箱内连接片的接触电阻是否满足要求。

4. 试验步骤

（1）根据该工程设计施工图纸，核对现场各交叉互联段的连接片连接方式是否与之一致。

（2）按正确的试验步骤，使用万用表或绝缘电阻表核对各交叉互联段的内芯、外芯的连接方向是否与该工程设计施工图纸一致。

（3）按正确的试验步骤，使用万用表或绝缘电阻表核对各交叉互联段的 A、B、C 相位排列是否与该工程设计施工图纸一致。

（4）按正确的试验步骤，采用 500V 绝缘电阻表测量各段护层绝缘值。

（5）检验各交叉互联箱内连接片的接触电阻时，采用双臂电桥测量，其值不应大于 20μΩ。

5. 安全要求

（1）以上 5 项校验项目应在互联密封之前进行。

（2）测试时需戴绝缘手套。

6. 试验结果分析

（1）各交叉互联箱的连接片安装必须一致，检查是否与该工程施工图纸一致，以及各连接片安装是否牢固。

（2）各交叉互联箱的内芯、外芯的连接方向必须保持一致。检查全部交叉互联箱的内芯是否都是往电源侧方向，或者都是往负荷侧方向。

（3）各交叉互联箱的 A、B、C 相位排列必须一致。

（4）各交叉互联箱内芯与外芯之间绝缘必须满足要求。

（5）各交叉互联箱内连接片的接触电阻必须满足要求，其值不应大于 20μΩ。

5.6　隧道接地系统试验

5.6.1　试验目的

电缆隧道接地系统是隧道内人员和设备安全的重要保障，随着电缆隧道投运时间加长，且接地系统状态未知，无法保证故障下人身设备安全。对于国内现存的部分隧道已发生老化、腐蚀严重的现象，其状态亟待评估，电缆隧道地系统运行状态评估需求十分迫切。

5.6.2　试验项目

试验项目主要包括土壤电阻率的测试、接地阻抗的测量、接触电压的测量、跨步电压的测量、电气完整性测量。

5.6.3　试验依据

通过查阅相关标准及文献，当前并无针对隧道长距离环境接地系统的测试方法及依据。本教材以现有的大型接地网和变电站的接地网状态测试方法作为参考依据，同时结合狭长型电缆隧道环境特点，提出土壤电阻率、接地阻抗、接触电压、跨步电压、电气完整性等接地系统特性参数的测试方法。参考标准整理见表 5-7。

表 5-7　　参考标准整理

标准	规定内容
DL/T 1680—2016《大型接地网状态评估技术导则》	阐述什么是大型接地网状态评估，提出特性参数测量以及仿真计算的要求，给出地网评估的判断标准
DL/T 475—2017《接地装置特性参数测量导则》	接地阻抗测试、分流测试、跨步电位差、接触电位差测试、电气完整性测试的测试方法和理论依据
GB 50169—2016《电气装置安装工程　接地装置施工及验收规范》	自然接地极与人工接地极的选择、电缆金属护层的接地方式、接地极材料（钢材、扁铜带等）的选择、接地装置降阻的方法
GB/T 50065—2011《交流电气装置的接地设计规范》	土壤中人工接地极工频接地电阻的计算、均匀土壤中接地网接触电位差和跨步电位差的计算
GB 14050—2008《系统接地的型式及安全技术要求》	系统接地的型式，例如 TN、TT 系统等

5.6.4 试验原理

1. 土壤电阻率的测试

土壤电阻率测量方法采用等距四极法（Wenner 法）。四极法是电气工程中常用的土壤电阻率测量方法，其测量原理如图 5-13 所示。

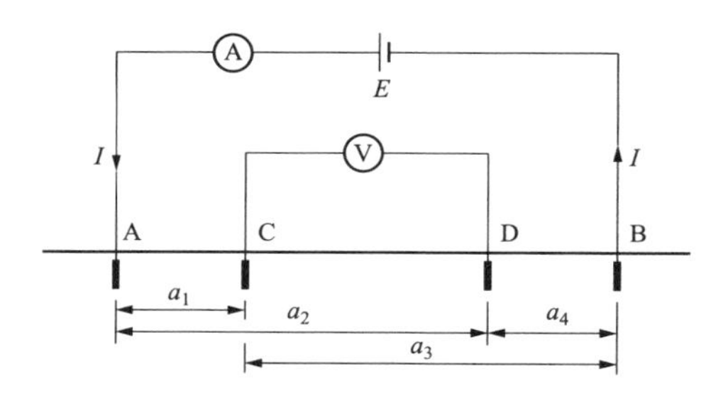

图 5-13　四极法测量土壤电阻率原理图

稳压电源 E（如蓄电池）向外侧电极 A 和 B 施加电流 I，电流由电极 A 注入，由电极 B 返回电源，这时外电极产生的电流场将会在内电极上产生电动势 U_{CD}。

将电流极 A 近似看成半球形电极，则在距离 A 点 x 的任一点产生的电位 V_A 可表示为

$$V_A = \frac{I\rho}{2\pi x} \tag{5-2}$$

同理，将电流极 B 近似看成半球形电极，则在距离 B 点 x 的任一点产生的电位 V_B 可表示为

$$V_B = -\frac{I\rho}{2\pi x} \tag{5-3}$$

因此，电位极 C、D 的电位 V_C、V_D 分别为

$$V_C = \frac{I\rho}{2\pi}\left(\frac{1}{a_1} - \frac{1}{a_3}\right) \tag{5-4}$$

$$V_D = \frac{I\rho}{2\pi}\left(\frac{1}{a_2} - \frac{1}{a_4}\right) \tag{5-5}$$

则电位极 C、D 之间的电压 U_{CD} 为电位极 C、D 的电位差

$$U_{CD} = \frac{I\rho}{2\pi}\left(\frac{1}{a_1} - \frac{1}{a_2} - \frac{1}{a_3} + \frac{1}{a_4}\right) \tag{5-6}$$

从式（5-6）中可得出视在电阻率 ρ 为

$$\rho = \frac{2\pi R}{\frac{1}{a_1} - \frac{1}{a_2} - \frac{1}{a_3} + \frac{1}{a_4}} \tag{5-7}$$

其中

$$R = \frac{U_{CD}}{I}$$

实际中为计算简便，测量时通常取四电极间距相等，此时称为等距四极法。这样土壤视在电阻率的计算公式简化为

$$\rho = 2\pi aR \tag{5-8}$$

式中：a 为电极间距。

土壤电阻率的测试一般要求如下：

（1）土壤电阻率测试应避免在雨后或雪后立即进行，一般宜在连续天晴 3 天后或在干燥季节进行。在冻土区，测试电极须打入冰冻线以下。

（2）尽量减小地下金属管道的影响。在靠近居民区或工矿区，地下可能有水管等具有一定金属部件的管道，应把电极布置在与管道垂直的方向上，并且要求最近的测试电极（电流极）与地下管道之间的距离不小于极间距离。

（3）为尽量减小土壤结构不均匀性的影响，测试电极不应在有明显的岩石、裂缝和边坡等不均匀土壤上布置。

（4）可选用输出电流为交流或直流电流的仪器测试土壤电阻率。对于大间距的土壤电阻率测试，宜采用交变直流法进行测试，即仪器输出的波形为正负交替变化的直流方波，方波宽度为 0.1～8s，可有效避免交流法引起的互感误差和直流法土壤极化引起的误差。

（5）测试电极宜用直径不小于 1.5cm 的圆钢或∟25mm×25mm×4mm 的角钢，其长度均不小于 40cm。

（6）测被测场地土壤中的电流场的深度，即被测土壤的深度，与极间距离 a 有密切关系。当被测场地的面积较大时，极间距离 a 也相应增大。

（7）测在各种电极间距时得出的一组数据即为各种视在土壤电阻率，以该数据与间距的关系绘成曲线，即可判断该地区是否存在多种土壤层或是否有岩石层，还可判断其各自的电阻率和深度。

（8）为了得到较合理的土壤电阻率的数据，宜改变极间距离 a，求得视在土壤电阻率ρ与极间距离 a 之间的关系曲线$\rho=f(a)$，极间距离的取值可为 5、10、

15、20、30、40m 等，最大的极间距离 a_{max} 一般不宜小于拟建接地装置最大对角线。当布线空间路径有限时，可酌情减少，但至少应达到最大对角线的 2/3。

2. 接地阻抗的测量

三极法测量借助电压和电流两个辅助电极，且与接地极尽量布置在一条直线上，辅助电极布置测量方式示意图如图 5-14 所示。

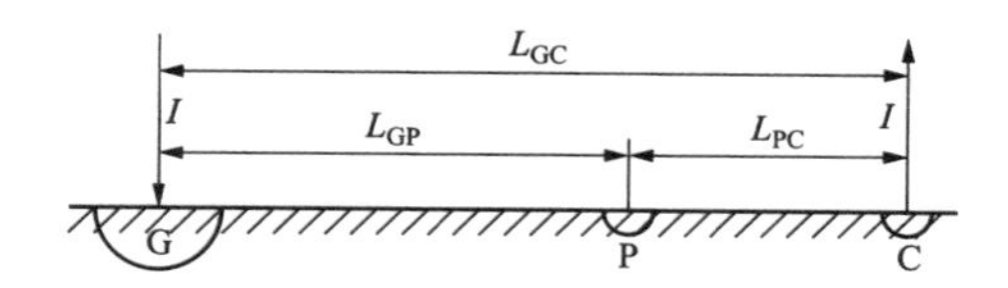

图 5-14 三极法测量接地阻抗辅助电极布置方式示意图

接地体、大地和电流极共同构成电流回路，通过接地引下线注入接地体 G 中的测量信号大部分沿着接地体方向向周围土壤散流，最后从电流极 C 流出。由于散流效应，被测杆塔周围大地中电位发生变化，布置测量用电压极 P 至理论点为补偿点，并测量其电位大小为 U，此电压 U 除以注入测量电流 I 的值为被测杆塔接地阻抗值 R。

半球形电极的电位相对于无穷远处的零电位为

$$V = \frac{I\rho}{2\pi a} \tag{5-9}$$

根据接地电阻定义，可得出半球形接地体的接地电阻值为

$$R_0 = \frac{V}{I} = \frac{\rho}{2\pi a} \tag{5-10}$$

而在采用三极法测量时，接地体电流在接地体 G 与电压极 P 之间产生的电位差为

$$U_1 = \frac{I\rho}{2\pi L_{GP}} \tag{5-11}$$

同理，电流极 C 在 GP 间产生的电位差为

$$U_2 = \frac{I\rho}{2\pi L_{GC}} + \frac{I\rho}{2\pi L_{PC}} \tag{5-12}$$

由式（5-11）和式（5-12）可以得出 GP 间的电压为

$$U = U_1 + U_2 = \frac{I\rho}{2\pi}\left(\frac{1}{a} - \frac{1}{L_{GP}} - \frac{1}{L_{GC}} + \frac{1}{L_{PC}}\right) \tag{5-13}$$

则最后得出接地电阻值为

$$R=\frac{U}{I}=\frac{\rho}{2\pi}\left(\frac{1}{a}-\frac{1}{L_{GP}}-\frac{1}{L_{GC}}+\frac{1}{L_{PC}}\right) \tag{5-14}$$

求得此时的测量误差为

$$R-R_0=\frac{\rho}{2\pi}\left(\frac{1}{L_{GP}}-\frac{1}{L_{GC}}+\frac{1}{L_{PC}}\right) \tag{5-15}$$

若测量误差为 0，另设 $L_{GP}=kL_{GC}$，则 $L_{PC}=(1-k)L_{GC}$，联立并舍去负值可解得

$$k=\frac{-1+\sqrt{5}}{2}=0.618$$

由于电压极不可能设在真正的无穷远处，而电流极的存在又会使地中的电流场发生畸变从而影响到地面的电位分布，所以接地阻抗的测量会存在误差。因此，在测量过程中，必须考虑到辅助电极的影响。显然，辅助电极对地网外地面电位的影响与其和接地网的距离密切相关。为了尽量减小辅助电流极的影响，要求电流极的距离越远越好，合理地设置电流极和电压极是接地电阻测量的关键。

接地电阻测试理论上需要测量接地网相对于无限远的零电位点的电位升，但实际测量中往往是做不到的。工程中采取的方法有电位降法，即电流极与接地极之间注流，在两极之间不断改变电压极的位置，得到电位降曲线，将电位梯度接近零的电压作为接地装置相对于无穷远处电位，进而算出接地阻抗。但该方法需要布置 4～5 倍变电站地网对角线长度的线，工作量大。同时该方法仅在比较均匀的土壤中可以得到准确的测量结果。

补偿法指的是当引入电流极后，在电流极与注流点连线之间以及与电流极与注流点连线夹角为 30°的位置分别出现新的零电位点，将电位极布置在这两个零电位点的方法分别为直线法和 30°夹角法。它也需要待测接地体与电流极间有足够大的间距，且均匀的土壤测试结果才较为准确。

远离法是指工程上电位极布置在允许的足够远的距离处，该处相对于零电位有一定的电位升，导致接地网与电位极之间电位差的测量值较接地网真实电位偏小，接地阻抗测量结果偏小。通过数学分析，得到偏小的幅度，进行修正。

接地阻抗测量方法按电流源特性分工频电流法和异频电流法。前者是传统方法，为降低工频干扰的影响，提高信噪比、减小误差，需要试验电流较大，DL/T 475—2017《接地装置特性参数测量导则》规定采用工频电流测试地网参数时，试验电流不宜小于 50A。

异频电流法是采用频率异于工频但又接近工频的电流作试验电流进行测量的方法，此方法用非 50Hz 试验电源将工频干扰与测量信号分离开来，消除其导致的测量误差，因此测试电流不需太大就可提高测量精度，还可大大减小设备质量。DL/T 475—2017《接地装置特性参数测量导则》推荐试验电流为 3～20A，频率为 40～60Hz。

根据 DL/T 475—2017《接地装置特性参数测量导则》，在对大型接地网接地阻抗进行现场测试时，采用远离法误差较小，因此该方法应用最为广泛。远离法一般要求电流极与电压极均放置距离接地网 4～5 倍对角线位置处，两极与注流点之间的夹角在 150°左右。在对大型形状不规则地网进行测试时，接地网尺寸的选择一般是接地网上相距最远的两点，如果按照此标准测算隧道接地网尺寸，大部分接地网尺寸都在 2km 以上。若在此基础上布设电压极和电流极，则需要放线 8～10km，导致工作量巨大，难以实现。因此需要从远离三极法接地电阻测试的原理出发，将电流极置于接地网作用范围之外，即电位变化很小的区域，以减少设置电流极后对接地网电位的影响。然后将电压极敷设在地表电位接近零的区域，使得接地网与电压极之间测得的电位即接地网相对无穷远点的电位。

3. 接触电压的测量

在隧道内可能有接地短路电流流过的电力设备外壳或构架上测量接触电压差，试验原理如图 5-15 所示。在隧道内注入电流，将高内阻电压表 V1 的一端接至地面上离设备外壳或构架水平距离 1.0m 的测量极上，电压测量极采用铜盘，铜盘底面浇水并让测量人员踩在上面，保证铜盘与地表良好接触，电压表的另一端接至设备外壳或构架离地面 1.8m 处。加测量电流 I，读取电压表指示值可测出通过主地网电流 I 对应的接触电压 U_T。

站内接触电压与通过地网流入土壤的电流值成正比。实测的接触电压尚需按经接地网流入地中的最大短路电流 I_{max}（500kV 场地取 60kA）换算，接触电

压的最大值为

$$U_{Tmax}=U_T \times I_{max}/I$$

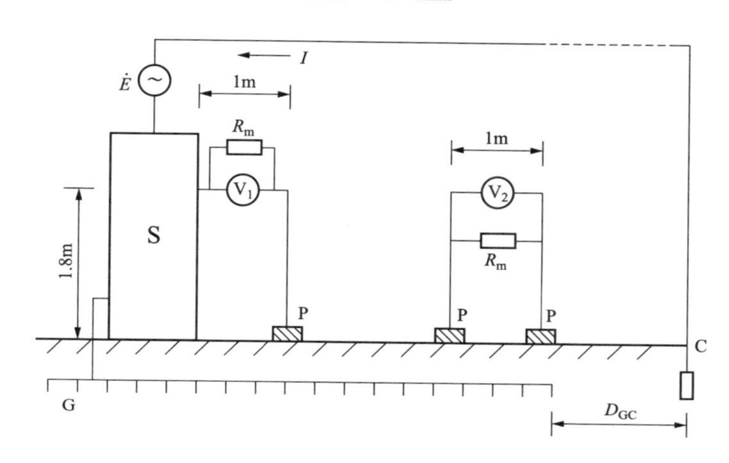

图 5-15　接触电位差和跨步电位差测试原理图

根据 GB 50065—2011《交流电气装置的接地设计规范》要求，各计算式如下。

接触电位差 E_j 允许值计算式为

$$E_j = \frac{174 + 0.17\rho_b}{\sqrt{t}} \tag{5-16}$$

式中：ρ_b 为地表土壤电阻率（Ω·m，下雨潮湿混凝土地面电阻率取 100Ω·m；干燥混凝土地面电阻率取 500Ω·m）；t 为接地短路故障的持续时间（s，取 0.4s）。

潮湿混凝土地面 E_j 为

$$E_j = \frac{174 + 17}{\sqrt{0.4}} = 302(\text{V})$$

干燥混凝土地面 E_j 为

$$E_j = \frac{174 + 85}{\sqrt{0.4}} = 409(\text{V})$$

4. 跨步电压的测量

在隧道内设备外壳或构架上，注入电流，在水泥地面上测量时，需在测量点放置两块包裹湿抹布、半径约为 10cm 的圆盘电极，并让测量人员踩在上面，保证铜盘与地表良好接触，高内阻电压表 V2 的两端分别接至两根测量极上。

加测量电流 I，读取电压表指示值可测量出通过主地网电流 I 对应的跨步电压 U_S。跨步电压与通过地网流入土壤中的电流值成正比。实测的跨步电压尚需经按接地网流入地中的最大短路电流 I_{max} 换算，跨步电压的最大值为

$$U_{Smax}=U_S\times I_{max}/I \tag{5-17}$$

根据 GB 50065—2011《交流电气装置的接地设计规范》要求，跨步电位差允许值计算式为

$$E_k=\frac{174+0.7\rho_b}{\sqrt{t}} \tag{5-18}$$

潮湿混凝土地面 E_k 为

$$E_k=\frac{174+70}{\sqrt{0.4}}=386(\text{V})$$

干燥混凝土地面 E_k 为

$$E_k=\frac{174+350}{\sqrt{0.4}}=829(\text{V})$$

5. 电气完整性测试

电气完整性，指接地装置中应该接地的各种电气设备之间，接地装置的各部分及与各设备之间的电气连接性，即直流电阻值，也称为电气导通性。

在隧道内选取与地网连接良好的设备接地引下线作为参考点，测量各设备接地装置与参考点之间的直流电阻。采用四端法测量接地网电气导通性，原理图如图 5-16 所示。

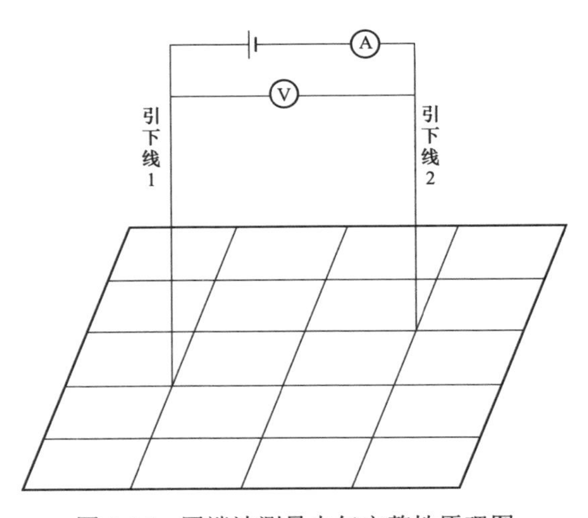

图 5-16　四端法测量电气完整性原理图

5.6.5 试验步骤

1. 土壤电阻率的测试

拟采用 Megger 测试仪对土壤电阻率进行测量。实际中为计算简便，测量时通常取四电极间距相等，即等距四极法。

取极距分别为 3、5、7、10、30、50、70、100m，测试示意图如图 5-17 所示。表 5-8 为不同极距时各接地极距离中心点的位置。

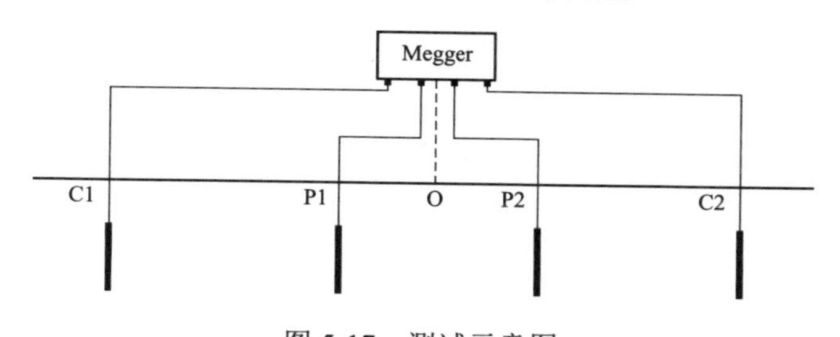

图 5-17 测试示意图

C1、C2—电流极；P1、P2—电压极；O—中心点（Megger 测试仪放置位置）

表 5-8 电极相对中心点位置

极距（m）	C1 位置（m）	P1 位置（m）	P2 位置（m）	C2 位置（m）
3				
5				
7				
10				
30				
50				
70				
100				

四个电极布置好后启动 Megger 测试仪即可显示电阻值，每一个极距测量两次，取平均值。采用先测量大极距再依次往中心靠拢测小极距的方式进行测量。测得数据后在 CEDGC 软件中进行反演计算即可得出土壤的分层及各层的土壤电阻率。

2. 接地阻抗的测量

（1）选择三极位置，在隧道内选择注流点。可在隧道中间位置、隧道拐角位置、垂直接地极处分别选取注流点进行测试。

（2）隧道内地网与终端站地网连接形成完整接地系统，在隧道内拐角垂直接地极处注流，并测量接地极、人工敷设电压极点和人工敷设电流极点的全球定位系统（GPS）坐标。

（3）将布线人员分成两组，分别负责电压极线和电流极线的敷设。根据电气电子工程师学会（IEEE）标准，为减小引线互感对测量结果的影响，两线的夹角宜大于 90°。

（4）引线布置好之后，需排除引线中的接地点和断开点。

（5）在接地网（G）外利用电流辅助接地极（C）向接地网注入电流，测量接地网内指定 A 点与 P 点的电位差，再求得接地网的接地阻抗。

3. 接触电压的测量

隧道内注流测量接触电压时，注流点选为隧道内金属构架，并在隧道内测量接触电压。

隧道内测量点选择见表 5-9。

表 5-9　　隧道内测量点的选择

测量点	接触电压（mV）	换算系数	换算值
终端站入站位置			
注流点南 80m			
注流点南 40m			
注流点			
注流点东 50m			
注流点东 100m			
注流点东 130m			
注流点东 160m			
变电站入站			

4. 跨步电压的测量

隧道内注流测量跨步电压时，注流点选为隧道内金属构架，并在隧道内测量跨步电压。隧道内测量点选择见表 5-10。

表 5-10　隧道内测量点的选择

测量点	跨步电压（mV）	换算系数	换算值
终端站入站位置			
注流点南 80m			
注流点南 40m			
注流点			
注流点东 50m			
注流点东 100m			
注流点东 130m			
注流点东 160m			
变电站入站			

5. 电气完整性测试

隧道内导通性测试结果见表 5-11。

表 5-11　隧道内导通性测试结果

测量点	电阻值（mΩ）
终端站顶层钢架	
终端底层支架	
终端连接扁铁	
井口梯子	
远离注流点 10m 中间钢架	
远离注流点 50m 中间钢架	
远离注流点 100m 中间钢架	

5.6.6　安全要求

（1）做好现场安全，遵守现场安全规程，佩戴安全保护装备，做好绝缘防护工作，严格对照测试方案进行现场测试。

（2）隧道内部测试属于有限空间作业，应提前对隧道内部空间进行通风换气，进入隧道佩戴安全帽、头灯等防护用具。

（3）隧道内注流时，需要将测试导线用绝缘胶带连接到隧道内接地钢架，接线前需要用万用表测试钢架是否带电，用罗氏线圈测试是否有电流流过。

（4）需要下梯子进隧道时，应当注意梯子结构是否稳当可靠，人员应做相应保护。

（5）电压极和电流极的放线路径要考虑现场环境，由于隧道位于城市中心，地上环境复杂，行人、车辆来往交错，路口繁多，放线时应当尽量避免穿过路口，避免线路被车辆碾压。由于要一直通流，形成测试回路，电流极引线的选择至关重要，不能穿越路口，造成线路损坏，破坏测试回路。但必要时，电压极引线可以采取放线至路口，通流短时间内穿越路口测试接地阻抗的方式，接地阻抗测试完毕立即收回电压极引线，后续开展隧道内接触跨步的测量。

（6）异频法测试完一组数据，进行电流极和电压极换向前，应将电流降至零再切断电路，防止电流瞬时切断造成的过电压。

（7）应当采取正确的方式将测试设备从隧道井口引进隧道内部，保护人员和设备安全。

（8）提前调试测试设备，保证正常工作，带电设备需提前充电。

5.7 线路参数试验

5.7.1 试验意义

新建及改建的高压输电线路在投运前，除了必须检查线路绝缘、核对相位外，还应测量各项工频参数值，以作为计算系统短路电流、整定继电保护值、推算潮流分布和选择合理运行方式等工作的依据，并可借以验证长线路的换相和无功补偿是否达到预期的效果。

5.7.2 试验项目

线路参数测试项目主要包括正序阻抗、正序电容、零序阻抗、零序电容。

5.7.3 试验依据

本试验依据 DL/T 1583—2016《交流输电线路工频电气参数测量导则》、Q/CSG 1206007—2017《电力设备检修试验规程》开展。

5.7.4 试验原理

1. 正序阻抗

如图 5-18 所示，将单回三相线路的末端短路，在首端施加频率为 f 的三相正序电源。在首端测量并通过信号分析提取该频率的三相电压相量 $\boldsymbol{U}_{S1}=[\dot{U}_{SLA}\dot{U}_{SLB}\dot{U}_{SLC}]$，

三相电流相量 $\boldsymbol{I}_{S1}=[\dot{I}_{SLA}\dot{I}_{SLB}\dot{I}_{SLC}]$，则正序短路阻抗 $\boldsymbol{Z}_{S1}$ 为

$$\boldsymbol{Z}_{S1}=\frac{\boldsymbol{a}\boldsymbol{U}_{S1}^{T}}{\boldsymbol{a}\boldsymbol{I}_{S1}^{T}} \tag{5-19}$$

其中

$$\boldsymbol{a}=\frac{1}{3}[1\ \ a\ \ a^2]，\ \ a=e^{j2\pi/3}$$

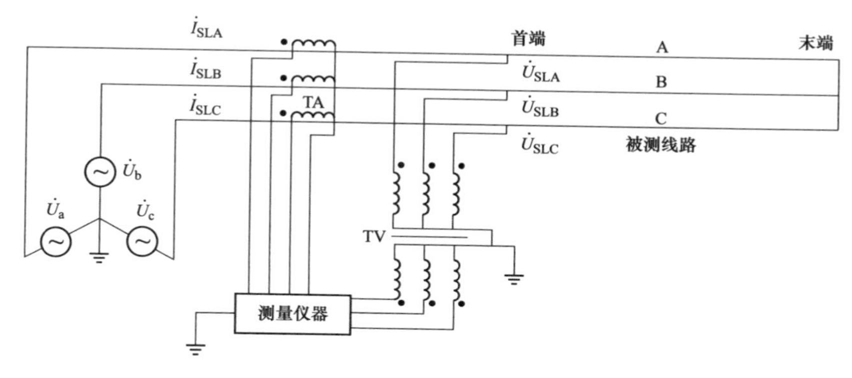

图 5-18 单回交流线路正序短路阻抗测量

2. 正序电容

如图 5-19 所示，将单回三相线路的末端开路，在首端施加频率为 f 的三相正序电源。在首端测量并通过信号分析提取该频率的三相电压相量 $\boldsymbol{U}_{O1}=[\dot{U}_{OLA}\dot{U}_{OLB}\dot{U}_{OLC}]$，三相电流相量 $\boldsymbol{I}_{O1}=[\dot{I}_{OLA}\dot{I}_{OLB}\dot{I}_{OLC}]$，则正序开路阻抗 $\boldsymbol{Z}_{O1}$ 为

$$\boldsymbol{Z}_{O1}=\frac{\boldsymbol{a}\boldsymbol{U}_{O1}^{T}}{\boldsymbol{a}\boldsymbol{I}_{O1}^{T}} \tag{5-20}$$

其中

$$\boldsymbol{a}=\frac{1}{3}[1\ \ a\ \ a^2]，\ \ a=e^{j2\pi/3}$$

通过 $1/C=2\pi Xf$，可求 C。

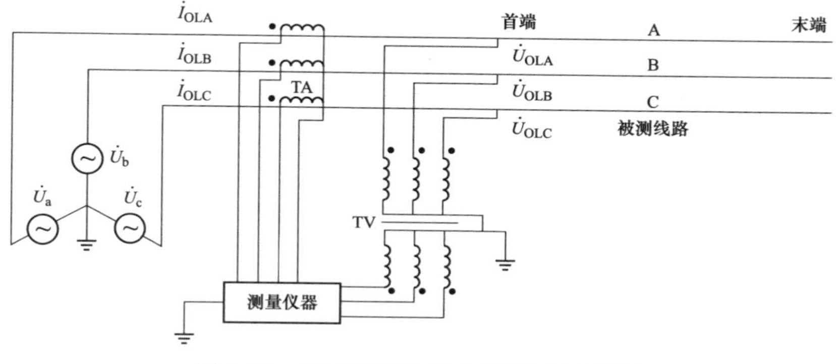

图 5-19 单回交流线路正序开路阻抗测量

3. 零序阻抗

如图 5-20 所示，将单回三相线路的末端短路并接地，三相线路的首端并联，在首端与接地装置之间施加频率为 f 的单相电源。在首端测量并通过信号分析提取该频率的电压相量 $\dot{U}_{S0}$、电流相量 $\dot{I}_{S0}$，则零序短路阻抗 $\boldsymbol{Z}_{S0}$ 为

$$Z_{S0}=\frac{\dot{U}_{S0}}{\dot{I}_{S0}/3} \tag{5-21}$$

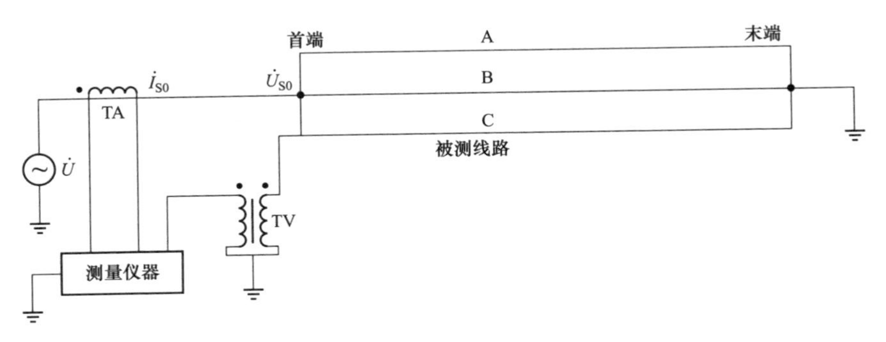

图 5-20 单回交流线路零序短路阻抗测量

4. 零序电容

如图 5-21 所示，将单回三相线路的末端悬空，三相线路的首端并联，在首端与接地装置之间施加频率为 f 的单相电源。在首端测量并通过信号分析提取该频率的电压相量 $\dot{U}_{O0}$、电流相量 $\dot{I}_{O0}$，则零序开路阻抗 Z_{O0} 为

$$Z_{O0}=\frac{\dot{U}_{O0}}{\dot{I}_{O0}/3} \tag{5-22}$$

通过 $1/C=2\pi Xf$，可求 C。

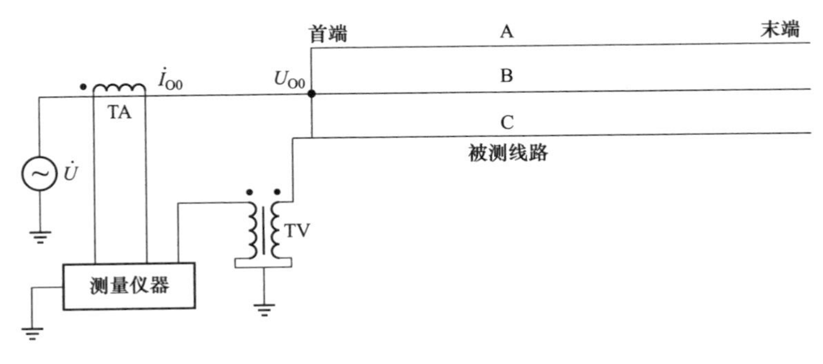

图 5-21 单回交流线路零序开路阻抗测量

5.7.5　试验步骤

（1）办理电缆参数试验线路第一种工作票。

（2）工作票许可后，工作负责人（小组负责人）带领全体试验人员进入主测站和从测站试验间隔，并与变电值班人员确认试验间隔是否正确、安全措施是否完善、主测站和从侧站是否满足参数测试的试验条件，如图 5-22～图 5-25 所示。

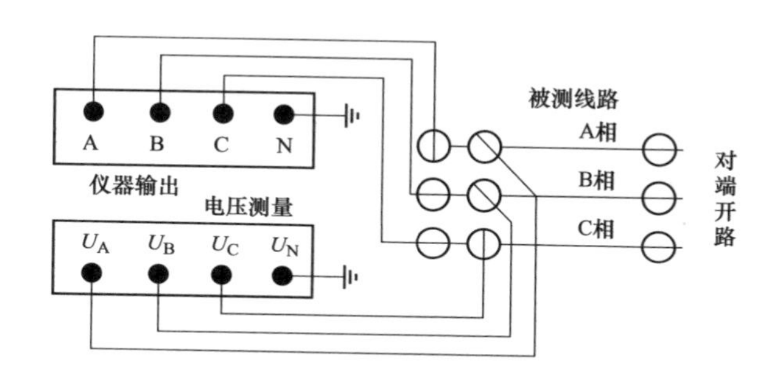

图 5-22　正序电容测试接线及对端操作示意图

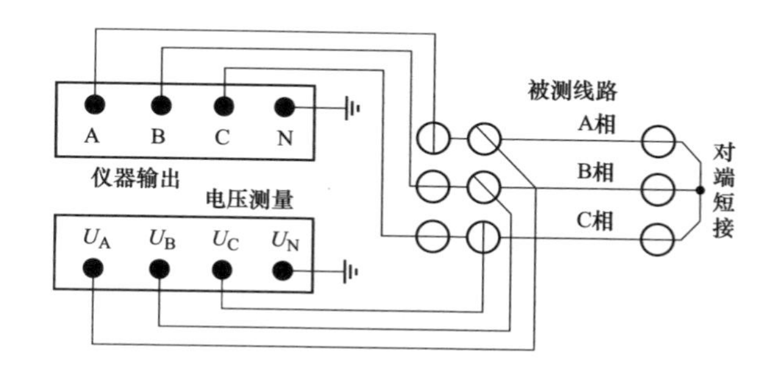

图 5-23　正序阻抗测试接线及对端操作示意图

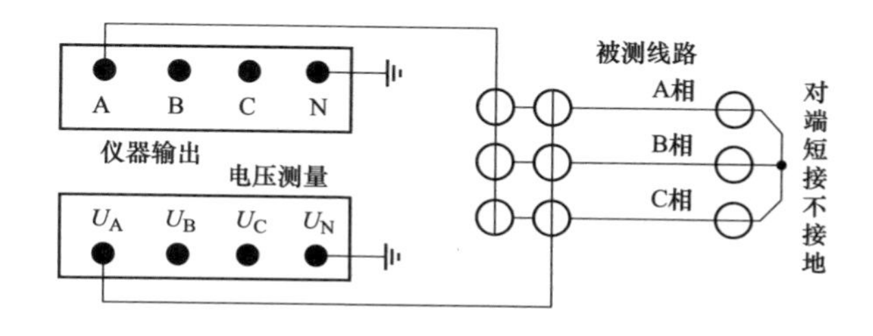

图 5-24　零序电容测试实际接线连接关系示意图

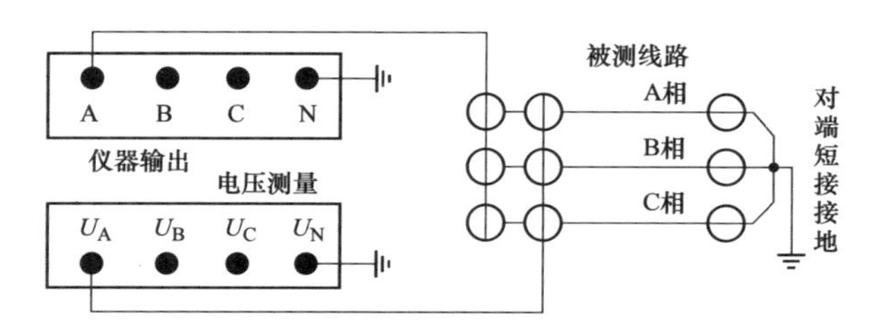

图 5-25　零序阻抗测试实际接线连接关系示意图

（3）确认试验条件满足后，对线路进行验电，验明确无电压后对线路进行临时人工接地。

（4）测试线路感应电压、感应电流，确保不超标，以免损坏仪器。

（5）按输电线路工频参数测试仪的接线要求，完成不同参数试验回路接线。

（6）确认完成不同参数试验回路接线后，拆除线路临时接地线，依次进行线路参数试验。

（7）测量结束后，再次对线路挂临时接地线，并拆除测试线，恢复主测站、从测站被测线路状态，线路参数试验工作结束。

5.7.6　安全要求

（1）将被测试线路的引下线可靠接地。

（2）将仪器保护地可靠接入大地（裸铜线）。

（3）分别将仪器信号地 N 和 U_N 可靠接入大地。

（4）将仪器测试线连接至被测试线路的引下线。

（5）开始测试前打开线路引下线的接地。

（6）所有测试完成后，将线路引下线可靠接地。

（7）拆除仪器测试线。

（8）拆除仪器信号地 N 和 U_N 接地线（裸铜线）。

（9）恢复被测线路状态。

（10）在雷雨天气或者沿线路有雷雨天气时，不能进行测量，以保证人员和设备安全。

5.7.7　试验报告

（1）正序/零序阻抗试验报告见表 5-12。

表 5-12　　正序/零序阻抗试验报告

500kV ××线正序/零序阻抗试验报告							
编号	Z_1（Ω）	X_1（Ω）	R_1（Ω）	每千米阻抗（Ω/km）	每千米电抗（Ω/km）	每千米电阻（Ω/km）	阻抗角（°）
1							
2							
3							
均值							
试验人员							
试验时间							

（2）正序/零序电容试验报告见表 5-13。

表 5-13　　正序/零序电容试验报告

500kV ××线正序/零序电容试验报告				
编号	X_{C1}（Ω/相）	X_{C1}（Ω·km/相）	总电容（μF）	每千米电容（nF/km）
1	—	—		
2	—	—		
3	—	—		
均值	—	—		
试验人员				
试验时间				

5.8　核相试验

5.8.1　核相目的

在三相电力系统中，各相根据达到最大值（正半波）的次序按相排列，称为相序或相位。在电力系统中，相序与并列运行、电机旋转方向等直接相关。因此，电力电缆在敷设完毕与电力系统接通之前，或重做电缆接头，或解开电缆终端头重新接引线时，必须按照电力系统上的相位标志进行核相。

若相位不符，将会产生以下几种后果。

（1）当电缆线路连接两个电源时，推上开关会立即跳闸，即无法合环运行。

（2）当电缆线路送电至用户时：

1）两相位接错时，用户电机旋转方向颠倒（即反向）。

2）三相相位全错时，用户电机旋转方向不变，但具有双路电源的用户则无法并用双电源。

3）只有一个电源的用户，当其申请备用电源后，会造成无法作备用的后果。

4）当由电缆线路送电至电网变压器时，会使低压电网无法合环并列运行。

（3）多条电缆并列运行时，若其中一条或几条电缆相位接错，会造成合不上开关的后果。

鉴于以上的原因，电缆线路在交接、运行中重做电缆接头，或解开电缆终端头重新接引线时，都必须核对电缆线路的两端相位，确保两端相位与电厂系统、电力相位一致，防止相位错误造成事故的发生。

5.8.2 试验依据

本试验依据 GB 50150—2016《电气装置安装工程 电气设备交接试验标准》、GB/T 22078.1—2008《额定电压 500kV（U_m=550kV）交联聚乙烯绝缘电力电缆及其附件 第 1 部分：额定电压 500kV（U_m=550kV）交联聚乙烯绝缘电力电缆及其附件——试验方法和要求》、DL/T 1253—2013《电力电缆线路运行规程》开展。

5.8.3 试验原理

检查相位的方法很多，现场用得最多的是绝缘电阻表法、万用表法。它们的原理都相同，只是使用的表计不一样，统称为导通法。

5.8.4 试验步骤

绝缘电阻表法的检查方法是将 B 端其中一相接地，另外两相悬空，然后在 A 端用绝缘电阻表分别检查三相对地的电阻。电阻为零的一相与 B 端接地相同相位，标以相同标号即可。

5.8.5 安全要求

（1）绝缘电阻表摇测时，绝缘电阻表只能轻轻摇动，切不可快速摇动，以

免损坏绝缘电阻表。

（2）对于数字式绝缘表则只能用低电压挡位来检测，否则会损坏仪表。

（3）核相工作均需在停电状态完成。

5.8.6　试验结果分析

检查电缆线路的两端相位，两端相位应一致，并且与电网相位相符合。

第6章 智能运维技术及设备

高压电缆系统的智能运维主要包括电缆本体及电缆通道的智能化检测或在线监测。电缆本体的智能运维主要针对电缆本体及附件开展温度、接地环流、局部放电的在线监测；电缆通道的智能运维主要针对通道内环境、安防、结构等进行监测及控制。智能机器人可在通道内代替人工巡视电缆线路，并对电缆接头、接地箱等重要部位开展红外测温、视频监控等。基于智慧物联体系的电缆综合监测系统及智能运维体系的建立，可提高电缆运维水平，减少电力员工的运维工作量，提升高压电缆的专业精益化管理水平。

6.1 电缆本体的智能运维

6.1.1 分布式光纤测温系统

电缆温度与电缆运行状态间存在着密切的关系，当电缆运行负荷变化时，则电缆温度也会随之发生相同趋势的变化。如果电缆在运行过程中某处温度迅速升高，则说明运行负荷过大或电缆此处存在问题。当电缆长时间处于允许的极限温度时，则会导致电缆老化，发生故障。反之，为了避免电缆温度过高，使电缆长时间处于低负荷运行，则电缆不能被充分利用。为了保证电缆在运行过程中既可安全运行，又可充分利用，需要对电缆进行实时温度监测，以便及时掌握和预测电缆的运行状态。

国内外所采取的实时监测温度方法主要有点式测温和线式测温两种。点式测温主要是指将热电偶等点式感温装置装在电缆重要部位进行测温，此方法只能测量局部位置温度，而无法对动辄十几千米的电缆线路实现温度在线监测，

且测量精度也较低。线式测温随电缆本体全线敷设测温光纤，基于光纤光栅原理的测温、基于拉曼散射原理的分布式测温原理，能连续测量和准确定位光纤所处空间各点的温度，且测量精确度较高。

分布式光纤测温系统是将测温光纤与高压电缆紧密贴合，对电缆进行实时温度监测，通过测温光纤测量电缆表皮温度，进而推算线芯温度。测温光纤具有能连续获取电缆整条线路上温度信息的优势，同时具有抗电磁干扰性强、维护成本低、对温度变化敏感等优点。

基于分布式光纤测温的电力电缆温度监测系统主要由三部分组成。

（1）测温主机。测温主机安装于监控室内，主要是由激光发射器、滤波器、光电转换模块、信号采集及处理单元等构成，其主要功能为实时采集、处理并传输电缆运行温度信息。

（2）测温光纤。测温光纤安装于所要监测的电缆的表面，依据光纤传感技术用于探测电缆表皮温度信息。

（3）后台监控主机。后台监控主机内置组态软件，利用网络与测温主机通信，获取电缆表皮温度信息，通过表皮温度进行线芯温度和载流量的计算；利用服务器实现组态软件与数值分析软件之间通信，实现电缆温度预测。后台监控主机主要功能有：

1）实时显示温度并预测温度变化趋势。

2）电缆温度图像化显示。

3）实时监测电缆温度，超温预警、报警。

4）实现电缆载流量计算。

5）电缆运行温度、载流量等运行信息的存储、记录。

基于分布式光纤测温的电缆测温系统应用于地下电缆测温，可持续实时地测量电缆表面的温度，温度数据和电缆的载流量不断反馈到后台，可实时为导体的温度提供准确评估。此外，部分分布式光纤测温系统可具备 GIS 地图显示、高温告警、温升告警、光纤断裂告警、告警视频联动、告警短信联动等功能，能准确地定位观察沿线电缆的运行情况，当电缆出现温度异常时，可以及时定位到异常温度点，避免电力事故的发生。电缆表面、电缆接头敷设的测温光纤如图 6-1 所示。

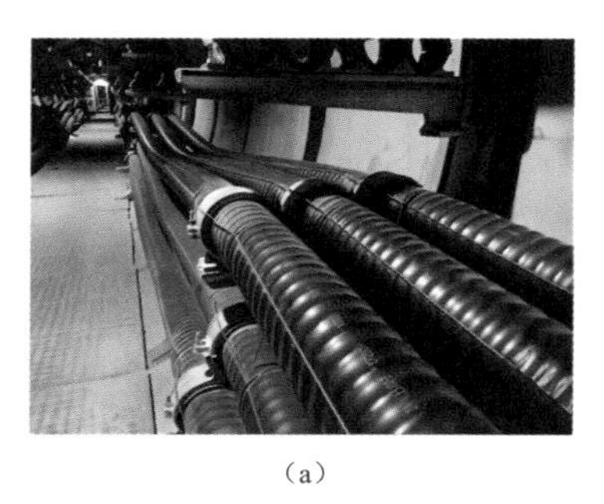

（a）

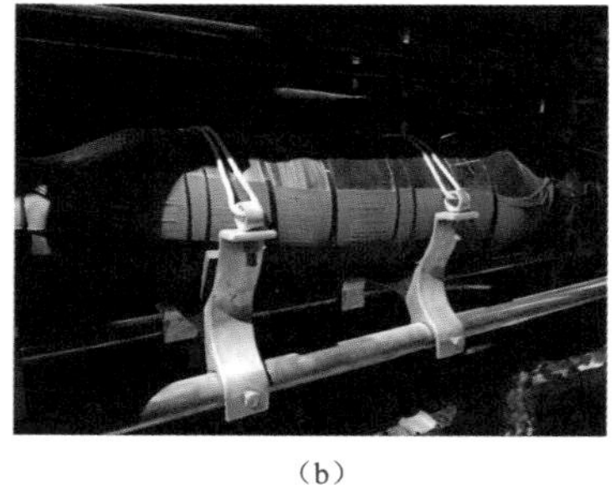

（b）

图 6-1 电缆表面、电缆接头敷设的测温光纤

（a）电缆表面的测温光纤；（b）电缆接头的测温光纤

6.1.2 电缆护层电流在线监测系统

1. 接地护层环流的监测原理

由于电力电缆的许多故障（如金属护层绝缘损坏、电力电缆金属护层接地系统缺陷或故障）都会表现为产生接地感应环流，主绝缘一旦出现故障或者破损的情况，金属护层也将随之发生电场方面的变化，产生一定的感应电能。因此，在进行高压电缆的监测和维护过程中，应同时考虑到护套的感应电能所反映出的问题，它可以同时表现出护套的绝缘特性与整个电缆的绝缘特性，通过监测电缆的接地电流能够针对性地进行预警，避免引发重大事故，保证高压电缆的正常运行以及电能的有效输送。

单芯高压输电电缆的接地方式，不论是单端接地还是交叉互联接地系统，其因电缆金属护套与芯线中交流电流产生的磁力线相铰链，使其两端出现较高的感应电压，故需采取合适的接地措施，使感应电压处在安全电压范围内。在较短电缆线路中，通常采取一端直接接地、另一端通过保护器保护接地的方法，该方式理论上由于电缆金属护套只有单点接地，没有形成闭合回路，不会形成环流；当电缆较长时，采取的是交叉互联接地或两种接地方式组合，如果交叉互联单元内的三段电缆长度一致，则理论上金属护套没有环流或环流较小。高压电缆在运行过程中，如果金属护套外部绝缘受到破坏，出现超过两点接地时，环流将发生明显变化，对于有护层绝缘缺陷的电缆线路，金属护套循环电流中会产生感性电流分量，导致流入电缆直接接地点的电流变大，电流值与护层的接地点数量、接地电阻值及线芯电流等参数有关。因此，在运行的高压电缆中

安装接地环流在线监测系统（如图 6-2 所示）监测电缆金属护套的环流指标，通过各种环流突变信号反映出主电缆线芯运行电流是否超负荷、主绝缘及护套绝缘是否存在缺陷，对于避免电缆长期过载或绝缘缺陷运行等方面都具有重要意义。

通过对高压电缆回路接地电流进行精确测量，可及时检测出电缆多点接地、绝缘破损，在每相及电缆接头的接地线处加装工频电流互感器及采集器实时监测高压电缆的运行状况及每一个高压电缆金属护层接地点的电流参数，可实现代替传统人工方式的定期接地电流巡测。

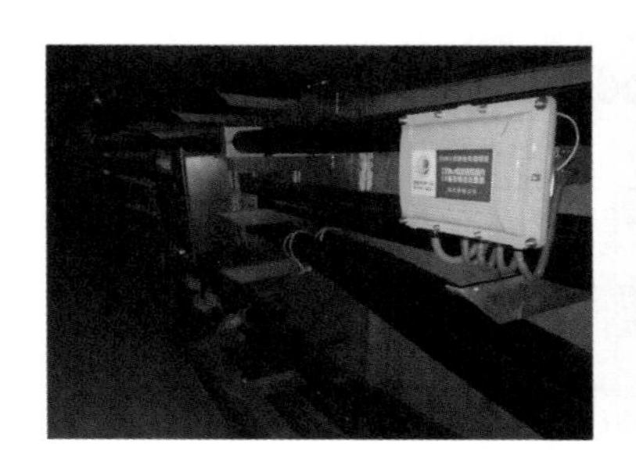
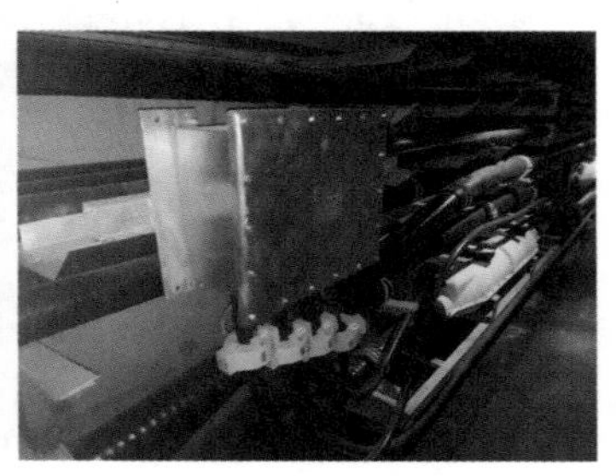

图 6-2 电缆护层电流在线监测系统

2. 电缆接地电流在线监测系统

（1）电缆接地电流监测系统主要由采集装置和通信链路两部分组成。

1）采集装置，主要实现接地电流感应、采集及编码，并把采集的数据通过通信链路传回上位软件。采集器的供电可以利用隧道照明或者感应取电的方式。

2）通信链路，主要用于连接采集装置与上位系统，通信链路可选用工业 RS-485 总线、工业现场以太网总线及通用分组无线服务技术（GPRS）的方式实现。

（2）电缆接地电流监测系统的功能和要求如下。

1）护层电流监测功能：对电力电缆的接地电流进行实时监测，可及早发现电缆接地电流异常，对电缆故障做出处理措施。

2）护层电流采集装置具备以太网口、RS-485 两种接口。

3）护层电流采集装置具备扩展功能：增加三路护层电流。

4）前端设备除电流互感器外，整体安装在通道内，具备较高的防护等级，适应通道内潮湿的环境。

5）可向第三方集中监控平台提供护层电流数据，可提供软件或硬件底层接口，与管理平台融合。

3. 接地电流的监测系统技术指标

接地环流主要对电缆接地系统的缺陷较为灵敏，是电缆的运行状态的重要参数，且数据分析相对简单。接地电流的监测系统技术指标见表 6-1。

表 6-1　　接地电流的监测系统技术指标

参数名称	要求值
护层电流采集器	
接入传感器数量	3/6 路电流输入接口
采样周期	＜1s
模数转换器（ADC）采样精度	10 位
灵敏度	≤±0.1A
护层电流传感器	
测量范围	0.1～400A
分辨率	0.1A
最大误差	±1A
额定输出	2.5VA

6.1.3　电缆局部放电在线监测系统

局部放电在线监测系统主要应用于 10～500kV 电缆线路的局部放电在线监测，就地子站（LS）安装于测点近旁，局部放电在线监测可对电缆线路的绝缘状态实时监测，为绝缘异常的早期发现和突发故障的瞬间检测及定位等各种快速反应提供了有力的分析依据。

系统工作原理：当电缆线路上发生或存在局部放电时，可通过安装在电缆接头上的局部放电脉冲电流传感器（HFCT）来检测局部放电信号，并将信号传输到就地信号处理装置 LS，对信号进行电光转换及滤波等处理后，传输到信号集中分析装置进行光电转换、检波、滤波及 A/D 转换，最终汇集到数据集成中心进行局部放电信号的自动识别、判别、自动告警与定位。局部放电在线监测系统构成如图 6-3 所示，局部放电在线监测系统现场安装图如图 6-4 所示，局部放电在线监测系统软件如图 6-5 所示。

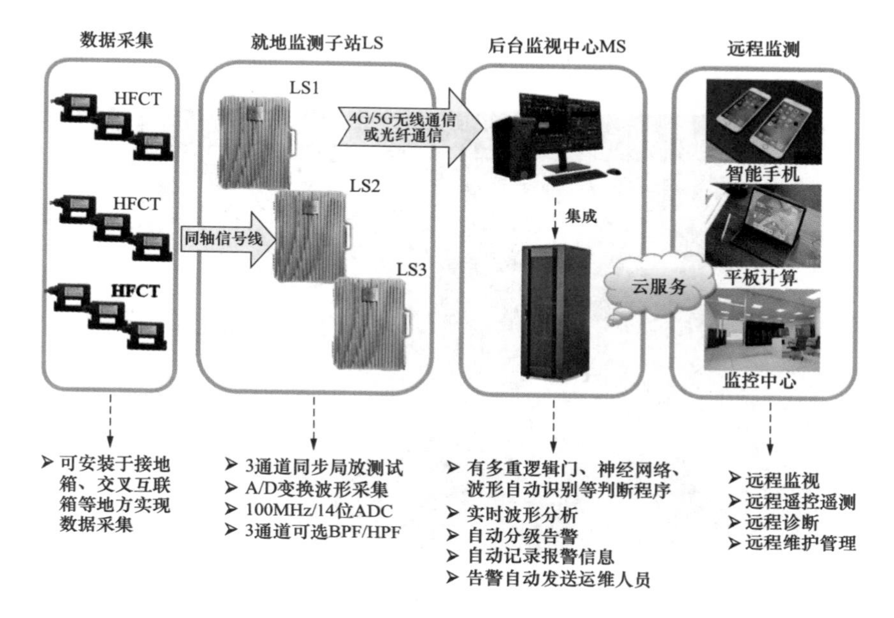

图 6-3　局部放电在线监测系统构成

（a）　　（b）

图 6-4　局部放电在线监测系统现场安装图

（a）HFCT 传感器安装；（b）在线监测设备安装

现在有越来越多的局部放电在线监测系统应用在重要高压输电线路上，但一直缺乏检验和校正包括传感器在内的局部放电在线监测系统的有效手段。当前的常见做法是去现场人工注入模拟信号发生器（PG）的信号进行检验和校正，而这种方法有很大局限性。带电操作不安全、速度慢、效率低、费时耗力，很难满足系统设备的定期质检要求。为了解决上述问题，新型的局部放电在线监测系统有由传感器自动注入信号检验的“Online PG”自检功能，通过后台软件设置，实现了定时定期的全系统设备自动或手动检验，确保设备运行的有效性。

Online PG 工作原理如图 6-6 所示。

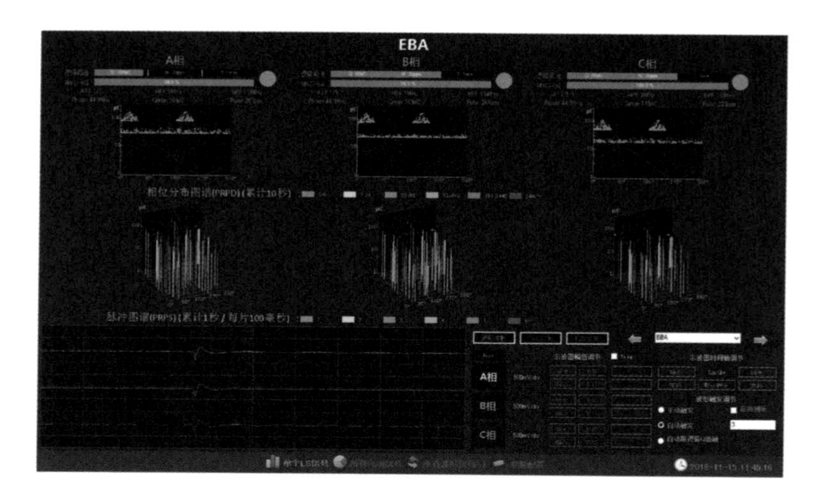

图 6-5　局部放电在线监测系统软件

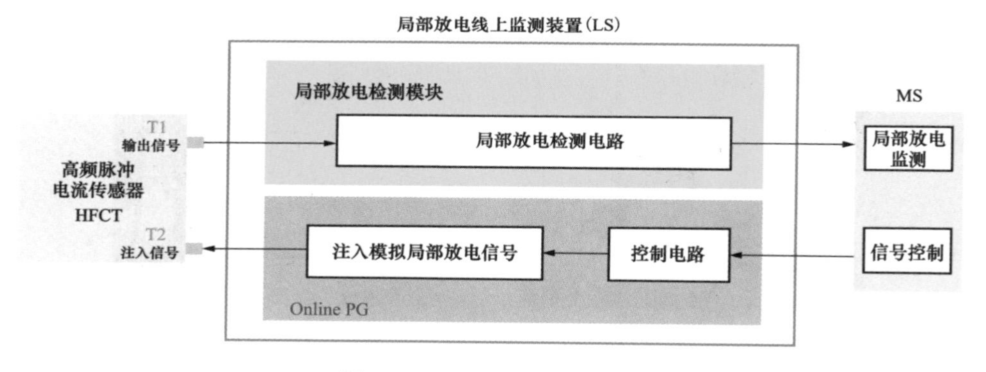

图 6-6　Online PG 工作原理

为确保局部放电检测的精准性，局部放电在线监测系统的测试软件在有的多重逻辑门判别与局部放电相位分布图谱(PRPD)神经网络识别的基础程序上，还配置了直接判读型局部放电波形自动分类识别功能的测试程序，如图 6-7 所示。

基于双端到达时差定位原理，可使用系统自带的局部放电定位功能测量相邻两个测点的局部放电波形到达时间差，结合局部放电行波波速即可计算出局部放电源的具体位置。

图 6-8 是局部放电波形的实时采集与定位界面，实时采集并记录原始波形，通过通信光纤传输至数据集成中心进行还原，对检测到的局部放电信号可以基

于该局部放电信号的回波时间或到达相邻接头的时间差计算推断该局部放电源的位置，实现局部放电定位。

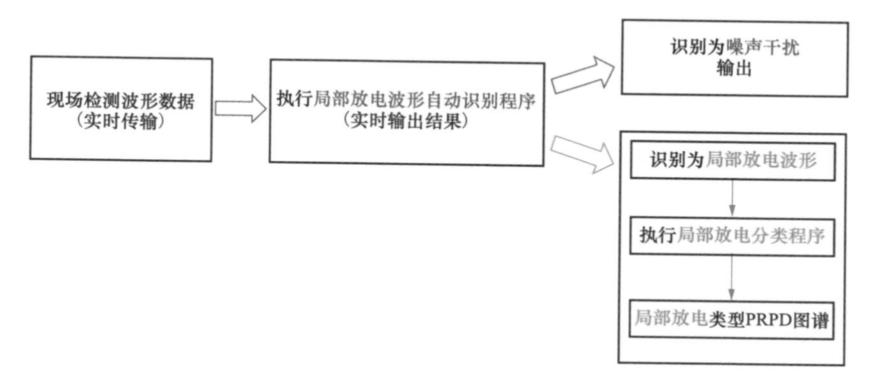

图 6-7　波形自动识别程序流程图

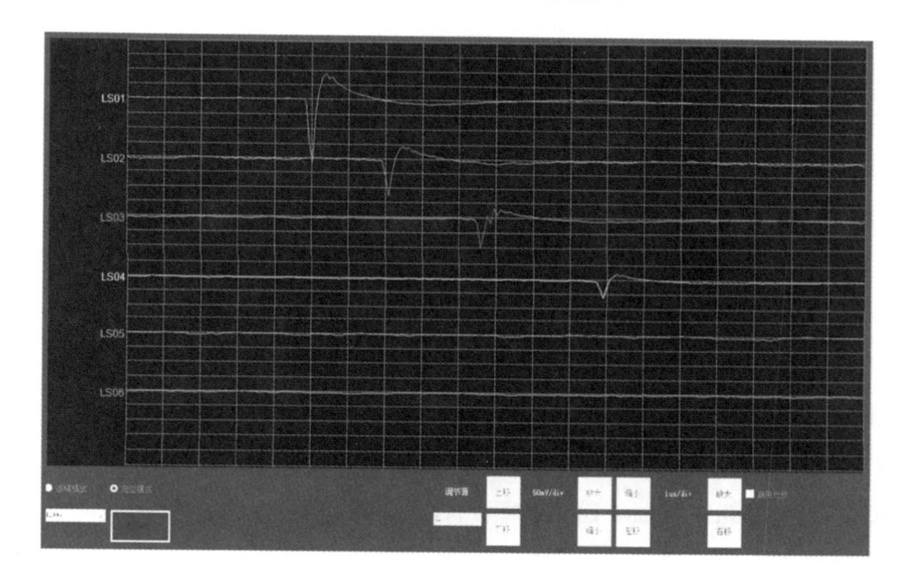

图 6-8　波形的采集及定位界面

结合软件自动判断的辅助结果，局部放电信号判断依据见表 6-2。

表 6-2　　　　检　测　依　据

类型	测试结果	图谱特征	建议策略
正常	无典型放电图谱	无放电特征	按正常周期进行

续表

类型	测试结果	图谱特征	建议策略
注意	具备放电特征且放电幅值较小	有可疑放电特征，放电相位图谱 180°分布特征不明显，幅值正负模糊	缩短检测周期
缺陷	具备放电特征且放电幅值较大	有可疑放电特征，放电不明显，幅值正负分明	密切监视，观察其发展情况，必要时停电处理

6.2 通道环境的智能运维

6.2.1 环境在线监测

电缆通道环境在线监测系统主要由电缆视频监测单元、电缆接头温度探测单元、环境气体监测单元以及电缆隧道水位监测单元和后端监控管理平台等部门组成，通过前端各子单元对电力隧道内电缆金属护层接地电流、有害气体、可燃气体、环境温度、运行湿度、水位及周边电力设施的运行状态进行实时监测，并将监测到的数据信息及图像视频上传至后台监控管理平台，供给上层决策人员调用查看，同时也为隧道内维护工作人员定时维修提供技术支持。

（1）通过气体传感器可对电缆隧道内一氧化碳、硫化氢、甲烷等有害气体浓度及空气含氧浓度进行监测，一旦检测到有害气体浓度超标或空气含氧量不足，可立即报警提示，并通过风机联动单元联动通风系统进行通风换气，通风系统主要由风机和风机控制器构成。

（2）通过温湿度传感器可对电缆隧道内部温度及湿度进行在线监测，使监控中心值班人员能实时监看隧道内部环境温湿度。

（3）通过水位传感器可以对电缆隧道内集水井的水位进行在线监测，一旦监测到水位异常，可立即报警提示，并通过水泵联动控制单元联动水泵系统进行排水，水泵系统主要由水泵和水泵控制系统构成。

根据监测单元的作用，可将通道内的监测设备分为传感类设备、采集类设备、显示类设备。

传感类设备主要有气体（有毒有害气体、可燃气体、温湿度）监测、水位监测等，如图 6-9 所示。

图 6-9　传感类设备

采集类设备主要为现场采集单元，采用低功耗设计，满足 IP68 及 Ex d IIB T6 Gb 最高防护等级，可支持多种传感类设备的接入，如图 6-10 所示。

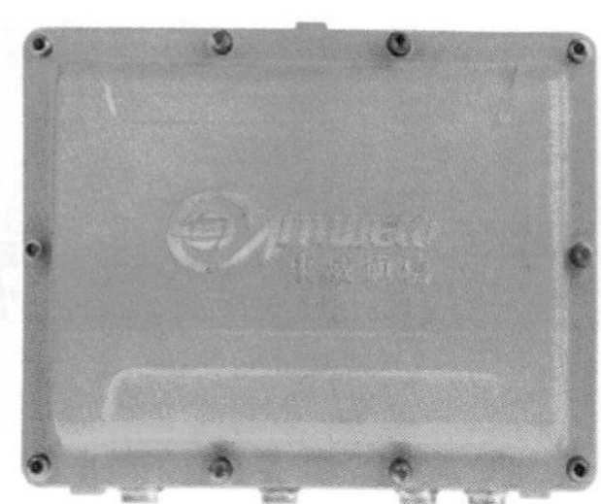

图 6-10　采集类设备

显示类设备主要用于显示出入口的气体浓度、水位，可进行绿黄红三级报警，具有云视窗和通道内大屏展示功能，可进行定位展示、画面展示等，如图 6-11 所示。

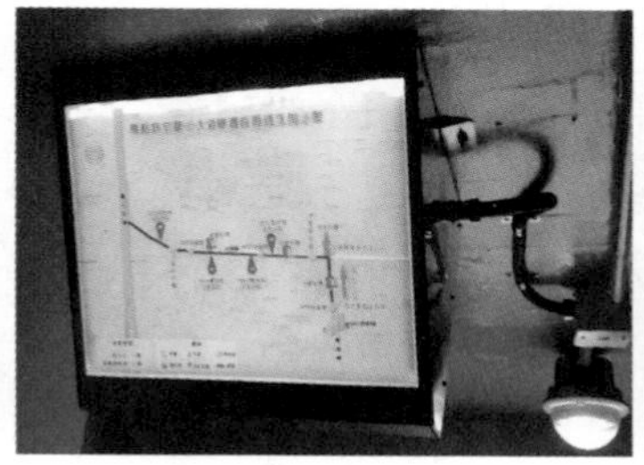

图 6-11　显示类设备

6.2.2 环境联动控制

1. 风机联动控制

环境气体监测参量监测结果分为正常、注意、异常和严重四种情况，当电缆通道内的氧气、硫化氢、一氧化碳等气体含量达到“异常”标准时，系统立刻在监测子站及监控中心发出声响信号，并通过电缆通道内安装的远程状态监测控制单元联动开启风机设备进行自动排风，直至电缆通道内环境气体达到“正常”标准时，通过电缆通道内安装的远程状态监测控制单元联动关闭风机设备；当可燃气体上升达到“严重”标准时，无论其他气体报警值达到多少都不联动启动风机设备，以免起到助燃的作用。风机联动控制如图 6-12 所示。

（a）

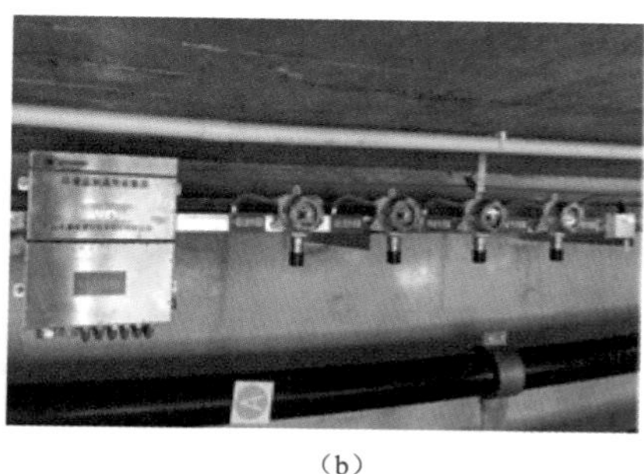

（b）

图 6-12 风机联动控制

（a）风机控制装置；（b）气体检测装置

2. 水泵联动控制

环境水位监测参量监测结果分为正常、注意、异常和严重四种情况，当电缆通道水位达到“异常”标准时，系统立刻将报警信号传送至监测子站及监控中心，并通过电缆通道内安装的远程状态监测控制单元联动开启水泵设备进行自动排水，直至电缆通道内环境水位达到“正常”标准时，通过电缆通道内安装的远程状态监测控制单元联动关闭水泵设备。水泵联动控制如图 6-13 所示。

6.2.3 安防监控装置

电缆通道的安防监控装置主要包括视频监控、红外入侵检测、智能井盖、门禁安防控制。

（1）视频监控（如图 6-14 所示）主要用于外来人员防入侵，并可具备警戒区自动搜寻追踪功能，门禁或井盖监测系统发生异常报警时，视频监测系统自

动调整镜头角度向产生异常报警的方向。

（a）

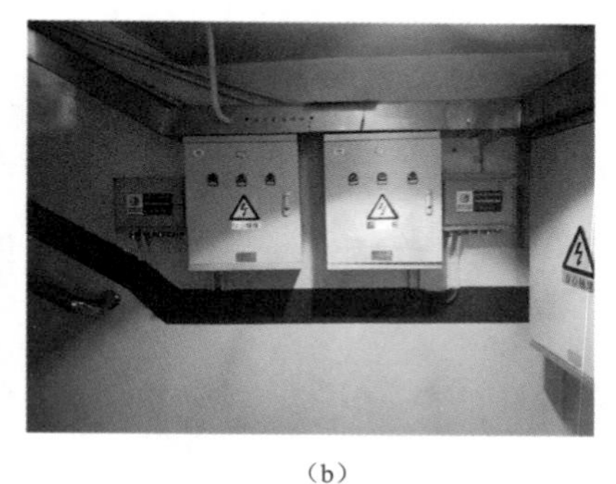

（b）

图 6-13　水泵联动控制

（a）液位传感器；（b）水泵控制装置

图 6-14　视频监控

（2）红外入侵检测（如图 6-15 所示）主要具有人员入侵移动探测、声光报警、平台联动声光警示、智能语音、应急驱离广播等功能。

图 6-15　红外入侵检测

（3）智能井盖（如图 6-16 所示）一般有两层，第一层是常见的铸铁井盖，第二层是使用了复合材质的井盖，井盖上集成了各种传感设备以及监测设备，具有非法开启、倾斜角度异常的报警功能。当井盖被盗或破坏时，倾斜角度和位移会发生变化触发报警，可立即报送至监控中心及运维人员。

（a）

（b）

图 6-16　智能井盖

（a）复合材质的井盖；（b）智能井盖全图

（4）门禁安防控制（如图 6-17 所示）主要具有门禁状态监测、远程开启控制应用功能、异常开启平台告警等功能。

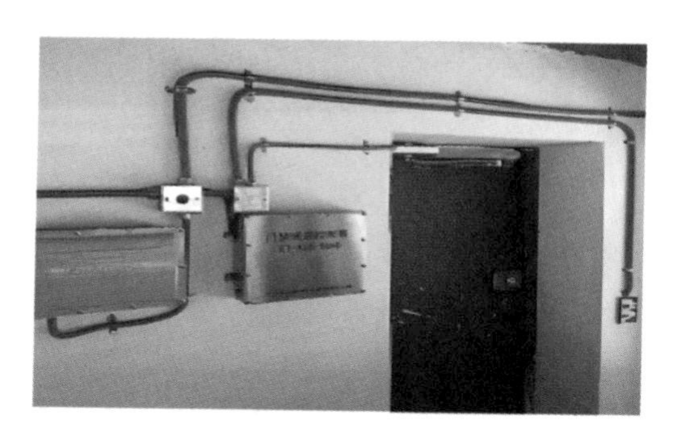

图 6-17　门禁安防控制

红外入侵检测、智能井盖、门禁安防控制均可与视频监控配合使用，构成电缆通道的智能视频防入侵系统。以红外入侵检测与视频监控联动为例说明，电缆通道的智能视频防入侵系统，包括入侵探测器、摄像头、智能视频边缘处理装置和监控主站。入侵探测器通常设置于出入井爬梯附近、入口底部等出入口，摄像头和智能视频边缘处理装置均位于隧道底层，监控主站布置在机房内；

入侵探测器、摄像头均与智能视频边缘处理装置相连，智能视频边缘处理装置与监控主站相连。入侵探测器通过智能视频边缘处理装置与摄像头联动，智能视频边缘处理装置根据入侵探测器信号触发时间先后、次数判断隧道入侵人数与入侵行为模式，并实现摄像头的联动控制；摄像头负责实时图像的采集并传输至智能视频边缘处理装置，智能视频边缘处理装置负责联动策略的判断、实现，对视频流数据的就地计算、处理及有效视频的存储、上传，实现电缆隧道内视频流数据的边缘计算功能；监控主站负责实现电缆隧道内综合信息的汇总和展示。

6.2.4 通道结构状态监测

沿隧道布设多个静力水准仪，每个静力水准仪都装有压力位移式传感器，测量精度为±0.1mm，可以实时有效监测隧道结构的变化，通过滤波算法实现隧道结构变形监测。当某一测点，累计沉降值超过警阈值（高预警值、高告警值），则进行累计沉降告警。隧道结构状态变化如图6-18所示。

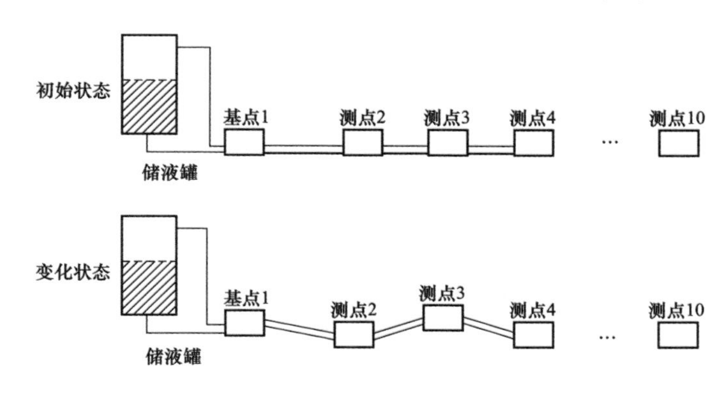

图6-18 隧道结构状态变化

6.3 智能机器人

6.3.1 主要构成

智能巡检机器人和灭火机器人组合，灭火机器人可根据需要选择拆装或者挂载其他功能模块。整机结构采用模块式布局，巡检车上部包含驱动部装、电池部装、RFID组件、非接触式充电部装、接近开关组件。灭火车上部则设计无动力行走机构部装，下部搭载灭火弹自动拾取及引爆机构。电源模块、航插、互联走线则布置于中间夹层部装内，通过承载板安装固定，下部悬挂传感器部装、主控部装及定制机械臂组件，机械手末端挂载云台仓。本体中控制组件、传感器组件、电源组件等采用模块化设计，各功能模块均按照通信统一、互换性强、部品稳定可靠的原则进行设计制造。具备智能高清业务相机、热成像、环境监测、语音对讲、轻量化机械臂、灭火、自动换弹、非接触式充电等功能。

6.3.2 主要功能

（1）能实现对电力电缆隧道高压电缆的自动巡检。

（2）能实现对电力电缆隧道高压电缆的现场灾害处置。

（3）能与原有在线监测手段联动实现对电力电缆隧道的智能化管理。

（4）智能避障功能。

（5）智能成像功能。

（6）智能测距功能。

（7）智能定位功能。

（8）智能跟踪功能。

（9）智能巡检功能。

（10）智能监测功能。

（11）智能控制功能。

6.3.3 组成部分

1. 供电平台

供电平台采用分布式快充供电系统的供电方式。

2. 通信平台

通信平台为有线与无线相结合的音视频及控制数据的传输。

3. 轨道总成

轨道总成由吊装轨道、定制弯道、井口穿越附件等组成，必须满足机器人作业空间，如图 6-19 所示。

4. 智能巡检机器人

智能巡检机器人：车载智能控制子系统、视频成像子系统、有害气体、氮气及空气含氧量监测子系统、温度/湿度探测、红外热成像、远程手动控制子系

统（现场处置执行）、交互式对讲广播指挥、避障及保护子系统。

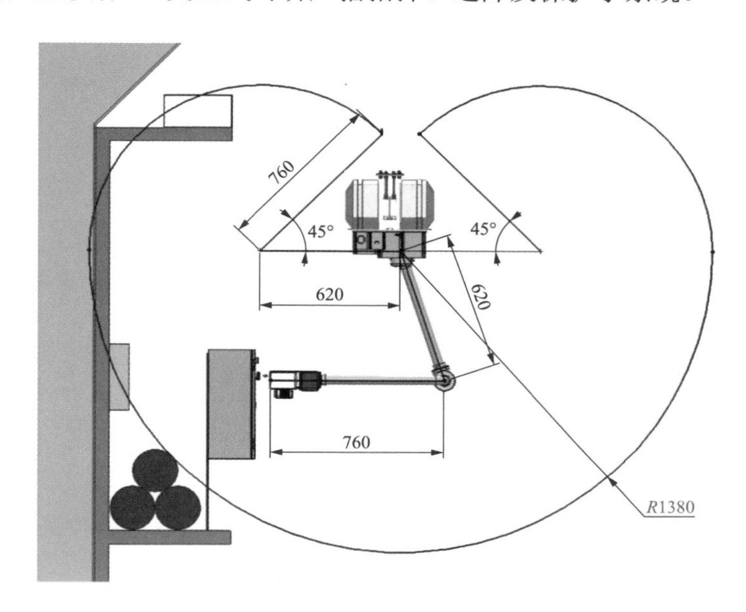

图 6-19　机器人的安装作业空间示意（单位：mm）

其中智能巡检机器人是整个巡检系统的核心组成部分，承担隧道内巡检和现场处置的主要功能，由多个子系统组成：车载智能控制子系统、视频成像子系统、红外热成像子系统、有害气体监测子系统、远程手动控制子系统、应急消防子系统、交互式对讲广播指挥、避障及保护子系统。

智能巡检机器人的主要部件包括车体、驱动伺服电机、控制箱、定位模块、激光红外探头、360°全角度视频摄像头、LED 照明灯具、有害气体探头、温度/湿度探头、应急对讲扬声麦克、车载减震器、运动姿态感知等传感器。巡检机器人工作展示图如图 6-20 所示。

图 6-20　巡检机器人工作展示图

6.3.4　智能巡检机器人

（1）智能巡检机器人。

1）远程可控自动行走（定位 RFID、

避障、行走障碍处理、姿态调整)。

2)适应电力隧道环境(坡度、弯度、速度、防潮、防爆、阻燃等)。

3)非接触式远程供电(防潮防水、线路保护、停电后备电池保障)。

4)视频及数据传输。

(2)视频信号:一路视频加照明灯,全方位云台和大倍数光学镜头控制;一路红外成像视频,监视隧道内发热体红外热辐射成像测温。

(3)隧道环境监测:温度/湿度、有害气体含量、空气含氧量探测。

(4)交互式对讲指挥功能。

(5)具备较强的抗电场干扰能力。

(6)行走速度:0~120m/min(可调),可分为自行巡检速度、紧急事件高速行走速度、遇人跟踪速度。

(7)实现自行匀速巡检、工作位置准确停车探测、紧急事件高速到达、遇到障碍自动停车告警,以及遇到人员智能减速跟踪探测。

(8)具备车载影像防抖动功能,满足运行过程中图像稳定性要求。

(9)爬坡能力:在小于30°的坡度上能够平顺运动,坡道采用在轨道上镶嵌齿状条带,增加摩擦力。

(10)刹车定位:平轨上刹车距离控制在2m以内。

(11)防潮防尘性能:PLC主控模块要求达到IP68防护等级。

(12)转弯半径:最小2m,并具备弯道自动减速通过功能。

(13)续航时间:充满电后续航时间为6h。

6.4 电缆通道三维数字化

三维管廊(也称“公用渠”“公用管道”)是指城市地下用于集中建设和管理市政管道及其电力、通信、广播电视、给排水、供热、煤气等辅助设备的公共隧道,是建设现代化、科学化的城市基础设施。三维管廊具有以下特点:

(1)空间性。三维管廊是一种空间概念,不同于普通直埋敷设的管道。在有限的空间内,有大量的各类管道及辅助设置,因而具有较强的空间性。

(2)复杂性。在三维管廊有限的空间内,对各种管道的正常运行有严格的要求。各种设备和管道同时运行,使各种管道能够正常运行,互不影响。这些

管道的复杂性远远超过普通埋地的地下管道。三维管廊内运行的监测系统较多，对三维管廊的管理十分困难。

（3）突发性。三维管廊中物体的多样性决定了存在许多隐患，随时可能发生各种事故，每一次事故都可能造成地下生命线的瘫痪和人员伤亡。三维管廊管理系统应能够及时发现这些事故，并提供预警和解决方案。

（4）长期性。地下管道是城市的生命线，随着城市的建设，三维管道廊将长期存在，其易于维护和节约资源的优点将在较长时间内得到体现。三维管廊施工是一项长期工程，具有明显的长期性。

6.4.1 BIM建模技术理论

建筑信息模型（building information modeling，BIM）是一个设施建设项目物理和功能特性的数字表达，由于其强大的信息集成性，良好的构件逻辑性，在全周期的应用中作为最主要的信息载体和呈现媒介。

1. 数据采集准备

数据准备阶段为BIM三维建模提供素材和参考依据的前置必要阶段。数据准备有三种技术手段：资料收集、激光点云三维扫描、影像数据采集。

（1）资料收集。资料收集主要从建设单位或公开资源库获取BIM三维建模中需要用到的资料和数据，包括但不限于CAD图纸、建模规范及要求、设备台账信息、其他图像资料，甚至是复杂建模对象设备或对象系统的工艺说明资料。

（2）激光点云三维扫描。三维激光扫描系统包含数据采集的硬件部分和数据处理的软件部分。按照载体的不同，三维激光扫描系统又可分为机载、车载、地面和手持型几类。激光点云三维扫描作业流程主要包括：

1）扫描规划。在扫描之前需要进行扫描规划，根据所需扫描换流站的面积大小和复杂程度，设置架站位置，如果需要扫描物体的绝对坐标，则利用全站仪或全球导航卫星系统（GNSS）接收机等测量设备，在现场采集相应控制点，进行坐标转换。

2）扫描实施。实地的扫描按照规划方案进行，依次扫描建筑、结构、管线、机电设备各个部分，做到整体信息全覆盖，方便后期处理。根据现场条件采取合适的拼接方式，做到效率和精确率兼得。

3）数据处理。由于外业获取点云数据时的多种因素影响，点云数据质量直接影响三维建模的应用，点云数据处理环节非常重要。数据处理包括数据导入、数据配准、过滤、缩减、分割、分类等。对扫描得到的云点数据进行先期处理，包括模型的分割、修剪、移动、旋转、缩放等。通过开放的数字接口，对当前模型数据进行转换，导出 LAS 格式或 PTCP 格式数据，使其与后期三维设计软件和开发软件兼容、并行和共享。

（3）影像数据采集。对于像隐蔽空间、狭窄空间等一类，不便于通过激光点云扫描等智能化程度较高的手段进行数据采集的建模对象，需要安排外业人员进行人工影像数据采集，提供 BIM 三维建模所必需的图像资料作为参考。采集手段包括现场摄影采集、现场录像采集、现场 720°全景摄影采集等。

2. 三维模型建立

三维设计模型框架包括四部分内容，分别是属性集、组件类、物理模型、工程模型。

（1）属性集包括工程参数、电气参数、力学参数、材料参数、几何参数、位置参数等。其中，工程参数、电气参数、力学参数、材料参数采用结构化数据描述；几何参数用于描述几何模型；位置参数通过空间变换矩阵进行描述。

（2）组件类包括建（构）筑物类、设备类、材料类、其他设施类。

（3）物理模型用于描述实体外形尺寸和空间位置。

（4）工程模型是由工程中所有的建（构）筑物、设备、材料及其他设施模型和工程属性构成的信息集合，也包含设备之间的逻辑关系。

6.4.2 激光扫描技术理论

三维激光扫描技术基于激光的单色性、方向性、相干性和高亮度等特性，在注重速度测量、操作简便的同时，保证了测量的综合精度，本项目主要从测距、测角、扫描三个方面实施开展。

1. 测距方法

激光测距作为激光扫描技术的关键组成部分，对于激光扫描的定位、获取空间三维信息具有十分重要的作用。测距方法主要有三角法、脉冲法和相位法。

（1）三角测距法。借助三角形几何关系，求得扫描中心到扫描对象的距离。

激光发射点和电荷耦合器件（CCD）接收点位于高精度基线两端，并与目标反射点构成一个空间平面三角形。

（2）脉冲测距法。脉冲测距法是通过测量发射和接收激光脉冲信号的时间差来间接获得被测目标的距离。激光发射器向目标发射一束脉冲信号，经目标漫反射后到达接收系统。

（3）相位测距法。相位法测距是用无线电波段的频率，对激光束进行幅度调制，通过测定调制光信号在被测距离上往返传播所产生的相位差，间接测定往返时间，并进一步计算出被测距离。相位型扫描仪可分为调幅型、调频型、相位变换型等。这种测距方式是一种间接测距方式，通过检测发射和接收信号之间的相位差，获得被测目标的距离。该方式测距精度较高，主要应用在精密测量和医学研究，精度可达到毫米级。

以上三种测距方法各有优缺点，主要集中在测程与精度的关系上。脉冲测量的距离最长，但精度随距离的增加而降低；相位法适合于中程测量，具有较高的测量精度，但是它是通过两个间接测量才得到距离值；三角测量测程最短，但其精度最高，适合近距离、室内的测量。

2. 测角方法

角位移测量区别于常规仪器的度盘测角方式，激光扫描仪通过改变激光光路获得扫描角度。把两个步进电机和扫描棱镜安装在一起，分别实现水平和垂直方向扫描。步进电机是一种将电脉冲信号转换成角位移的控制微电机，它可以实现对激光扫描仪的精确定位。在扫描仪工作的过程中，通过步进电机的细分控制技术，可获得稳步、精确的步距角。

3. 扫描方法

三维激光扫描通过内置伺服驱动电动机系统，精密控制多面扫描棱镜的转动，决定激光束出射方向，从而使脉冲激光束沿横轴方向摆动扫描镜为平面反射镜，由电机驱动往返振荡，扫描速度较慢，适合高精度测量。旋转正多面体扫描镜在电机驱动下绕自身对称轴匀速旋转，扫描速度快向和纵轴方向快速扫描。扫描控制装置主要有摆动扫描镜和旋转正多面体扫描镜。

6.4.3 电缆通道三维数字化

基于BIM+激光点云的电缆通道三维建模技术主要是利用点云数据作为电

缆通道模型构建的参考依据，再结合专业的 BIM 软件，在点云的基础上进行模型构建，可以高度还原通道内部的现实场景，从而达到高精度、高质量、高效率构建电缆通道模型的目的。

隧道三维激光扫描点云建模主要是将外业采集激光点云数据与人工建模、纹理贴图相结合，形成电缆隧道模型。利用激光扫描仪采集的点云数据可以有效且快速地实现电缆隧道三维模型的构建，构建出的建筑物总体结构完整性极高，设备模型精度可达到厘米级，解决了传统的测量仪器与测量方法在特殊领域的不足。

地面三维激光扫描系统由三维激光扫描仪、数码相机、扫描仪旋转平台、软件控制平台、数据处理平台及电源和其他附件设备共同构成。三维激光扫描技术的核心是激光发射器、激光反射镜、激光自适应聚焦控制单元、CCD 技术和光机电自动传感装置。

三维激光扫描原理是利用激光对被测物体进行扫描并收集获取其空间位置信息，在三维激光扫描仪内，有 1 个激光脉冲发射体，2 个反光镜快速而有序地旋转。将发射出的窄束激光脉冲依次扫过被测区域，测量每个激光脉冲从发出到被测物表面再返回仪器所经过的时间来计算距离，同时编码器测量每个脉冲的角度，可以得到被测物体的三维真实坐标。其中 2 个连续转动用来发射脉冲激光的镜子的角度值得到激光束的水平方向和竖直方向值，通过脉冲激光传播的时间计算得到仪器到扫描点的距离值。借此就可以得到扫描的三维坐标值，而扫描点的反射强度则用来给反射点匹配颜色。

利用点云建模首先需要对隧道场景进行三维激光扫描，获取隧道本体、电缆支架、电缆、消防设施、在线监测设备、铭牌、交叉互联箱、中间接头等设备的激光点云数据，对初步获取到的数据进行去噪滤波、拼接、精度校验等预处理操作，并将点云数据进行所需格式转换，在专业 BIM 建模软件场景中进行加载，点云数据的格式多样性完全可以满足其在多种 BIM 建模软件中进行加载，该方法大大提高了建模的效率。

在 BIM 建模过程中，以点云数据作为建模参考，有效地弥补传统 BIM 建模过程中设备三维信息不足的缺点，点云数据的空间三维信息以及其丰富的色彩信息，能够直观全面地反映隧道的内部实况，有效地提高建模人员的工作效

率以及对内部场景设备位置的判别，从而多方位地提高模型的位置精度以及尺寸精度，在完成模型构建后，对模型进行纹理、材质赋予。

在完成模型的构建、纹理贴图处理等后续工作后，得到高度仿真三维模型，将模型按照通用格式导出，输出成果包括三维模型、贴图纹理文件，导出模型可在多种三维平台进行加载展示，并利用点云的坐标位置信息保证模型在场景中位置的准确性。电缆通道三维数字化模型如图 6-21 所示。

（a）

（b）

图 6-21　电缆通道三维数字化模型

（a）电缆沟模型；（b）隧道模型